Monika Baum · Hans Wielpütz (Hrsg.)

Mathematik in der Grundschule

Ein Arbeitsbuch

Kallmeyer

Bibliografische Information Der Deutschen Bibliothek
Die Deutsche Bibliothek verzeichnet diese Publikation in der Deutschen Nationalbibliografie; detaillierte bibliografische Daten sind im Internet über http://dnb.ddb.de abrufbar.

Impressum

Monika Baum und Hans Wielpütz (Hrsg): Mathematik in der Grundschule
– Ein Arbeitsbuch

1. Auflage 2003
Realisation: Friedrich Medien-Gestaltung
Verlag: Kallmeyersche Verlagsbuchhandlung GmbH, Im Brande 19, 30926 Seelze
Druck: Hahn-Druckerei, Hannover. Printed in Germany
ISBN 3-7800-2053-6

Monika Baum · Hans Wielpütz (Hrsg.)

Mathematik in der Grundschule

Mit Beiträgen von:

Heinrich Bauersfeld
Christa Erichson
Günter Krauthausen
Jens Holger Lorenz
Petra Scherer
Wilhelm Schipper
Christoph Selter
Hartmut Spiegel
Heinz Steinbring
Beate Sundermann
Heinrich Winter
Erich Ch. Wittmann
Bernd Wollring
u. a.

Inhalt

Vorwort

Im Rahmen ihrer Gestaltungsfreiheit und Selbstverantwortung entwickeln viele Schulen ein *Schulprogramm* und schreiben es regelmäßig fort. Schulprogramme machen die pädagogischen und didaktischen Grundüberzeugungen einer Schule nach innen wie nach außen transparent und konkretisieren Leitvorstellungen und Ziele in konzeptionellen Aussagen. Diese sind vor allem dann von Wert, wenn sie sich auf den *Unterricht* und somit auch auf das Schulfach beziehen.

Indes zeigen auch aufwändig betriebene Schulentwicklungsprozesse, dass der Unterricht bislang noch nicht jene Aufmerksamkeit erhält, die ihm in der Schule zukommt – ein Befund, der sich nach unserem Eindruck auch in der Literatur widerspiegelt.

Ohne Frage ist das *Schulfach* ein wichtiger Bezugspunkt im Tätigkeitsfeld von Lehrerinnen und Lehrern wie in der Lehrerbildung. Schulfächer markieren einen zentralen Handlungsrahmen. Sie strukturieren schulisches Lernen, haben also einen entscheidenden Einfluss auf die Qualität schulischer Bildung. Man muss die Möglichkeiten des fächerübergreifenden Unterrichts nicht gering schätzen, wenn man nach den Perspektiven und Erfordernissen *innerfachlicher* Entwicklung fragt. Dies geschieht hier. Unterricht ist das Kerngeschäft von Schule. Er ist fachgebunden. Damit kann die Entwicklungsfrage nicht außerhalb des Faches erörtert werden.

Der vorliegende Band wendet sich daher mit *fachdidaktischen* Anregungen an Kollegien in der Primarstufe.

Im einleitenden Beitrag der Herausgeber werden zunächst die Handlungsfelder Schulprogramm, Unterricht und Lehrerbildung thematisch verknüpft und als *Entwicklungsaufgabe für Kollegien* beschrieben. Eine kurze Einführung in die Hauptbeiträge des Bandes schließt sich an.

Ein Stück Schulentwicklung und eine Publikation wie diese haben als Vorhaben vergleichbare Gelingensbedingungen. Wir nennen zwei Merkmale, weil wir sie besonders schätzen: Zusammenarbeit, die Sachverstand zur Voraussetzung hat.

Den Autorinnen und Autoren sind die Herausgeber so betrachtet in zweifacher Hinsicht zu Dank verpflichtet. Ohne die Bereitschaft zur Zusammenarbeit und ohne den Sachverstand, der sich im Themenspektrum äußert, hätten die vorliegenden Anregungen für einen Diskurs im Kollegium nicht diese Form gefunden. In diesem Zusammenhang ist auch dem Verlag zu danken. Er hat von Beginn an seine Aufgeschlossenheit für das Vorhaben bekundet. Den Kollegien, die mit diesem Buch arbeiten, wünschen wir die erforderliche Unterstützung von innen und von außen – vor allem aber, dass sie Anteil haben an dem Geist, der in dieser Zusammenarbeit zum Ausdruck kommt.

Monika Baum und Hans Wielpütz

Die Grundschule würde noch mehr vorzuweisen haben, wenn sie ein traditionelles Defizit überwinden könnte, das wir für schwerwiegend halten, die Vernachlässigung des fachlichen Lernens. Fachliches Lernen im sozialen Kontext ist per se erzieherisch wirksam.
G. N. Müller/H. Steinbring/E. Ch. Wittmann

Letztlich ist sogar die Fachdidaktik der eigentliche Kern der Lehrerausbildung, weil in ihrem Referenzrahmen fachlich-inhaltliche und pädagogisch-prozessuale Aspekte berufsfeldbezogen zusammenfließen können und müssen. Ihr muss ein viel höheres Gewicht beigemessen werden.
E. Terhart

Praxis darf der Theorie nicht einfach nachfolgen, um ihr dann nie wieder zu begegnen. Dazu bedarf es einer Schulkultur, die gemeinsame Reflexion über Handlungserfahrungen ermöglicht und fördert.
G. H. Neuweg

Die historischen Erfahrungen verweisen auf ein grundsätzliches Dilemma. Die für das Gelingen der Schularbeit anzustrebende kollegiale Zusammenarbeit und Gemeinsamkeit erscheint gleichzeitig als regelungsbedürftig und doch als formeller Regelung nur begrenzt zugänglich.
A. Leschinsky

Ein Schulprogramm kann ein Indikator für die Existenz einer lernenden und selbstreflexiven Organisation sein.
H. G. Holtappels/H.-G. Rolff

MONIKA BAUM UND HANS WIELPÜTZ

Ich – Du – Wir: Weiterlernen im Beruf für einen entwickelten Mathematikunterricht an Ihrer Schule

....
(tragen Sie hier bitte den Namen Ihrer Schule ein)

Nach einer verbreiteten Auffassung ist Schule eine Einrichtung mit der erklärten Aufgabe, in anspruchsvollen Arbeitsumgebungen Lernprozesse für Schülerinnen und Schüler anzuregen, förderlich zu begleiten und zu unterstützen.

Dass eine so verstandene Lehrfähigkeit auch *Lernfähigkeit* bei den Lehrenden voraussetzt, gilt auf einer abstrakten Ebene als zustimmungsfähig.

Wie konkret und wie ausgeprägt aber ist das Verständnis vom Lehrer als Lerner, von der Schule als einem „lernenden Unternehmen" (Fullan 1999)? Und in welchen Arbeitsformen, individuell und gemeinsam, kommt ein solches Verständnis „tat-sächlich" zum Ausdruck?

Wir wissen, dass Lehrerindividualismus und berufliche Isolation den Zugang zu neuen Ideen erschweren können, dass unbefragtes Wissen zu verkümmern und zu verhärten droht, dass bestimmte dominierende („herrschende") Sichtweisen nur möglich sind, wenn man anderen Erfahrungen systematisch aus dem Wege geht.

Veränderungsbestrebungen treffen immer auch auf eine *Kollegiumsgeschichte*. Sie kann sich in ritualisierten Interaktionen und habituellen Einstellungen verfestigt haben. Hierzu zählt auch das routinierte Abweisen und Ignorieren von Anregungen oder Hinweisen zum Entwicklungsbedarf. „Trotz der fast turbulenten Veränderung der Steuerung der schwedischen Schule bestehen die inneren Arbeitsroutinen unverändert fort", stellt Ekholm in einer Langzeituntersuchung für die schwedischen Grundschulen (Klasse 1 bis 9) fest. Und: „Die innere Qualität der Schule wird vor allem durch die Mentalität beeinflußt, die das Fundament für die Arbeitskultur der Schule bildet" (Ekholm 1997, S. 605 f.).

Organisationen lernen nur, wenn die einzelnen Menschen etwas lernen. Und Gewohnheiten, die man nicht überprüft, nehmen nun mal den Platz ein, den man für Neues benötigt.

Lehrerbildung konzentriert sich bei uns im Regelfall auf die *Ausbildung* der ersten und zweiten Phase. Dabei handelt es sich um eine Zeitspanne von sechs Jahren. Wirkung und Nachhaltigkeit werden oft überschätzt. Was aber geschieht im Anschluss, in den (unterschätzten) drei Jahrzehnten?

Lehrerinnen und Lehrer, die wir heute in den Ruhestand verabschieden, haben ihre Ausbildung nicht selten um 1960 absolviert. Angesichts solcher Zeiträume scheint eine Konzentration der Erwartungen und Bemühungen (allein) auf den Anfang unverhältnismäßig zu sein – auch was den Einsatz der Mittel betrifft.

Hinzu kommt, dass Ausbildung am Ende der zweiten Phase als „abgeschlossen" gilt und möglicherweise zu missverständlichen Vorstellungen wie der vom „fertigen" Lehrer verleitet. Das erforderliche Können aber entsteht im Kontext von Ernstfallerfahrungen, also *im* Beruf und nicht davor. Beim Eintritt verfügt das System allenfalls über einstiegsfähige Lehrkräfte (Oelkers 2000). Lehrer bzw. Lehrerin werden und Lehrer/Lehrerin sein sind offenkundig verschiedene Dinge.

Die berufsbiografische Forschung macht deutlich, dass die aktive Gestaltung der beruflichen Entwicklung – alleine und mit anderen, über einen langen Zeitraum hinweg – ein zentrales, weithin ungelöstes Problem darstellt (Cloer et al. 2000, insbes. S. 13–58). Lehrerinnen und Lehrer verlieren meist rasch den Bezug zu den Wissenschaften, die sie ausgebildet haben, unter Umständen eine produktive Beziehung zu den Berufswissenschaften überhaupt. Selbstwirksamkeitsüberzeugungen sind gewiss bedeutsam. Ohne Formen der Rückmeldung jedoch, ohne einen modifizierenden Einfluss auf berufliches Denken und Handeln sind Lehrerinnen und Lehrer letztlich auf sich selbst verwiesen. Und die „Fortbildung"?

In der herrschenden Form erscheint sie eher als Synonym für Beliebigkeit und fehlende Passung denn als „Garant für Wandel" (Fullan). Beliebigkeit aber ist nicht professionell. So kommt eine von der KMK eingesetzte Kommission zu der Auffassung, die Antwort auf die Lehrerbildungsfrage liege im kontinuierlichen Weiterlernen im Beruf: „Die Kommission sieht ihre wichtigste und zugleich weiterführende Idee darin, *Lehrerbildung als eine übergreifende berufsbiografische Aufgabe* zu betrachten. Ausbildung allein kann nicht alle Probleme – gar noch für ein ganzes Berufsleben – lösen. Erstausbildung und Weiterlernen im Beruf zusammen lassen Lehrerbildung als einheitliche, übergreifende Aufgabe deutlich werden" (Terhart 2000, S. 18, 20; Hervorhebung i. O.).

Indes beschreibt der gleiche Autor das Problem an anderer Stelle als „eine in der Schulentwicklungsliteratur nicht selten ignorierte oder beschwiegene Thematik" und fragt schließlich ernüchtert: „Wie kann man ein System aktivieren, das zwar das Lernen der Schüler zu organisieren hat – selbst aber in großen Teilen meint, nicht lernen zu müssen?" (Terhart 2002, S. 104, 108). In der Tat, nicht nur Kinder und Lerngruppen, auch Lehrer/innen und Kollegien haben eine *Lerngeschichte*.

Unsere Kernthese lautet daher: Erst wenn wir das Lernen *im* Beruf ähnlichen Maßstäben unterwerfen wie jenen in der Erstausbildung, werden wir wirklich und zu Recht von „Lehrerbildung" sprechen dürfen.

Das vorliegende Buch wendet sich an jene Kollegien in der Primarstufe, die angesichts der oben zitierten Frage von Terhart nicht in Verlegenheit oder in die Defensive geraten, sondern gelassen und selbstbewusst reagieren wollen. Lehrerinnen und Lehrer in diesen Kollegien sehen sich nicht nur als Fachleute für das Lernen von Schülern. Sie erweisen sich ebenso als Experten für das eigene Lernen wie für die Weiterentwicklung ihrer Schule als System.

Schulentwicklung ist für sie im Kern *Unterrichtsentwicklung*. Unterricht als „fachliches Lernen im sozialen Kontext" (Müller/Steinbring/Wittmann 2002, S. 10 f.) entwickelt sich weder naturwüchsig noch aus didaktischem „Brauchtum" heraus. Er benötigt „reflektierte Praxis" und „reflective practitioners" (Schön 1983, Altrichter/Posch 1998, Krainer et al. 2002).

Schulprogrammentwicklung kann für Kollegien ein geeigneter Anlass und Ort sein, um das individuelle und gemeinsame Nachdenken zu pflegen und in Form verlässlicher Absprachen zu dokumentieren (z. B. MSWWF 1998). Dabei ist die Verschriftung zunächst nachrangig. Nach einer gründlichen Erörterung kann sie sich auf knappe Grundsätze oder Leitvorstellungen beschränken.

„Ich – Du – Wir" – so lautet der Titel eines anregenden Arbeitsbuchs für Sprache und Mathematik aus der Schweiz: Ich mache das so. Wie machst du es? Das machen wir ab (Ruf/Gallin 1995). Der Titel kann *Programm* sein. „Ich – Du – Wir" ist nicht nur eine hilfreiche Formel für die Strukturierung von Unterricht im Spannungsfeld zwischen Erfindung und Norm. Sie scheint uns auch förderlich zu sein für einen ergiebigen fachlichen Diskurs im Kollegium: fachliches Lernen im sozialen Kontext – auch für Lehrerinnen und Lehrer?

Voraussetzung ist ein kollegialer *Austausch unter Informierten.* Kollegien, die sich informieren, laden critical friends, „befreundete" Kolleg(i)en und externe Fachleute ein, um sich zu vergewissern oder um „blinde Flecken" aufzudecken. Dabei werden die Beteiligten aufmerksam darauf achten, dass diese nicht zu „blauen Flecken" werden. Es geht um Anstöße, die nicht anstößig sind.

Schulentwicklungsprozesse sind Verständigungsprozesse. Sie werden sich nur dann als tragfähig und nachhaltig erweisen, wenn die damit verknüpften sozialen, methodischen und organisatorischen Bedingungen sorgfältig beachtet werden. Diese sind Gegenstand einer umfangreichen, instruktiven Literatur und werden nicht gering geschätzt.

Bisweilen kann aber auch der Eindruck entstehen, dass der Prozess selbst zum beherrschenden Thema wird und *fachdidaktische* Belange als Gütekriterien aus dem Blickfeld geraten. Schließlich sind sie es, die am Ende Maßstäbe setzen und den Bedarf an Unterrichtsentwicklung konturieren.

Nicht nur den Bedarf, auch den Nutzen, wie es scheint. Erste Auswertungen der Schulprogrammarbeit in NRW weisen darauf hin, dass Unterricht als zentrales Handlungsfeld, dass Konzepte für den Fachunterricht deutlich weniger zu Wort kommen als etwa die Bereiche „Schulleben“ und „Erziehung“. Lediglich ein Fünftel der Befragten vermag aus den Programmen Nutzen für den eigenen Unterricht zu ziehen (ein Drittel „teils/teils“). „Offenbar ist es bislang noch nicht ausreichend gelungen, deutlich zu machen, wie Unterrichtsentwicklung im Schulprogramm verankert werden kann“ (Burkard/Kanders 2002, S. 22 f., 28; vgl. auch Helmke 2003, S. 203f.).

Kritische Beobachter sehen die Gefahr der Trennung „in einen außerschulischen Kultursektor und den Bereich des ‚wirklichen Lernens‘. Dies könnte zur Folge haben, dass der Fachunterricht als Kern des schulischen Lernens für die Schulreform gar nicht erst konzeptionell und praktisch berücksichtigt wird“ (Schönig 2002, S. 821).

Das vorliegende Buch enthält daher *inhaltliche* Anstöße zu unterschiedlichen Aspekten des Mathematiklernens in der Primarstufe – salopp formuliert: den eigentlichen „Stoff“ für die Prozesse des Aushandelns und der Verständigung.

Lesen – Austauschen – Einladen – Vergewissern.

Jeder Beitrag lädt zu einer solchen Schrittfolge ein. In einigen Bundesländern, wie z. B. in Nordrhein-Westfalen, können Kollegien zur Finanzierung solcher Vorhaben *Projektmittel* in beträchtlicher Höhe beantragen.

Zu den Beiträgen im Einzelnen:

- Dem traditionellen Mathematikunterricht liegt eine Vorstellung von Mathematik zugrunde, die vielen Lernenden den Zugang zur Mathematik früher oder später erschwert oder gar versperrt. Auch in einem als „offen“ deklarierten Mathematikunterricht ändert sich dieses Erscheinungsbild nicht, wenn die eingesetzten Lernmaterialien die alten bleiben. Zur Orientierung der weiteren Entwicklung hält *E. Ch. Wittmann* ein fachliches Leitbild für erforderlich, das stufenübergreifend „von der Frühförderung im Kindergarten bis hin zur Lehrerbildung“ eine Vorstellung von dem entfaltet, was Mathematik wirklich ist und welche pädagogische Bedeutung dies für den Unterricht auch in der Grundschule hat. Es handelt sich um die Auffassung der Mathematik als einer *Wissenschaft von den Mustern.* Die pädagogischen Möglichkeiten des neuen Mathematikbildes werden an zehn Beispielen erörtert. Das Schlusswort unterstreicht eindrücklich die Bedeutung, die der Autor dem pädagogischen Kontext beimisst.

- An ebenfalls „zahl-reichen“ Beispielen stellen *Ch. Selter & H. Spiegel* dar, wie Kinder denken und wie sie Mathematik lernen. Die zunächst irritierende, aber lehrreiche Antwort heißt „anders“: anders als wir es erwarten, anders als wir es möchten, anders als andere Kinder und sogar anders als sie selbst, gestern noch oder in einem anderen Zusammenhang. Kinder sind erfindungsreich.

Was in einem so akzeptierten Theorierahmen Lehren und Lernen bedeuten und welche konstruktive Rolle Fehler dabei einnehmen, das erläutern die Autoren eingehend im zweiten Teil ihrer Überlegungen.

- Die Andersartigkeit von hochbegabten Kindern zu verstehen und für ein solches Verständnis zu werben, ist das besondere Anliegen von *H. Bauersfeld*. So gerät sein Beitrag zu einem überaus engagierten und nachdrücklichen Plädoyer.
  Nicht Unterweisung in eigenen Klassen, sondern frühe Aufmerksamkeit und besondere Zuwendung – lautet die differenziert und kenntnisreich begründete Forderung. Dabei geht es dem Autor nicht allein um die Entwicklung der Kinder in bestimmten Fähigkeitsbereichen, sondern um die „eines reflektierten Umgehens mit sich selbst und mit anderen". Probleme der Diagnose und Möglichkeiten der Förderung werden detailliert erörtert. Literaturhinweise, insbesondere Käpnick (1998, 2001), sowie einen Anhang mit Aufgaben findet der Leser/die Leserin am Ende des Beitrags.

- Besondere Aufmerksamkeit verdient auch der Umgang mit Lernschwierigkeiten und Lernschwächen. Dieser Thematik widmen sich in jeweils eigenen Beiträgen *P. Scherer* und *J. H. Lorenz.*
  Das Adjektiv „besonders" möchte *P. Scherer* jedoch nicht im Sinne eines „völlig anderen Unterrichts" verstanden wissen. An den zentralen Aspekten „Diagnose" und „Förderung" werden Grundsätze konkretisiert und Kriterien erläutert, die sich aus *fachdidaktischer* Sicht ergeben. Das Fazit unterstreicht noch einmal, dass eine angemessene Förderung bei Lernschwierigkeiten in Mathematik vor allem mathematische und mathematikdidaktische Kenntnisse bei der Lehrperson voraussetzt – und nicht, fügen die Herausgeber hinzu, unseriöse Vorstellungen von „Therapie", die erkennbar andere Interessen bedienen und nicht zur Aufklärung beitragen.

- Dem Kalkül kommerzieller „Einrichtungen mit fantasievoller Namensgebung" setzt auch *J. H. Lorenz* unmissverständlich die Forderung nach fachdidaktischer Kompetenz und Professionalisierung innerhalb der Schule entgegen.
  Das Thema „Rechenschwäche" lässt sich weder „ausgliedern" noch delegieren. Es stellt fachliche Anfragen an die *Schule* und wird damit zu einem Problem von Unterrichtsentwicklung.
  In diesem Sinne erörtert *Lorenz* zunächst Symptome und Risikofaktoren im Unterricht, im sozialen Umfeld sowie beim Kind. Sie werden mit Vorschlägen zur Förderung verknüpft sowie mit Fragen der Kompetenzerweiterung innerhalb des Kollegiums bzw. mit kooperierenden Kollegien. Dienliche Literaturhinweise runden den Beitrag ab.

- Wie kann man angesichts derart heterogener Lernbedingungen angemessen von „Leistung“ sprechen und auf welche Leitvorstellungen kann sich ein Kollegium verständigen? Diese schwierige Frage greifen *B. Sundermann & Ch. Selter* auf.
  Sie plädieren für eine kompetenzorientierte Sichtweise als Grundvoraussetzung.
  Damit auch die Kinder sich orientieren können, müssen ferner Erwartungen und Rahmenbedingungen hinreichend geklärt sein („zieltransparent herausfordern“). Schließlich ist eine angemessene Bewertung nur auf dem Hintergrund einer sorgfältigen Leistungsfeststellung möglich. Darüber hinaus äußern sich die Autoren zur Bedeutung lernförderlicher Rückmeldungen sowie zur öffentlichen Rede vom „Leistungsverfall“ in unseren Schulen.

- Wie grundlegend Mathematikunterricht sich verändern kann, wenn gehaltvolle, herausfordernde Fragestellungen forschendes Lernen in einem kommunikativen Rahmen erzeugen, beschreiben und illustrieren *G. Krauthausen* und *B. Wollring* eindrucksvoll an einem Beispiel aus der Arithmetik bzw. aus der Geometrie. In beiden Fällen handelt es sich um Vorhaben, die auf einer produktiven Arbeitsbeziehung zwischen Schule und Hochschule beruhen und in denen die Arbeitsdokumente absichtsvoll zu einer Verständigung zwischen den Beteiligten beitragen. Dass Mathematikunterricht über das Beschreiben, Argumentieren und Begründen implizit auch Anliegen des Sprachunterrichts berücksichtigt, zählt zu den Entwicklungsmerkmalen, die ebenfalls Beachtung verdienen. Im Beitrag von *Wollring* ist die Kooperation über die erklärte Verankerung im Schulprogramm hinaus als ambitioniertes Projekt im Rahmen der Lehrerbildung angelegt. Das ausführlich dokumentierte Unterrichtsexperiment versteht sich als handlungsorientierte Arbeitsumgebung zur Kongruenz und Ähnlichkeit in einem vierten Schuljahr. *Krauthausen* beschreibt ein arithmetisches Ausgangsproblem, das eigentlich für Studierende gedacht war, in der Folge aber auch in erstaunlicher Manier von Drittklässlern bearbeitet wird. Aus den Erfahrungen leitet der Autor eine nahe liegende Anregung ab, nämlich Aufgabe und Arbeitsdokumente sowie mögliche Anschlussfragen im Kollegium zu thematisieren, d. h. zum Gegenstand einer exemplarischen Erkundung und Erörterung zu machen („forschende Lehrer“).

- Wenn auch „gute Aufgaben“ allein noch keinen guten Unterricht garantieren, so zählen sie doch zu den Voraussetzungen für ein inhalts- und beziehungsreiches Mathematiktreiben – auch beim *Sachrechnen.*
  Soll das Sachrechnen den Funktionen Lernstoff, Lernprinzip und Lernziel mehr als bisher gerecht werden, so *H. Winter,* muss sich das didaktische Interesse auf das „Verstehen von Sachverhalten“ bzw. auf

die dazu erforderlichen Fähigkeiten konzentrieren. Bewusst wählt der Autor ein „unspektakuläres" Beispiel um zu zeigen, was in seinen Augen eine Aufgabe zu einer „guten" werden lässt bzw. wie durch eine Kette von Fragen und Überlegungen mathematische Aktivitäten entwickelt werden können – bis hin zur Formulierung einer „Problemaufgabe". Abschließend stellt *Winter*, anregend für den Diskurs im Kollegium, Kriterien für die Auswahl „guter Sachaufgaben" zur Diskussion. Darüber hinaus wird auf die angegebene Literatur zur Didaktik des Sachrechnens verwiesen. Sie enthält eine Fülle an praktischen Anregungen.

- Mit der Frage „Wie viel Realität braucht das Sachrechnen?" spitzt *Ch. Erichson* das Problem „Simulation und Authentizität" noch einmal zu. Im Anschluss an eine kritische Bestandsaufnahme wirkt ihr Vorschlag gleichermaßen redlich wie realistisch. Zumindest „authentische Schnappschüsse" können als interessante Anlässe den Realitätsbezug erhöhen und somit das Sachrechnen bereichern. Darunter versteht *Erichson* Ausschnitte mit mathematischem Informationsgehalt aus den Interessensbereichen der Kinder. Beispiele werden im Beitrag erläutert. Kinder selbst, so die Autorin, könnten sie sammeln und festhalten. Außerdem biete die Sachliteratur ein „unerschöpfliches Repertoire".

- Betrachtet man das Fach und Unterrichten als wesentliche Bezugspunkte der Lehrertätigkeit, dann sollten nicht nur die Inhalte, sondern auch der *Unterricht* selbst Gegenstand gemeinsamer Reflexion sein, wobei sich der Fokus auf das Unterrichten und nicht auf die Lehrperson richtet. Aktivität *und* Reflexion (mit dem Ziel der „Bewusstheit") sind komplementäre Elemente beruflichen Handelns auf allen Ebenen. Dass Reflexion nicht einfach zur „Privatsache" erklärt werden kann, ergibt sich aus den Ansprüchen an eine professionelle Tätigkeit. Diese Auffassung begründet und erläutert *H. Steinbring* eingehend an Beispielen aus unterschiedlichen Jahrgangsstufen. Sie gewähren Einblick in kognitive, kommunikative und interaktive Prozesse und ermöglichen Aufklärung, also ein Mehr an „Bewusstheit" aus kritischer Distanz. In einer Szene trägt eine Veranschaulichung nicht nur nicht zum Verständnis der arithmetischen Beziehung bei. Vielmehr versucht eine Schülerin vice versa, mit ihren bereits vorhandenen Kenntnissen die Anschauungshilfe zu verstehen.

- Dem Thema „Lernen mit Material" widmet sich der Beitrag von *W. Schipper*. Wer in dieser Thematik kein Problem mehr sieht, wird bereits eingangs durch irritierende Fragen herausgefordert. Nachfolgend konzentriert der Autor seine Ausführungen auf den arithmetischen Anfangsunterricht. Dabei wird an vielen Stellen offenkundig, wie sehr der Beitrag durch langjährige intensive Erfahrungen mit Kindern in der Bielefelder Beratungsstelle inspiriert ist. So zieht auch der informierte Leser Gewinn sowohl aus den grundsätzlichen Überlegungen zur didaktischen Funktion des Einsatzes von Material als auch aus den detailliert kommentierten Beispielen (Materialhandlungen). Wenn Lehrerbildung berufsvorbereitend *und -begleitend* sein will, dann gehört die Auseinandersetzung mit gelingenden und – erst recht – mit misslingenden Lernprozessen zum Kernbestand der Professionalisierung, so die abschließende Argumentation. Lehren setzt voraus, dass wir verstehen lernen und üben, was die Kinder machen und was sie sich dabei denken. Dass Materialhandlungen ein *Übungsfeld* sein können, unterstreicht der *Anhang* mit weiteren Beispielen.

- Dass ein Kollegium sich zu einem fachbezogenen Diskurs entschließt, der über eine Bestandsaufnahme hinaus Eckpunkte für die Weiterentwicklung (einschließlich der Fortbildungsplanung) umfasst, halten wir für begründet und unverzichtbar. Man muss sich jedoch auch der Grenzen kollegiumsinterner Erörterungen bewusst sein. Nach einer unveröffentlichten Studie des Schulamtes für die Stadt Frankfurt sind mehr als 80 % der Lehrkräfte in Kollegien tätig, in denen sie ihren Schuldienst begonnen haben (Oelkers 2000, S. 138). Die Vermutung liegt nahe, dass Schulen sich nicht allein aus sich selbst heraus weiter entwickeln. Dies wirft die Frage auf, ob und wie, d. h. auch in welchen Arbeitsumgebungen, sich ein kollegiumsinterner Austausch durch fach- und prozesskompetente Unterstützung „von außen" fördern und begleiten lässt. Offensichtlich verzeichnet der „Markt" ganz überwiegend Angebote im Bereich der (inhaltsabstinenten) Moderations- und Prozesskompetenz, nicht aber auf der Ebene einer fachbezogenen Beratung. Man stärkt die Menschen aber nur dann, wenn man auch die Sachen klärt. Nach einer bekannten Formel H. v. Hentigs haben Entwicklungsprozesse beide Postulate ausgewogen zu beachten. Bei F. Schulz von Thun lautet die „Gleichung" A + K = E, d. h. Akzeptieren plus Konfrontieren gleich Entwicklung. Soll E wachsen, so dürfen A und K weder zu klein noch zu groß ausfallen.
  Ein Erfahrungsbericht von *U. Birnstengel-Höft* und *A. Feldhaus* weist bereits im Titel darauf hin, dass es sich eher um „Suchbewegungen" als um klar umrissene Vorstellungen und Arbeitsformen handelt.

- Suchbewegungen können früher oder später auch die Frage nach speziellen Anregungen durch geeignete Literatur aufwerfen. Grundschulen zeigen zu Recht ihren Besuchern gern und stolz die gut sortierte Schülerbibliothek. Wir können uns vorstellen, dass ein Kollegium auch die *Lehrerbibliothek* um einige wenige, dafür aber nützliche Titel ergänzt. Empfehlungen dazu liefert der Beitrag von *B. Spindeler* und *H. Wielpütz.*
- Im letzten Beitrag stellen wir einen *Rahmenentwurf* zum Mathema-

tiklernen in der Primarstufe zur Diskussion. Er kann die Funktion einer didaktischen Landkarte übernehmen und auf diese Weise für einen *schuleigenen Arbeitsplan* vor Ort orientierend sein. Wohl gemeint nicht im Umfang, sondern in ausgewählten pädagogischen und didaktischen Schwerpunktsetzungen, die ein Kollegium erörtert, verabredet und als Grundsätze im Schulprogramm dokumentiert.
Im Rahmen der erwähnten repräsentativen Befragung gibt die Hälfte der Lehrerinnen und Lehrer (n = 3101) an, die bisherige Schulprogrammarbeit habe einen Verständigungsprozess im Hinblick auf die gemeinsamen Ziele der Schule ausgelöst. Diese Einschätzung wird vor allem in den Grund- und Sonderschulen geteilt (Burkard/Kanders 2002, S. 23). Es wird nun darauf ankommen, die weitere Entwicklung auf das fachliche Lernen und auf die tägliche Unterrichtsarbeit zu konzentrieren.

Literatur

Altrichter, H./Posch, P.: Lehrer erforschen ihren Unterricht. Bad Heilbrunn: Klinkhardt 1998
Bastian, J./Helsper, W./Reh, S./Schelle, C. (Hg.): Professionalisierung im Lehrerberuf. Opladen: Leske und Budrich 2000
Burkard, Ch./Kanders, M.: Was Lehrkräfte von Schulprogrammarbeit halten. In: journal für schulentwicklung 6 (2002), Heft 3, S. 20–28. Innsbruck, Wien, Bozen und München: Studienverlag
Cloer, E./Klika, D./Kunert, H. (Hg.): Welche Lehrer braucht das Land? Weinheim/München: Juventa 2000
Ekholm, M.: Steuerungsmodelle für Schulen in Europa. Schwedische Erfahrungen mit alternativen Ordnungsmodellen. In: Zeitschrift für Pädagogik 43 (1997), Heft 4, S. 597–608
Fullan, M.: Die Schule als lernendes Unternehmen. Stuttgart: Klett-Cotta 1999
Goodson, I. F./Hopmann, S./Riquarts, K. (Hg.): Das Schulfach als Handlungsrahmen. Köln, Weimar, Wien: Böhlau 1999
Helmke, A.: Unterrichtsqualität erfassen, bewerten, verbessern. Seelze: Kallmeyer 2003
Holtappels, H. G./Rolff, H.-G.: Editorial zum Themenheft „Schulprogramme: Praxis – Forschung – Implementation". In: journal für schulentwicklung 6 (2002), Heft 3, S. 4–7
Horster, L./Rolff, H.-G.: Unterrichtsentwicklung. Weinheim und Basel: Beltz 2001
Keuffer, J./Oelkers, J. (Hg.): Reform der Lehrerbildung in Hamburg. Abschlussbericht der vom Senat eingesetzten Kommission. Weinheim und Basel: Beltz 2001
Krainer, K./Dörfler, W./Jungwirth, H./Kühnelt, H./Rauch, F./Stern, Th. (Hg.): Lernen im Aufbruch: Mathematik und Naturwissenschaften. Pilotprojekt IMST[2] Innsbruck, Wien, München, Bozen: Studienverlag 2002
Leschinsky, A.: Lehrerindividualismus und Schulverfassung. In: Zeitschrift für Pädagogik 32 (1986), Heft 2, S. 225–246
MSWWF (Hg.): Schulprogramm – eine Handreichung. Schriftenreihe Schule in NRW, Heft Nr. 9027. Frechen: Ritterbach 1998
Müller, G. N./Steinbring, H./Wittmann, E. Ch.: Jenseits von PISA – Bildungsreform als Unterrichtsreform. Ein Fünf-Punkte-Programm aus systemischer Sicht. Seelze: Kallmeyer 2002
Neuweg, G. H.: Lehrerhandeln und Lehrerbildung im Lichte des Konzepts des impliziten Wissens. In: Zeitschrift für Pädagogik 48 (2002), Heft 1, S. 10–29
Oelkers, J.: Überlegungen zum Strukturwandel der Lehrerbildung. In: Bayer, M. et al. (Hg.): Lehrerin und Lehrer werden ohne Kompetenz? Bad Heilbrunn: Klinkhardt 2000, S. 124–147
Ruf, U./Gallin, P.: Ich – Du – Wir. Sprache und Mathematik 1.–3. Schuljahr. Zürich 1995
Schön, D. A.: The Reflective Practitioner. London: Temple Smith 1983
Schönig, W.: Organisationskultur als Schlüsselkonzept der Schulentwicklung. In: Zeitschrift für Pädagogik 48 (2002), Heft 4, S. 815–834
Terhart, E. (Hg.): Perspektiven der Lehrerbildung in Deutschland. Abschlussbericht der von der KMK eingesetzten Kommission. Weinheim und Basel: Beltz 2000
Terhart, E.: Lehrerberuf und Lehrerbildung. Forschungsbefunde, Problemanalysen, Reformkonzepte. Weinheim und Basel: Beltz 2001
Terhart, E.: Wie können die Ergebnisse von vergleichenden Leistungsstudien systematisch zur Qualitätsverbesserung in Schulen genutzt werden? In: Zeitschrift für Pädagogik 48 (2002), Heft 1, S. 91–110

ERICH CH. WITTMANN

Was ist Mathematik und welche pädagogische Bedeutung hat das wohlverstandene Fach auch für den Mathematikunterricht der Grundschule?

Heinrich Winter zum 75. Geburtstag gewidmet

Abstrakte Symbole, die nicht durch eigene Aktivität des Kindes mit Sinn gefüllt, sondern ihm von außen aufgeprägt werden, sind tote und nutzlose Symbole. Sie verwandeln den Lernstoff in Hieroglyphen, die etwas bedeuten könnten, wenn man nur den Schlüssel dazu hätte. Da aber der Schlüssel fehlt, ist der Stoff eine tote Last.

John Dewey (1859–1953)

Der Mathematikunterricht befindet sich heute offenkundig in einer Krise – nicht nur in Deutschland. Dies betrifft keineswegs nur seine Ineffektivität, wie sie – nicht nur – aus den Ergebnissen unserer Schülerinnen und Schüler bei TIMSS und PISA abzulesen ist. Die Probleme liegen tiefer. Das nachlassende Interesse für das Studienfach Mathematik – auch in Ländern, die bei TIMSS und PISA gut abgeschnitten haben – ist dafür ein untrügliches Indiz.

In der Bildungspolitik wurden inzwischen Maßnahmen eingeleitet, die eine Besserung bewirken sollen. Am stärksten vorangetrieben wird die Einführung regelmäßiger Vergleichstests auf lokaler, nationaler und internationaler Ebene, von der sich die Bildungspolitiker und ihre Berater aus der Bildungsforschung offensichtlich den größten Effekt versprechen (obwohl die Erfahrungen in anderen Ländern das Gegenteil lehren). Großes Gewicht wird weiter auf eine frühere und intensivere mathematische Förderung in der Grundschule und schon im Kindergarten gelegt. Natürlich werden auch neue Lehrpläne ins Auge gefasst, die den Mathematikunterricht „lebensnäher" und damit, wie man glaubt, „motivierender" machen sollen. Ziel ist auch eine veränderte „Unterrichtskultur". Daneben gibt es eine Vielzahl weiterer Forderungen, z. B. die verstärkte Einbeziehung neuer Medien – von der Computerindustrie aus durchsichtigen Gründen begrüßt und befördert –, eine stärkere Leistungsdifferenzierung, Ganztagsbetreuung usw.

Bei der Fülle der Forderungen, die heute an die Schule gestellt werden, und der dabei verfolgten unterschiedlichen Zielsetzungen besteht die große Gefahr, dass auch für die Konsolidierung des Mathematikunterrichts Maßnahmen isoliert und unkoordiniert ergriffen werden, dass diese Maßnahmen möglicherweise gar nicht stimmig sind und dass sie vor allem nicht den Problemen an die Wurzel gehen. Dieser Gefahr kann man nur entgehen, wenn man sich an einem gut begründeten *stufenübergreifenden* Leitbild orientiert, an dem man verschiedene Maßnahmen bewerten und ausrichten kann. Als ein solches Leitbild für den Mathematikunterricht erscheint dem Autor eine klare Vorstellung davon, was Mathematik *wirklich* ist und welche pädagogischen Möglichkeiten sich daraus für Mathematiklernen ergeben, am besten geeignet. Dieser Ansatz hat sich seit einigen Jahrzehnten auch schon bewährt: Die Fortschritte der Mathematikdidaktik, besonders auch für die Grundschule, sind seit Anfang der achtziger Jahre, also weit vor TIMSS und PISA, von einem bestimmten fachlichen Leitbild bestimmt, das heute noch überzeugender ist als damals. Die stufenübergreifende Perspektive ist dabei *im Interesse der Kinder* zwingend notwendig: Die Probleme des Mathematikunterichts lassen sich nur lösen, wenn er von Anfang an über die Stufen hinweg konsistent entwickelt wird, so dass sich die Kinder in stetiger Erweiterung und Vertiefung ihrer Kenntnisse und Fähigkeiten in die Mathematik einarbeiten können (vgl. dazu auch Müller, Steinbring und Wittmann 2002, S. 39 ff.).

Da die deutsche Grundschule traditionell von der Pädagogik geprägt ist und den „Fächern" oft nur eine untergeordnete Rolle zugemessen wird, muss dabei folgender Punkt besonders beachtet werden: Mit der Entscheidung für ein fachliches Leitbild, das im Folgenden noch genauer zu erläutern und von verzerrten Sichtweisen von „Mathematik" abzugrenzen sein wird, werden pädagogische Leitvorstellungen von Schule und Unterricht, die der Grundschule aus guten Gründen lieb und teuer sind, keineswegs aufgehoben, ganz im Gegenteil: *Diese pädagogischen Vorstellungen stehen nämlich nicht nur im Einklang mit dem angesprochenen fachlichen Leitbild, sondern ihre praktische Umsetzung wird sogar erst möglich, wenn man sie vom wahren Wesen der Mathematik her interpretiert und mit Leben füllt.* Die so geknüpfte enge Beziehung zwischen Pädagogik und Mathematik ist keineswegs paradox, sondern ergibt sich ganz natürlich, denn der Entscheidung für ein fachlich gut begründetes Mathematikbild liegt das gleiche Menschenbild zu Grunde, das auch den pädagogischen Vorstellungen von Kind, Schule und Unterricht zu Grunde liegt.

Der vorliegende Beitrag ist folgendermaßen gegliedert: Zunächst wird die Problematik des Schulfaches Mathematik aus der Sicht der „Betroffenen" besprochen und als Hauptursache das verfälschte Mathematikbild im traditionellen Unterricht identifiziert. Das neue Bild von Mathematik als „Wissenschaft von Mustern" ist im zweiten Abschnitt Gegenstand der Analyse. Es wird dabei aufgezeigt, dass dieses neue Bild gerade in Lehrplänen für den Mathematikunterricht der Grundschule und in entsprechenden Unterrichtskonzepten schon weitgehend umgesetzt ist. Praktische Bespiele dienen im dritten Abschnitt zur Erläuterung der pädagogischen Möglichkeiten, die sich aus der neuen Auffassung ergeben.

Mathematik aus der Sicht der Schülerinnen und Schüler

Hannah (6): *Mathe is' mein Lieblingsfach.*
Da mach' ich die Hausaufgaben immer zuerst.

Julia (etwa 14): *Ein Fach studier' ich nie. –*
Nie im Leben. – Das weiß ich.
Melanie (ebenfalls etwa 14): *Welches?*
Julia: *Mathe.*
(Mitgehört in der Straßenbahn am ersten Schultag nach den Ferien).

Die Krise des Mathematikunterrichts spiegelt sich auch in einer wachsenden Zahl von empirischen Untersuchungen der Einstellungen von Schülerinnen und Schülern zum Fach Mathematik wider. Was die Grundschule anbelangt, ist die Einstellung der Kinder zu diesem Fach insgesamt positiv. Die vor kurzem für tschechische Kinder erhobenen Daten (Abb. 1 aus Hospesová, Kurina, Tichá 2001) stimmen mit den Erfahrungen bei uns gut überein. Mathematik und Sport belegen in der Regel die beiden ersten Plätze.

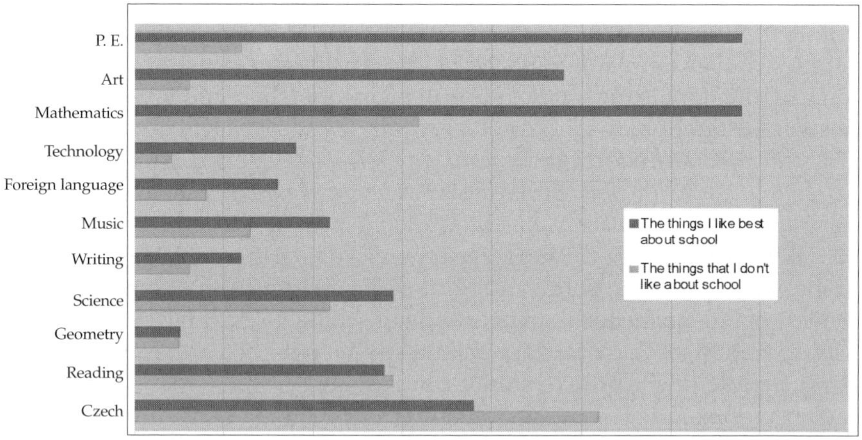

Abb. 1

Wie die Grafik zeigt, gibt es aber auch Grundschulkinder, die Mathematik (oder Sport) weniger gern machen. Es gibt auch Klassen, in denen die Einschätzungen insgesamt nicht so positiv sind. Dies ändert aber nichts an der durchschnittlich guten Bewertung, die das Fach Mathematik in der Grundschule erfährt. Das gute Bild wird allerdings doch getrübt, wenn man genauer nachprüft, welche Motive zu einer „positiven" Einschätzung führen. Wenn ein Kind z. B. seine positive Wertung damit begründet, dass es im Unterricht immer malen darf, wenn es mit den Rechnungen fertig ist, sind Zweifel angebracht.

Die Situation ändert sich in der Sekundarstufe I grundlegend (Picker/Berry 2000, Kaiser/Henn 2001). Es gibt zwar weiterhin Schülerinnen und Schüler, die Mathematik gern machen, aber die Zahl derjenigen, die der Mathematik skeptisch gegenüberstehen und sie, zu einem nicht geringen Teil sogar scharf, ablehnen, steigt stark an. Die Beweggründe für diesen Umschwung sind vielfältig und nicht leicht zu fassen. Ein wesentlicher Grund, wenn nicht der Hauptgrund, dürfte darin liegen, dass die Schülerinnen und Schüler im Laufe des weiteren Unterrichts immer mehr Schwierigkeiten haben, die im Unterricht behandelten Inhalte zu verstehen und ihren Sinn einzusehen. Inwieweit dabei Mathematikbilder, die in der Öffentlichkeit vorherrschen, Einfluss ausüben, lässt sich nicht entscheiden. Eine negative Einstellung zur Mathematik zeigt sich bemerkenswerter Weise auch in Ländern, die bei TIMSS gut abgeschnitten haben: In der TIMSS-Nachfolge-Untersuchung landete z. B. Japan bei dieser Testfrage in einer Liste von 36 Ländern auf Platz 35. Das heißt: Sehr viele japanische Schülerinnen und Schüler erzielen außergewöhnlich gute Leistungen bei Tests, aber sie hassen die Mathematik. (Dass sie bei Eintritt in das Studium das meiste wieder vergessen haben, steht auf einem anderen Blatt; vgl. hierzu Müller, Steinbring und Wittmann 2002, S. 57.)

Es ist bekannt, dass Studierende für das Lehramt an der Grundschule das Studium oft mit einer negativen Einstellung zur Mathematik aufnehmen (Gellert 1999). Viele haben Mathematik in ihrer Schulzeit als ein Regelsystem erfahren, in dem Inhalt und Form bis ins kleinste Detail festgelegt sind, und in dem sie nur überleben konnten, indem sie sich dem oft gleichzeitig als erbarmungslos und für das Überleben hilfreich empfundenen Regiment von Fachsprache, Formel und Verfahren unterworfen haben. Für die spätere eigene Unterrichtstätigkeit bieten solche Erfahrungen keine positiven Ansatzpunkte. Es ist daher nur zu verständlich, dass die Studierenden das Heil für den von ihnen zu verantwortenden Mathematikunterricht in bunten Verpackungen und Spielen sowie im Alltagsbezug suchen. Die vielen „spielerischen" Angebote für den Mathematikunterricht der Grundschule deuten darauf hin, dass dieser Weg in der Praxis häufig beschritten wird. In der Sekundarstufe ist er aber nicht mehr gangbar. Wenn den Kindern in der Grundschule ein echter Zugang zum Fach verschlossen geblieben ist, werden sie daher in der Sekundarstufe so oder so umso größere Schwierigkeiten mit der Mathematik haben. Es ist somit nicht auszuschließen, dass die negative Einstellung vieler Schülerinnen und Schüler der Sekundarstufe zur Mathematik durch einen als „positiv" empfundenen Mathematikunterricht in der Grundschule zumindestens mitbedingt ist.

Auf der anderen Seite ist es ein sehr erfreuliches Zeichen, dass es in der Grundschule eine wachsende Zahl von Lehrerinnen und Lehrern gibt, die – z. T. trotz negativer Erfahrungen in der eigenen Schulzeit – Wege gefunden haben und immer neu finden, um ihren Kindern einen echten Zugang zur Mathematik und eine echte Freude an mathematischen Aktivitäten zu vermitteln. Diese Lehrerinnen und Lehrer befürchten aber, oft zu Recht, dass ihr guter Mathematikunterricht in den weiterführenden Schulen nicht fortgesetzt wird. Wenn die Schülerinnen und Schüler in der Sekundarstufe I mit traditionellen Formen des Mathematikunterrichts konfrontiert werden, ist es sehr wahrscheinlich, dass sich ihre vorher positive Einstellung zur Mathematik ins Negative verändert.

Für ein neues Mathematikbild

Die Mathematik ist kein zwischen zwei Deckel gebundenes und mit bronzenen Spangen verschlossenes Buch …
Ihre Entfaltungsmöglichkeiten sind so unendlich wie die kosmischen Welten, die sich unter dem Blick des Astronomen vervielfältigen.
Es ist ebenso unmöglich die Mathematik in zugewiesenen Grenzen oder dauernd gültigen Definitionen einzuschließen – wie das Leben, das in jedem Atom der Materie, in jeder Zelle, in jedem Blatt und in jeder Knospe zu schlummern scheint und stets bereit ist, zu neuen Formen pflanzlichen oder tierischen Lebens aufzubrechen.

J. J. Sylvester (1814–1897)

Die vorliegenden Erfahrungen mit Lernenden verschiedener Stufen erhärten folgende These:
Das dem traditionellen Mathematikunterricht zu Grunde liegende Mathematikbild erschwert oder versperrt vielen Lernenden den Zugang zur Mathematik.

Dieses Bild lässt sich folgendermaßen kennzeichnen: Mathematische Inhalte erscheinen als logisch festgefügte Systeme von abgeklärten Begriffen, Regeln und Verfahren, die auf bestimmte Klassen von Aufgaben zugeschnitten sind. Der Stoff wird Schritt für Schritt gelernt und portionsweise bis zur möglichst fehlerlosen Reproduktion geübt. Die Unterscheidung zwischen „wahr" und „falsch" ist scharf, die Angst inhaltliche oder formale Fehler zu machen entsprechend groß. Eine große Zahl von Lernenden glaubt, man müsse mathematisch besonders begabt sein, um die Mathematik verstehen zu können. Eigene Überlegungen, die zunächst notwendig fehlerbehaftet sind, werden daher vielfach zugunsten der Reproduktion vorgegebener Musterlösungen zurückgestellt. Aus Mangel an Verständnis klammern sich viele Lernende an die äußere Form der Darstellung, hinter denen die Inhalte oftmals verschwinden. Mit dem mathematischen Formalismus geht vielfach ein methodischer Formalismus einher: Die Lernenden durchlaufen die gleichen Schritte in gleicher Weise vom „Einfachen" zum „Schweren". Schwächere erhalten zusätzliche Hilfen und zusätzliches Übungsmaterial. Individuelle Zugänge gelten als unerwünscht, weil es für besser angesehen wird, sich an die im Unterricht besprochenen und eingeübten Verfahren zu halten. Um die Lernenden zu motivieren sich mit der als „trocken" geltenden Mathematik zu beschäftigen, werden in hohem Maße extrinsische Formen der Motivation eingesetzt.

In den letzten Jahrzehnten sind ernsthafte Anstrengungen unternommen worden, um den traditionellen Unterricht, der zu Recht als unnatürlich, ja „unmenschlich", empfunden wird, zu überwinden. In der Grundschule am einflussreichsten war und ist die Bewegung des „offenen Unterrichts", in der sich unterschiedliche Reformansätze zur inhaltlichen, methodischen und organisatorischen Öffnung aufgrund eines veränderten, aktiven Lernbegriffs verbinden (vgl. z. B. Wallrabenstein 1991). Offenheit wird dabei verstanden als

- Offenheit gegenüber den Selbststeuerungskräften, individuellen Lernweisen und Interessen der Kinder
- Offenheit zum sozialen Austausch und zur Kooperation zwischen den Kindern
- Offenheit zur Begegnung und Auseinandersetzung mit der Welt.

Die Praxis des offenen Unterrichts mit vielfältigen Organisationsformen (Wochenplan, Freiarbeit, Projekte) hat ganz zweifellos die Gleichschrittigkeit des Mathematikunterrichts zugunsten individualisierter Lernformen mit einem hohen Grad von Selbststeuerung aufgebrochen. Zum überwiegenden Teil handelt es sich aber nur um eine äußerliche Offenheit. Die verwendeten Lern- und Übungsmaterialien sind die alten geblieben. Am Erscheinungsbild der Mathematik hat sich dadurch nichts geändert.

Andere pädagogische Bemühungen den traditionellen Mathematikunterricht abzulösen gehen in eine Richtung, die Hartmut von Hentig vorgezeichnet hat (von Hentig 1972, S. 80–81):

Mathematik wird entweder nur die Sprache einiger Wissenschaften bleiben und die anderen umso endgültiger von diesen trennen, oder Mathematik müßte so allgemein gemacht werden wie die Muttersprache: Wir müßten lernen, in ihr zu leben, wahrzunehmen, zu denken, zu kommunizieren. Ich glaube nicht, daß das geht. Die vieldeutige schmuddelige Welt, mit der wir es im Alltag zu tun haben, wäre mit dem eindeutigen Instrument der Mathematik nicht zu handhaben. Aber ich glaube, daß das systematische Lernen, das wir der Schule vorbehalten haben, mathematische Denk- und Wahrnehmungsformen in stärkerem Maße aufnehmen kann – vorausgesetzt, wir lernen Mathematik als Sprache, nämlich als ein Verständigungsmittel, und wie eine Sprache, nämlich sprechend, und über Dinge und Sachverhalte und nicht als stummes, gegenstands- und partnerloses Glasperlenspiel. Ja, wir müßten die Mathematik mehr noch als andere Wissenschaften entzaubern. Ihr Zauber und ihre Zauberei liegen in dem eigentümlichen Verhältnis zwischen der äußersten Exaktheit des geistigen Instruments und der Inexaktheit der realen Tatbestände, auf die es angewendet wird. Die wissenschaftspropädeutische Chance der Mathematik scheint demnach gerade in dem zu bestehen, was die Mathematiker – bisher – scheuen, wenn nicht verachten: in der Übersetzung von realen Beziehungen in mathematische Sprache und umgekehrt. Sie besteht, wie alle wirklichen Chancen, in einer prinzipiellen Schwierigkeit. Lehrte man in der allgemein bildenden Schule die Mathematik derart als eine „gemischte" und nicht als eine „reine" Wissenschaft, sie hätte Aussicht, eine Gemeinsprache der Erkenntnis zu werden und nicht ein zusätzliches Mittel der Entfremdung.

Wie der Unterricht, der sich auf eine „gemischte" Wissenschaft Mathematik bezieht, konkret aussehen kann, bleibt in dieser schönen Beschreibung durchaus noch offen. Aus pädagogischer Sicht ist es allerdings verlockend, sie konzeptionell so umzusetzen, dass Fachstrukturen zugunsten von Anwendungen der Mathematik im Kontext realer Situationen weitgehend *aufgelöst* werden. In den Richtlinien für den Mathematikunterricht an der Gesamtschule in Nordrhein-Westfalen ist dieser Weg beschritten worden. Als unausgesprochenes Vorbild diente hier das am Freudenthal-Institut in Utrecht entwickelte Konzept von „Realistic Mathematics Education", jedenfalls so wie es bei uns verstanden wird. Ansätze zur Auflösung des Faches Mathematik (und anderer Fächer) gibt es auch in der Grundschule, sehr weit entwickelt z. B. in der Freinet-Pädagogik.

Sowohl die Bewegung des offenen, „kindorientierten" Unterrichts als auch die Bemühungen um einen „anwendungsorientierten" Mathematikunterricht haben wesentlich dazu beigetragen die Erstarrung des traditionellen Mathematikunterrichts aufzubrechen, und sind als wesentliche Fortschritte anzusehen. Gleichwohl können sie nicht als stufenübergreifende Lösung des Problems angesehen werden, denn die ihnen zu Grunde liegenden Mathematikbilder geben das wahre Wesen der Mathematik nicht angemessen wieder: Die Ansätze des „offenen Unterrichts" lassen das Fach völlig außer Acht, die Ansätze von „Mathematik im realen Kontext" betonen einseitig die Anwendungen der Mathematik.

Auf verfälschten Vorstellungen vom Fach kann man den Unterricht aber nicht aufbauen, insbesondere nicht stufenübergreifend. Wenn daher die Konsolidierung des Mathematikunterrichts gelingen soll, muss das Mathematiklernen von der Frühförderung im Kindergarten bis hin zur Lehrerbildung auf eine neues *stufenübergreifendes* Bild von Mathematik bezogen werden.

Die Frage „Was ist Mathematik?" wird heute folgendermaßen beantwortet (Devlin 1998, S. 3–4):

In den letzten zwanzig Jahren ist eine Definition [von Mathematik] aufgekommen, der wohl die meisten heutigen Mathematiker zustimmen würden: Mathematik ist die Wissenschaft von den Mustern. Der Mathematiker untersucht abstrakte „Muster" – Zahlenmuster, Formenmuster, Bewegungsmuster, Verhaltensmuster und so weiter. Solche Muster sind entweder wirkliche oder vorgestellte, sichtbare oder gedachte, statische oder dynamische, qualitative oder quantitative, auf Nutzen ausgerichtete oder bloß spielerischem Interesse entspringende. Sie können aus unserer Umgebung an uns herantreten oder aus den Tiefen des Raumes und der Zeit oder aus unserem eigenen Innern.

In seinem Buch „Das Mathe-Gen" gibt Devlin eine ausführlichere Erläuterung (Devlin 2000, S. 97):

Die Muster und Beziehungen, mit denen sich die Mathematik beschäftigt, kommen überall in der Natur vor: die Symmetrien von Blüten, die oft komplizierten Muster von Knoten, die Umlaufbahnen der Himmelskörper, die Anordnung der Flecke auf einem Leopardenfell, das Stimmverhalten der Bevölkerung bei einer Wahl, das Muster bei der statistischen Auswertung von Zufallsergebnissen beim Roulettespiel oder beim Würfeln, die Beziehungen der Wörter, die einen Satz ergeben, die Klangmuster, die zur Musik in unseren Ohren führen. Manchmal lassen sich die Muster durch Zahlen beschreiben, sie sind „numerischer Natur", etwa das Wahlverhalten der Bevölkerung. Oft sind sie jedoch nicht numerischer Natur; so haben Strukturen von Knoten oder Blütenmuster nur wenig mit Zahlen zu tun.

Weil sie sich mit solchen abstrakten Mustern beschäftigt, erlaubt uns die Mathematik oft, Ähnlichkeiten zwischen zwei Phänomenen zu erkennen (und oft erst zu nutzen), die auf den ersten Blick nichts miteinander zu tun haben. Wir könnten die Mathematik also als eine Brille auffassen, mit deren Hilfe wir sonst Unsichtbares sehen können – als ein geistiges Äquivalent zu dem Röntgengerät der Ärzte oder dem Nachtsichtgerät eines Soldaten.

Vom Standpunkt des Kindergartens und der Grundschule klingen diese Beschreibungen zunächst einmal sicherlich abgehoben und werfen unwillkürlich die Frage auf, ob Mathematik als „Wissenschaft von Mustern" für diese Stufen überhaupt eine Relevanz hat. Dass dies tatsächlich der Fall ist, macht vielleicht am besten ein weiteres Zitat deutlich. Es ist der Rede entnommen, die der Physiker Richard Feynman 1965 bei der Verleihung des Nobelpreises gehalten hat:

Als ich noch sehr klein war und in einem Hochstuhl am Tisch saß, pflegte mein Vater mit mir nach dem Essen ein Spiel zu spielen. Er hatte aus einem Laden in Long Island eine Menge alter rechteckiger Fliesen mitgebracht. Wir stellten sie vertikal auf, eine neben die andere, und ich durfte die erste anstoßen und beobachten, wie die ganze Reihe umfiel. So weit, so gut. Als Nächstes wurde das Spiel verbessert. Die Fliesen hatten verschiedene Farben. Ich mußte eine weiße aufstellen, dann zwei blaue, dann eine weiße, zwei blaue, usw. Wenn ich neben zwei blaue eine weitere blaue setzen wollte, insistierte mein Vater auf einer weißen. Meine Mutter, die eine mitfühlende Frau ist, durchschaute die

Hinterhältigkeit meines Vaters und sagte: „Mel, bitte laß den Jungen eine blaue Fliese aufstellen, wenn er es möchte." Mein Vater erwiderte: „Nein, ich möchte, daß er auf Muster achtet. Das ist das Einzige, was ich in seinem jungen Alter für seine mathematische Erziehung tun kann."
Wenn ich einen Vortrag über die Frage „Was ist Mathematik?" halten müßte, hätte ich damit die Antwort schon gegeben: Mathematik ist die Wissenschaft von den Mustern.

Der Begriff des mathematischen Musters eignet sich also sehr wohl als Leitmotiv von den ersten mathematischen Aktivitäten des Kleinkindes bis hin zu den aktuellen Forschungen der mathematischen Spezialisten. Für die mathematische Frühförderung im Vorschulalter sind einfache Zahlen- und Formenmuster gut geeignet (vgl. Müller/Wittmann 2002). Für den Mathematikunterricht der Grundschule bietet sich eine überquellende Fülle von Zahlenmustern, Formenmustern, kombinatorischen und logischen Mustern an, mit denen die Kinder ihre mathematischen Fähigkeiten entfalten und grundlegende Kenntnisse erwerben können. Der Mathematikunterricht der folgenden Stufen kann nahtlos daran anschließen.

Mathematische Muster dürfen nicht als fest Gegebenes angesehen werden, das man nur betrachten und reproduzieren kann. Ganz im Gegenteil: Es gehört zu ihrem Wesen, dass man sie erforschen, fortsetzen, ausgestalten und selbst erzeugen kann. Der Umgang mit ihnen schließt also Offenheit und spielerische Variation konstitutiv ein. Den „streng" erscheinenden Regelsystemen der Mathematik wird dadurch die Schärfe genommen, sie lassen Raum für persönliche Sicht- und Ausdrucksweisen und werden zugänglich für die individuelle Bearbeitung. Gleichwohl werden Offenheit und Individualität durch Regeln gezügelt: Es handelt sich um eine *Offenheit vom Fach aus* (Wittmann 1996).

Anna Susanne Steinweg hat bei ihren Untersuchungen zur Entwicklung des Zahlenmusterverständnisses von Kindern (Steinweg 2001) aufgezeigt, dass die Begegnung von Kindern mit mathematischen Mustern als „Spiel" im besten Sinn der Bildungstheorie und der Ästhetik aufgefasst werden kann (Steinweg 2001, 262–263):

Muster verzaubern und entzaubern die Mathematik. Mathematik wird erfahrbar in der Schönheit ihrer Strukturen und kann so faszinieren. Mathematik wird durchschaubar in der Logik ihrer Strukturen und kann deshalb hinterfragt werden. Der weit verbreitete Glaube, man könne Kindern die reine Mathematik nicht zumuten, sondern müsse das Fach erst pädagogisch zubereiten, ist unberechtigt. Ganz im Gegenteil: Erst die bewusste Auseinandersetzung mit ihrer Struktur ermöglicht die Entzauberung der ‚Übermacht' Mathematik und bereitet gleichzeitig auch den Boden für ‚bezaubernde Momente' bei der Erforschung von Mustern.
Eine echte – im Sinne von wahrhaftig – Auseinandersetzung mit echter, authentischer Mathematik findet auf der Basis des Spiels statt. Die mathematischen Fragestellungen tragen umso weiter, je mehr versucht wird, ein solches Spiel

zu ermöglichen. Das ist so zu verstehen, dass nur die Mathematik in ihrer eigenen Strukturhaftigkeit wirklich ein Anlass zu echter – im Sinne von authentisch – Exploration sein kann. Diese Auseinandersetzung erlaubt es erst, der Struktur auf die Spur zu kommen, den dahinter stehenden Mustern Geheimnisse zu entlocken und nicht zuletzt das Kind als aktiven Lernenden ernst zu nehmen.

Die Spiele, von denen hier die Rede ist, müssen natürlich von der Flut der „Verpackungen und Spiele" wohl unterschieden werden, die heute als „edutainment" den Markt überschwemmen und nicht der spielerischen Auseinandersetzung mit mathematischen Mustern dienen, ganz im Gegenteil.

Von äußerster Wichtigkeit ist es sich klar zu machen, dass bei der Beschäftigung mit Mustern der reine und der angewandte Aspekt der Mathematik von Anfang an zwei Seiten ein und derselben Medaille bilden. Dass der Mathematikunterricht wesentlich zur Umwelterschließung beitragen muss, also der angewandte Aspekt der Mathematik fundamental einzubeziehen ist, ist unbestritten. Aber gerade wenn der Unterricht einen wirksamen Beitrag zur Umwelterschließung leisten soll, muss auch die *spielerische Auseinandersetzung* mit bedeutungsvollen elementarmathematischen Fragestellungen *ohne unmittelbaren „Lebensbezug"* voll zur Geltung kommen. Ohne die Erforschung mathematischer Strukturen *für sich selbst,* jenseits unmittelbarer Wirklichkeitsbezüge, hätte sich die Mathematik niemals zu dem breit anwendungsfähigen Werkzeug entwickeln können, das es heute ist. Viele Anwendungsbereiche wurden und werden mit Strukturen „mathematisiert", die z. T. Jahrhunderte vorher von der reinen Mathematik aus innermathematischen Motiven entwickelt worden sind. Der „reine Aspekt" der Mathematik ist somit ein unverzichtbares Element des Mathematiklernens. Wenn er fehlt, wird das Bild der Mathematik verfälscht und der Unterricht kann nicht seinen vollen Bildungswert entfalten. Die Situation ist ähnlich wie im Sport, wo ein breites Training über die eigentlichen Wettkampfanforderungen hinaus einen Überschuss an Verhaltensweisen und Einstellungen erzeugt, der sich im Wettkampf selbst positiv auswirkt, oder wie in der Sprache, wo das freie Fabulieren und die Beschäftigung mit Phantasiewelten wesentliche Elemente sprachlicher Aktivität sind.

Die Unterscheidung zwischen Struktur und Anwendung verweist auf die fundamentale Tatsache, dass die Mathematik nicht durch Abstraktion von der Realität gewonnen wird. Mathematik ist keine Erfahrungswissenschaft wie z. B. die Physik, sondern bildet eine eigene „theoretische" Welt mit eigenen Gesetzen. Dies wird bereits an den natürlichen Zahlen deutlich. Diese Zahlen (ebenso wie die Sprache) kann man zwar zur Beschreibung realer Situationen verwenden, aber sie kommen genauso wenig in der Realität vor wie Wörter: Zahlen sind nicht *empirischer*, sondern *theoretischer* Natur, sie sind gedankliche Konstrukte (Steinbring 1994).

Gewiss können Zahlen durch Plättchen „dargestellt" werden, wovon ja in der Grundschule aus guten Gründen ausgiebig Gebrauch gemacht wird. Aber es darf nicht vergessen werden, dass Plättchen eine Doppelnatur haben: Einerseits sind sie konkrete Objekte: man kann sie anfassen wie Steine oder Kastanien. Andererseits sind sie aber vom Menschen gemachte Artefakte, durch deren Anordnungen und Umordnungen Beziehungen zum Ausdruck gebracht werden können. Die Anordnung von Plättchen z. B. in einem 3 x 3-Muster ist das Ergebnis einer bewussten Operation: Das Muster wird der Anordnung der Plättchen *aufgeprägt*. Wenn ein fertiges 3 x 3-Muster vorgegeben wird, muss der Betrachter diese Struktur in das Muster *„hineinlesen"*, was kein rezeptiver, sondern ein produktiver Akt ist. Wie wir weiter unten sehen werden, läuft derselbe produktive Prozess ab, wenn im Sachrechnen eine reale Situation zu erfassen ist. Auch dabei werden mathematische Strukturen in die Realität „hineingelesen" oder „hineininterpretiert".

Da mathematische Begriffe theoretischer Natur sind, findet die Anschauung bei der Begründung der Mathematik eine prinzipielle Grenze. Wenn man die Anschauung daher als das einzige feste Fundament ansieht und die Kinder zu lange auf sie fixiert, was gerade bei lernschwachen Kindern – in gutem Glauben – häufig geschieht, hilft man ihnen langfristig nicht, sondern legt ihnen Steine in den Weg. Damit eine Auseinandersetzung mit der wahren Mathematik in Gang kommen kann, müssen Kinder schon in der Grundschule auf die theoretische Spur gesetzt werden. Die dabei anfänglich auftretenden Schwierigkeiten liegen in der Natur der Sache. Lehrerinnen und Lehrer dürfen sich dadurch nicht abhalten lassen diesen Weg zu gehen, der im wohlverstandenen Interesse der Kinder liegt. Kinder müssen sich *notwendiger Weise* in die theoretische Natur der Mathematik einarbeiten, wenn sie Mathematik verstehen wollen.

Die Forderung nach Strukturorientierung muss auch schon in der Grundschule eine Hinführung zum Gebrauch von Symbolen einschließen, denn die Benutzung von Symbolen gehört zum Wesen der Mathematik. Indem diese Symbole aber eingeführt und benutzt werden, um mathematische Muster zu beschreiben, erhalten sie Bedeutung. Sie sind keine Hieroglyphen mehr, zu deren Entzifferung der Schlüssel fehlt.

Schließlich muss in diesem Zusammenhang noch darauf hingewiesen werden, dass es falsch ist, Themenstellungen, die von Natur aus innermathematischer Natur sind, auf Gedeih und Verderb in irgendwelche „Rahmenhandlungen" einzukleiden. Unter dem Aspekt Strukturorientierung haben sie ihre eigene Berechtigung. Die Erfahrungen zeigen im übrigen eindeutig, dass Kinder durch innermathematische Themen voll motiviert werden können, wenn diese für eine spielerische Auseinandersetzung zugänglich sind.

Pädagogische Möglichkeiten des neuen Mathematikbildes

„Die Zahlen und ich sind Partner."
Thomas, 10 Jahre

Die mit der Auffassung von Mathematik als „Wissenschaft von (interaktiv erschließbaren, fortsetzbaren und selbst erzeugbaren) Mustern" verbundene Öffnung des Unterrichts *vom Fach aus* anstatt nur von der Unterrichtsorganisation und -methodik aus führt zur folgenden allgemeinen Orientierung des Mathematikunterrichts auch in der Grundschule:

Innerhalb sinnvoller Rahmenthemen lassen sich vielfältige Aufgaben zur Erforschung innermathematischer und realer Muster formulieren. Diese Aufgaben können von unterschiedlichen Voraussetzungen aus und auf verschiedenen Wegen bearbeitet werden, sodass individueller Spielraum für Eigentätigkeit besteht. Dabei kann auch die mathematische Sprache wie jede andere Sprache innerhalb gewisser Konventionen flexibel verwendet werden. Das Fach Mathematik ist daher von seinem Wesen her für aktiv-entdeckendes Lernen und kreatives Gestalten genauso zugänglich wie jedes andere Fach. Auch die Motivation kann vom Fach aus erfolgen. Extrinsische Motivationen durch spaßige Verkleidungen sind entbehrlich. In beschränktem Rahmen haben sie natürlich ihre Berechtigung.

Diese Orientierung ist inzwischen in einer Reihe von Grundschullehrplänen mehr oder weniger deutlich erkennbar. Der unter der Federführung von Heinrich Winter entwickelte Lehrplan des Bundeslandes Nordrhein-Westfalen von 1985, der zurzeit konsequent fortgeschrieben wird, hat hier Maßstäbe gesetzt, insbesondere durch

- die Ausweisung allgemeiner Lernziele (Mathematisieren, kreativ tätig sein, Argumentieren, Darstellen),
- die Etablierung des entdeckenden Lernens als oberstes Unterrichtsprinzip,
- die Forderung nach Anwendungs- *und* Strukturorientierung mit expliziten Verweisen auf arithmetische und geometrische Muster,
- die Forderung nach produktivem Üben.

Eine gute Übersicht gibt Winter 1987. Das neue Bild von Mathematik und Mathematiklernen hat sich aus gutem Grund in der Grundschule bereits weit verbreitet, denn es erlaubt die pädagogische Forderung nach Offenheit mit Inhalt zu füllen und praktisch umzusetzen.

Angesichts der heutigen heterogenen Klassen ist eine pädagogische Besonderheit dieses Ansatzes von überragender Bedeutung: *Die Beschäftigung mit Mustern ist immer auf verschiedenen Niveaus möglich. Muster ermöglichen daher gemeinsame Lernangebote, die von den Kindern nach ihren individuellen Möglichkeiten und Interessen wahrgenommen werden können. Schwächere Kinder können genauso aus dem Unterricht heraus gefördert werden wie leistungsstarke. Alle Kinder kommen zu ihrem Recht und auf ihre Kosten.*

Den Lehrerinnen und Lehrern eröffnen sich auf ihrer Ebene analoge Möglichkeiten für differenzierte Zugänge: Auch sie können die neuen Unterrichtsangebote nach den eigenen Voraussetzungen und Interessen wahrnehmen und sich im Laufe der Zeit intensiver einarbeiten. Wie die Erfahrungen zeigen, muss dabei oft erst eine gewisse Scheu vor dem „Neuen" überwunden und Vertrauen in die eigene Leistungsfähigkeit entwickelt werden. Wenn die Bereitschaft zur Veränderung mitgebracht wird, ist der Erfolg garantiert.

Als Demonstration der pädagogischen Möglichkeiten des neuen Mathematikbildes betrachten wir im Folgenden zehn typische Beispiele.

Eigenproduktionen

Dass Kinder mit „gewissen" mathematischen Vorkenntnissen in die Schule kommen, war schon immer bekannt, auch wenn neuere Forschungen gezeigt haben, dass Lehrerinnen und Lehrer dazu neigen, diese erheblich zu unterschätzen (Selter 1993, Hengartner/Röthlisberger 1995, Grassman/Mirwald/Klunter/Veith 1995). Da die Kenntnisse der Kinder aber sehr unterschiedlich und verglichen mit den mathematischen Standards oft unbeholfen, umständlich und schwer verständlich sind und da es auch Schulanfänger mit sehr geringen Vorkenntnissen gibt, galt es im traditionellen Unterricht als geboten, sozusagen beim Nullpunkt zu beginnen und die mathematischen Begriffe und Verfahren sofort „richtig", d. h. in ihrer standardisierten Endform, einzuführen und einzuüben. Heute weiß man erstens, dass das Vorwissen durch neues Wissen gar nicht ausgelöscht werden kann oder ausgelöscht wird, sondern, wenn es nicht problematisiert wird, einfach weiter besteht. Zweitens weiß man, dass sich neues Wissen nur verankern kann, indem es an Vorwissen angeknüpft wird. Man trägt diesen beiden Tatsachen am besten Rechnung, indem man den Kindern bewusst ermöglicht, ihr Vorwissen zu mobilisieren und es im Lernprozess in sozialer Interaktion mit den Kindern und der Lehrperson produktiv weiterzuentwickeln. Das ist auch der richtige Weg, wenn das Vorwissen lückenhaft und fehlerbehaftet ist. *Alles* Lernen entwickelt sich aus primitiven Vorformen, die im Prozess weiterentwickelt, verbessert und optimiert werden, was besonders deutlich wird, wenn Kinder das Laufen und das Sprechen lernen. Beispielhaft für diesen entwicklungsorientierten Ansatz ist das Unterrichtsexperiment von Christoph Selter zum Einmaleins. Wie Selter die Vorkenntnisse der Kinder ermittelt hat, zeigt sehr schön seine „Bonbon-Aufgabe" (Selter 1994, S. 125 ff.), eine Verteilungsaufgabe, die vor der Behandlung des Einmaleins gestellt wurde:

„In einer Tüte sind 24 Bonbons. 3 Kinder teilen sich die Bonbons."

Abb. 2 zeigt die Lösungen bzw. Lösungsversuche der 21 Kinder der Klasse.

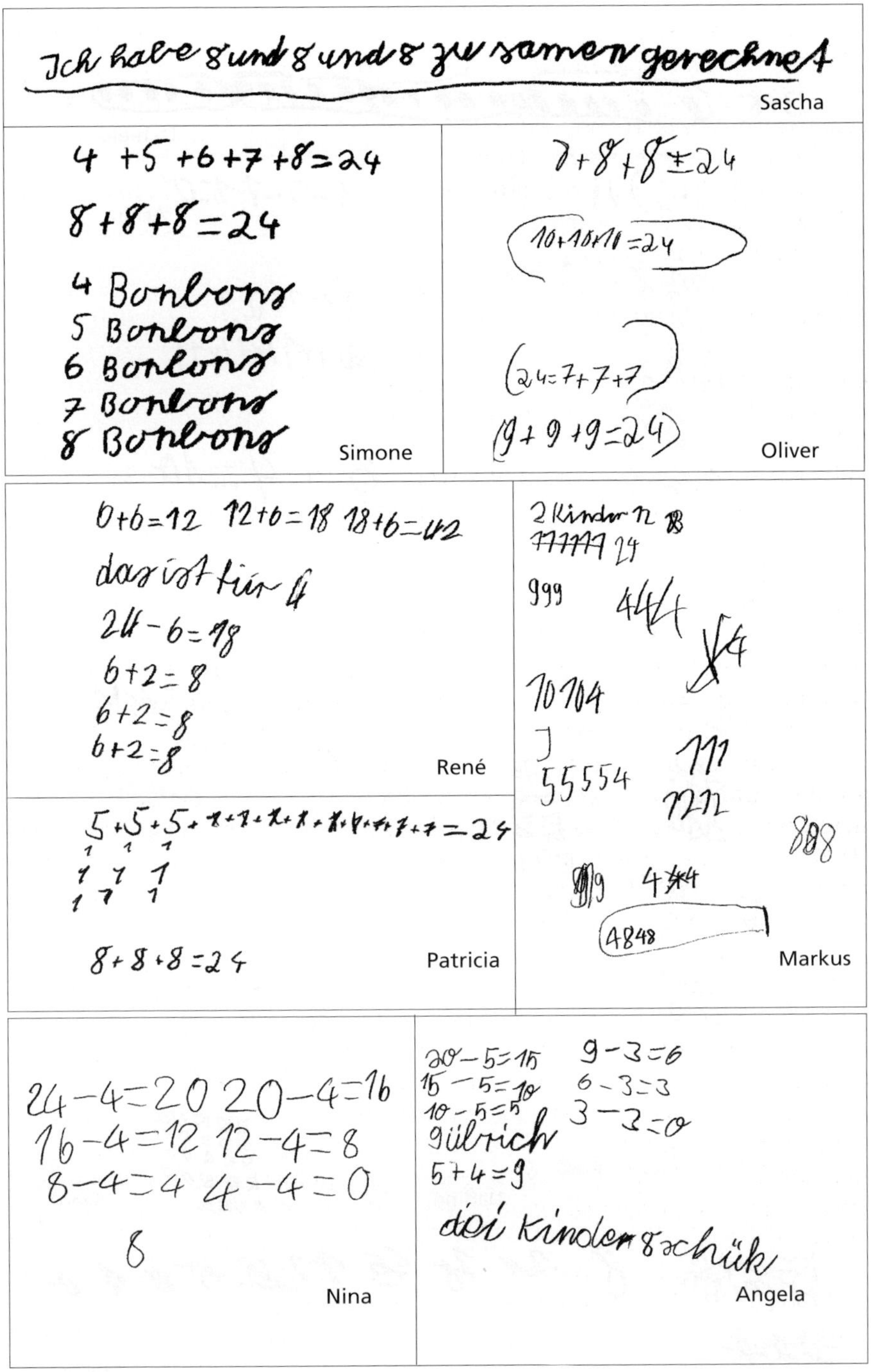
Ich habe 8 und 8 und 8 zu samen gerechnet
Sascha
4 +5 +6 +7 +8 = 24
8 + 8 + 8 = 24
4 Bonbons
5 Bonbons
6 Bonbons
7 Bonbons
8 Bonbons
Simone
7 + 8 + 8 = 24
10 + 10 + 10 = 24
24 = 7 + 7 + 7
9 + 9 + 9 = 24
Oliver
6 + 6 = 12 12 + 6 = 18 18 + 6 = 42
das ist für 4
24 - 6 = 18
6 + 2 = 8
6 + 2 = 8
6 + 2 = 8
René
8 + 8 + 8 = 24
Patricia
2 Kinder 12
24
999
444
10 104
55554
4848
Markus
24 - 4 = 20 20 - 4 = 16
16 - 4 = 12 12 - 4 = 8
8 - 4 = 4 4 - 4 = 0
8
Nina
20 - 5 = 15 9 - 3 = 6
15 - 5 = 10 6 - 3 = 3
10 - 5 = 5 3 - 3 = 0
5 + 4 = 9
Angela

Abb. 2

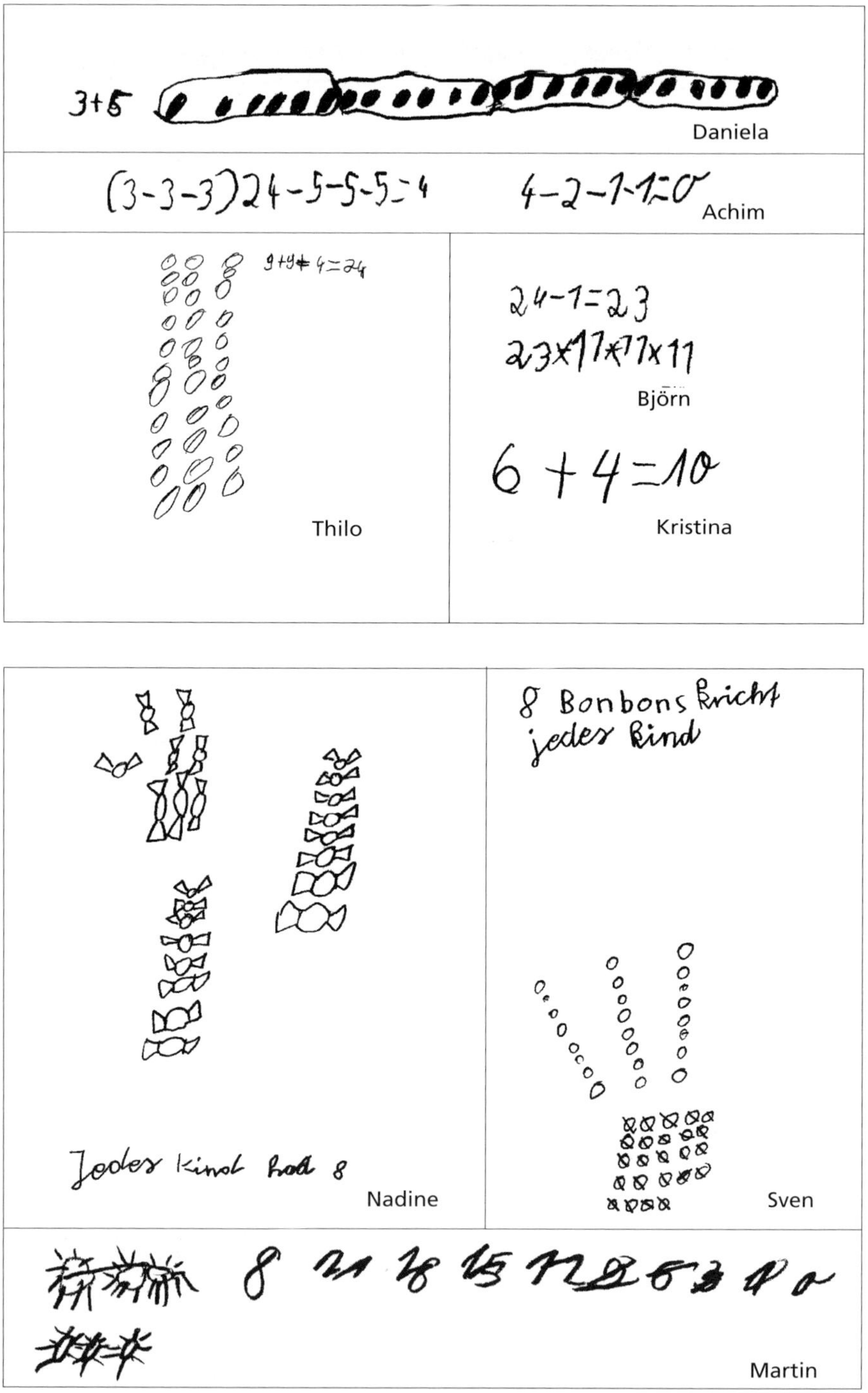
3+5
Daniela
(3-3-3) 24-5-5-5=4
4-2-1-1=0
Achim
Thilo
24-1=23
Björn
6 + 4 = 10
Kristina
Nadine
Sven
Martin

Abb. 2

Da diese Lösungen ohne Einfluss durch Unterricht zustande gekommen sind, nennt Selter sie *Eigenproduktionen*. Es ist hier nicht der Raum um Selters Analyse der verschiedenen Wege der Kinder zu skizzieren. Im Rahmen dieses Beitrags genügt es, auf folgende Punkte hinzuweisen:
1. Von den 21 Kindern finden 18 auf unterschiedlichen Wegen die richtige Lösung. Es zeigt sich also, dass es den Kindern gelingt in ihrem Kopf bereits vorhandene arithmetische Muster zu mobilisieren und für die Aufgabe nutzbar zu machen. Hinter der Vielfalt der Lösungen und der Notationen steckt gleichwohl ein gemeinsames Prinzip: Dem Distributivgesetz entsprechend wird die Zahl 24 immer auf irgendeine Weise in drei gleiche Summanden zerlegt. Eines der Kinder kennt die Zerlegung 8 + 8 + 8 bereits, einige andere finden sie zielsicher relativ schnell, andere brauchen länger.
2. Eigenproduktionen stehen *am Beginn* des Lernprozesses. Im weiteren Unterricht lernen die Kinder die Konventionen beim Gebrauch der Symbole und zeichnerischen Darstellungen kennen, die ihnen im Lauf der Zeit ökonomischere Darstellungen ermöglichen. Auch das Distributivgesetz wird bewusst gemacht, so dass es die Kinder bei der halbschriftlichen Division gezielter nutzen können. Die anfängliche Vielfalt der Eigenproduktionen wird daher im Einklang mit grundlegenden mathematischen Prinzipien auf natürlichem Wege reduziert, sowohl was die Wege als auch was die Notationen anbelangt. Dies ist auch notwendig, denn letztendlich kommt es auf sozial geteiltes und mitteilbares Wissen an. Da es in der Natur der Mathematik liegt Gesetze und Schreibweisen flexibel zu nutzen, kann es bei der Anwendung von Rechengesetzen keine Standardverfahren geben, wie im folgenden Beispiel noch deutlicher werden wird. Auch die halbschriftliche Division ist ein flexibles Operationsmuster.
3. Alle Aufgaben des Einmaleins und seiner Umkehrung gehören zum Kopfrechnen und müssen im zweiten und dritten Schuljahr automatisiert werden. Das Automatisieren und die flexible Anwendung von Kopfrechenfertigkeiten setzt Verständnis voraus, das auf Zahlbeziehungen beruht. Eigenproduktionen sind eine unentbehrliche Grundlage des Verstehens.

Rechenwege am Beispiel „Zehnerübergang"

Was für das Distributivgesetz gesagt wurde, gilt für Rechengesetze allgemein: Diese Gesetze sind grundlegende Muster, die nicht starr sind, sondern beim Rechnen einen weiten Spielraum lassen, den kreativ zu nutzen zum Wesen der Mathematik gehört. Wenn dieser Spielraum durch methodische Vorschriften eingeengt wird, von denen es in der traditionellen Didaktik geradezu wimmelt, wird die Mathematik verfälscht.

Als typisches Beispiel für eine Verfälschung betrachten wir eine „heilige Kuh" des traditionellen Rechenunterrichts, den sogenannten Zehnerübergang im 1. Schuljahr. Dieses Verfahren verlangt zur Berechnung einer „die Schwelle 10" überschreitenden Summe zweier einstelliger Zahlen den zweiten Summanden so zu zerlegen, dass „der" Zehner (zwei Fünfer *nebeneinander*) voll gemacht wird. Dabei gelangt das Assoziativgesetz der Addition zur Anwendung.

Beispiel: 8 + 7 = 8 + (2 + 5) = (8 + 2) + 5 = 10 + 5 = 15.

Am Zwanzigerfeld lässt sich dies gut demonstrieren (Abb. 3).

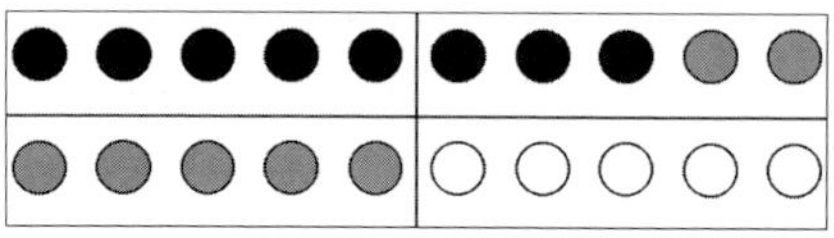

Abb. 3

Gegen diese Rechnung ist überhaupt nichts einzuwenden. Fachlich falsch ist es aber, dieses Verfahren als Standardverfahren vorzuschreiben und andere Rechenwege auszuschließen. Das Assoziativgesetz und das Kommutativgesetz der Addition lassen ja auch noch ganz andere Zehnerübergänge (Plural!) zu.

Beispiele:

8 + 7 = (5 + 3) + (5 + 2) = (5 + 5) + (3 + 2) = 10 + 5 = 15.

Hier wird auf andere Weise ebenfalls ein Zehner (zwei Fünfer *untereinander*) vollgemacht, wie man an der Darstellung am Zwanzigerfeld sieht (Abb. 4).

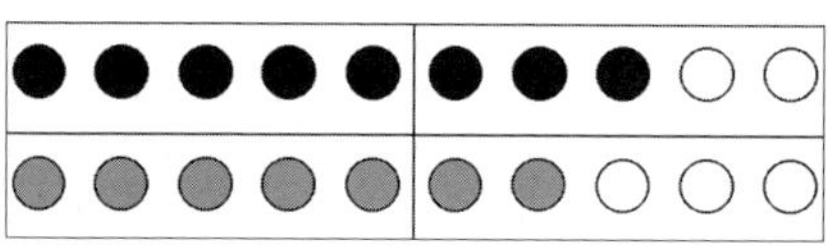

Abb. 4

Unter Benutzung operativer Beziehungen sind auch noch ganz andere Lösungen der Aufgabe 8 + 7 möglich, z. B.

8 + 7 = 15, weil 8 + 8 = 16

8 + 7 = 15, weil 7 + 7 = 14.

Diese Strategien werden von Kindern benutzt, die die Verdopplungsaufgaben bereits sicher beherrschen.

Für das Verständnis nicht nur des Einspluseins, sondern der halbschriftlichen Addition ganz generell ist es fundamental wichtig zu beachten, dass in der Arithmetik die Rechengesetze festgelegt sind, nicht aber die Rechenwege. Auf der geschickten Nutzung der Rechengesetze je nach Aufgabe beruht das halbschriftliche Rechnen und später in der Sekundarstufe die Algebra. Kinder müssen von Anfang lernen, mit den Rechengesetzen zu „spielen". Dass Kinder diesen Spielraum unterschiedlich nutzen und dass es einzelne Kinder gibt, die ein einziges Verfahren favorisieren, ist kein Grund, „den" Zehnerübergang für alle verbindlich vorzuschreiben.

Grenzen der Anschauung am Beispiel Subtraktion im Hunderter

Für die halbschriftliche Subtraktion im 2. Schuljahr gibt es eine Reihe von Rechenwegen, die wieder auf einer unterschiedlichen Nutzung der Rechengesetze beruhen (Abb. 5).

62 – 28 = 34	62 – 28 = 34	62 – 28 = 34	62 – 28 = 34	62 – 28 = 34
62 – 20 = 42 42 – 8 = 34 Erst Zehner weg, dann Einer weg	62 – 8 = 54 54 – 20 = 34 Erst Einer weg, dann Zehner weg	60 – 20 = 40 2 – 8 = –6 40 – 6 = 34 Zehner minus Zehner, Einer minus Einer	62 – 30 + 2 = 34 Vereinfachen	28 + 2 = 30 30 + 32 = 62 2 + 32 = 34 Ergänzen von 28 bis 62

Abb. 5

Alle Rechenwege mit Ausnahme des dritten lassen sich durch geeignetes „Anschauungsmaterial“ unterstützen. Der Rechenweg „Zehner minus Zehner, Einer minus Einer“ ist „unanschaulich“ und wird daher im traditionellen Unterricht vermieden oder gar verboten. Ersatzweise werden die Kinder manchmal angehalten 50 – 20 und 12 – 8 zu rechnen, was ein durchaus sinnvoller weiterer Rechenweg ist. Die empirischen Daten zeigen aber deutlich, dass die Kinder in traditionell geführten Klassen den Weg „Zehner minus Zehner, Einer minus Einer“ nichtsdestoweniger nutzen, so wie sie den analogen Weg „Zehner plus Zehner, Einer plus Einer“ bei der Addition nutzen. Da sie sich der Besonderheit dieser Strategie bei der Subtraktion nicht bewusst sind, machen sie dabei leicht Fehler.

Im Falle der Aufgabe 68 – 22 = 46 entstehen keinerlei Probleme, denn 60 – 20 = 40 und 8 – 2 = 6. Bei der Aufgabe 62 – 28 rechnen viele Kinder aber spontan ebenfalls 60 – 20 = 40 und 8 – 2 = 6, sie machen die Aufgabe sozusagen „passend“ und gelangen zur falschen Lösung 46.

Es gibt daher zwei gute Gründe, auch diesen Rechenweg als einen unter anderen im Unterricht zu thematisieren:

1. Die Probleme bei der Nutzung dieses Weges müssen besprochen werden, damit die Kinder ihn entweder bewusst anwenden oder ihn, wenn sie noch unsicher sind, wenigstens vermeiden.
2. Was noch viel wichtiger ist: An diesem Rechenweg kann der theoretische Charakter mathematischer Begriffe in folgender Weise exemplarisch verdeutlicht werden. Wenn z. B. von 62 die Zahl 28 wegzunehmen ist, kann dies so geschehen, dass von 60 die Zahl 20 weggenommen wird (Ergebnis 40). Es müssen dann noch 8 Einer genommen werden. Man nimmt zunächst alle vorhandenen Einer, das sind 2, weg und muss dann noch 6 Einer wegnehmen. Dies wird in der Form 2 – 8 = – 6 notiert. Das Zeichen „– 6“ ist eine Merkhilfe dafür, dass noch 6 Einer wegzunehmen sind, die natürlich dann von den verbliebenen 4 Zehnern wegzunehmen sind: 40 – 6 = 34. Auf dieser Stufe ist „– 6“ wohl eine Vorform einer negativen Zahl, aber noch nicht wirklich eine negative Zahl.

Es wird hier in ganz markanter Weise deutlich, dass durch Zahlen und mathematische Gleichungen *Ergebnisse von Handlungen und Beziehungen zwischen Gegenständen* beschrieben werden, nicht die Gegenstände selbst, auch wenn die Handlungen vielfach noch an konkretem Material ausgeführt werden. Die Gleichungen sind auch nicht symbolische Beschreibungen von Bildern, was sich ja schon bei der Subtraktion selbst zeigt, deren bildliche Darstellungen samt und sonders problematisch sind, wie in der Didaktik wohlbekannt ist. Bei der Strategie „Zehner minus Zehner, Einer minus Einer" wird der Bereich der Anschauung klar verlassen. Das ist aber gerade kein Nachteil, sondern ein Vorteil. Wie wichtig es langfristig gesehen ist, die theoretische Spur frühzeitig aufzunehmen, macht der als Botschaft an die Didaktiker verstandene Eintrag des niederländischen Informatikers Sybe van der Meulen in das Vortragsbuch des Dortmunder Mathematikdidaktischen Kolloquiums vom Jahre 1977 (Abb. 6) deutlich.

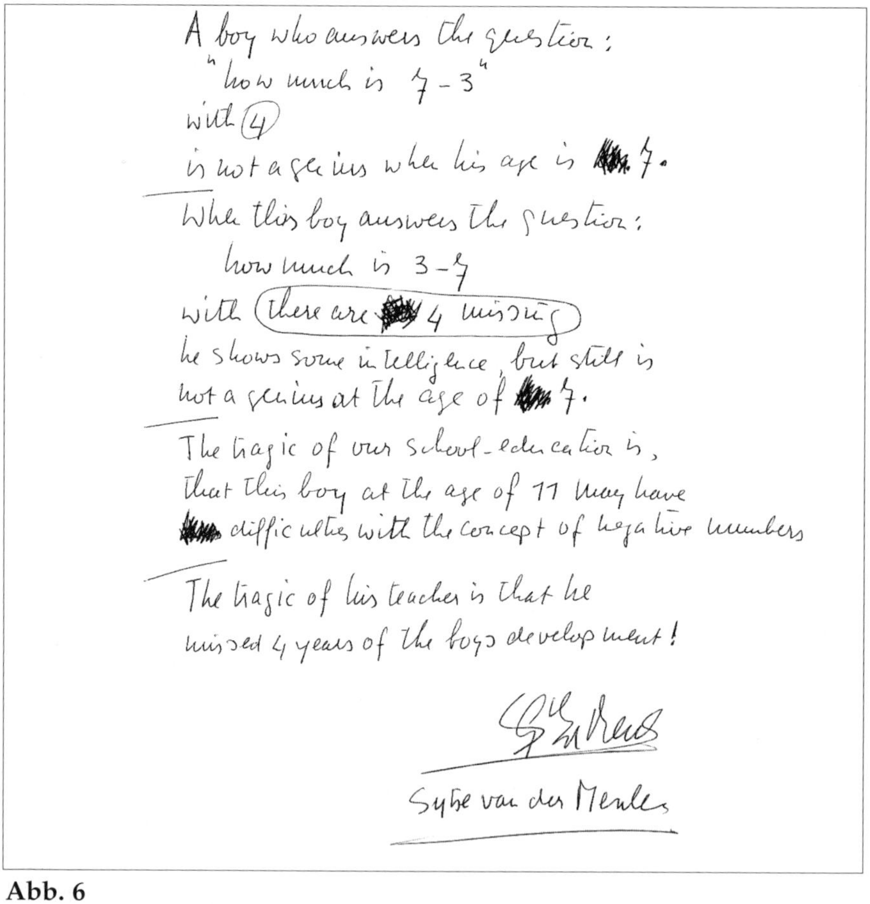
A boy who answers the question:
"how much is 7 - 3"
with (4)
is not a genius when his age is 7.

When this boy answers the question:
how much is 3 - 7
with (there are 4 missing)
he shows some intelligence, but still is
not a genius at the age of 7.

The tragic of our school-education is,
that this boy at the age of 11 may have
difficulties with the concept of negative numbers

The tragic of his teacher is that he
missed 4 years of the boys development!

Sybe van der Meulen

Abb. 6

Am Rande sei erwähnt, dass auch die Rückkehr zum Abziehverfahren der schriftlichen Subtraktion vom Standpunkt der Mathematik aus auf einem falschen Festhalten an der Anschauung beruht. Der mathematischen Entwicklung der Kinder ist langfristig durch das viel elegantere Ergänzungsverfahren weitaus besser gedient, da dieses voll der theoretischen Natur der Zahlen entspricht. Die Subtraktion in der Form des anschaulichen Wegnehmens von Plättchen verliert bei der Subtraktion im Bereich der negativen Zahlen völlig ihren Sinn, in der Form des Ergänzens ist sie mühelos auf negative Zahlen fortsetzbar. Im Rahmen dieses Beitrags kann auf diese Frage aber nicht weiter eingegangen werden.

Produktion von Lösungswegen

Als Beispiel für einen spielerischen Umgang mit arithmetischen Mustern betrachten wir das Übungsformat „Rechendreiecke" (Abb. 7).

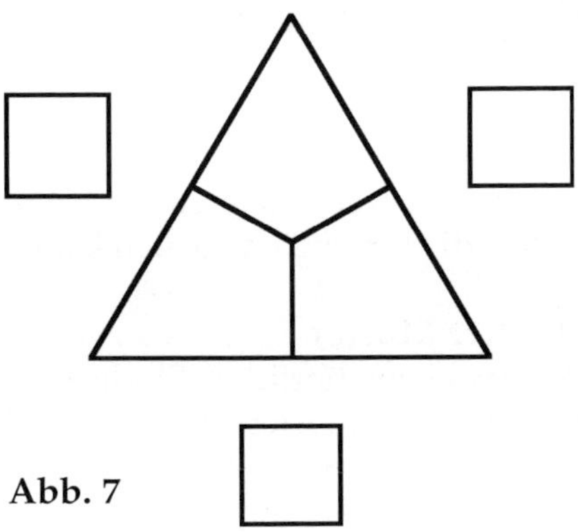

Abb. 7

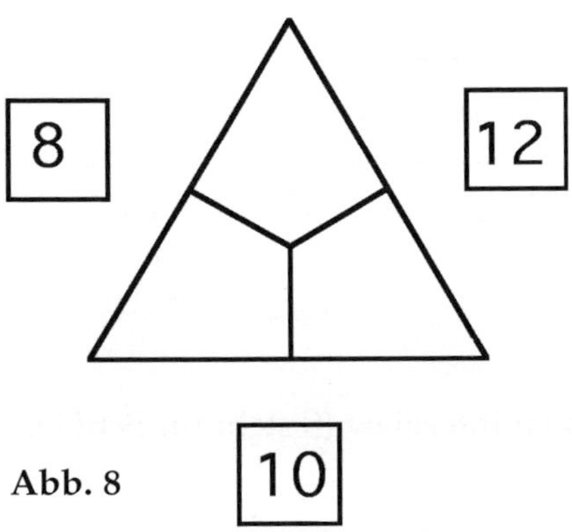

Abb. 8

In die drei inneren und die drei äußeren Felder werden Zahlen eingetragen (innen anfangs in Form von Plättchen). Die einfache Regel lautet: Jede äußere Zahl ist die Summe der angrenzenden inneren Felder.

Rechendreiecke erlauben vielfältige Aufgabenstellungen: Wenn die drei inneren Zahlen vorgegeben werden, können die äußeren Zahlen durch Addition ermittelt werden. Wenn ein oder zwei innere und zwei oder eine äußere Zahl vorgegeben sind, werden die restlichen Zahlen durch Addition und Subtraktion ermittelt. Besonders herausfordernd ist es, wenn die drei äußeren Zahlen vorgegeben sind, da dann keine unmittelbare Berechnung der inneren Zahlen möglich ist. Aber die Kinder können probieren. Der folgende Erfahrungsbericht zeigt, wie Larissa im 1. Schuljahr das Rechendreieck in Abb. 8 „geknackt" hat:

Larissa schaute sich die Aufgabe eine Zeitlang ruhig an. Offensichtlich „rutschten" alle ihre Überlegungen an den Zahlen zunächst ab. Dann griff sie zu Plättchen und legte links unten 5, rechts unten 5. Sie überlegte kurz, legte dann einige Plättchen ins obere Feld und ergänzte sie schrittweise bis 7. Offenbar musste sie sich erst klar machen, dass 5 + 7 = 12 ist. Ihre Augen wandten sich dann der linken Seite des Rechendreiecks zu und stockten: 5 + 7 passte nicht zu 8. Larissa überlegte wieder eine Zeitlang und schob schließlich ein Plättchen von links unten nach rechts unten. Sie überlegte wieder und entfernte dann ein Plättchen aus dem oberen Feld. Nach einer weiteren längeren Überlegung schob sie ein weiteres Plättchen von links unten nach rechts unten (sodass links unten jetzt 3, rechts unten 7 Plättchen lagen). Sie überlegte wieder und entfernte dann ein weiteres Plättchen aus dem oberen Feld (jetzt 5 Plättchen). Ein Blick nach links zeigte 5 + 3 = 8. Gelöst! Larissa ballte zur Bestätigung ihrer Leistung ihre Faust.

Der gesamte Lösungsprozess dauerte etwa vier Minuten. Das ist für ein Kind im ersten Schuljahr eine lange Zeit. Es ist davon auszugehen, dass Larissa in dieser Zeit nicht nur viel überlegt, sondern probeweise viele Rechnungen ausgeführt hat. Auch wenn sie in vier Minuten nur eine einzige Rechendreiecks-Aufgabe gerechnet hat, hat sie intensiv das Einspluseins geübt (immanentes Üben). Larissa wurde darüber hinaus darin bestätigt, dass man nicht gleich aufgeben muss, wenn man eine Aufgabe nicht gleich kann, sondern dass man sich die Lösung erarbeiten kann.

Fortsetzung und Reparatur arithmetischer Muster

Ein typisches Beispiel hierfür entnehmen wir der ausführlichen Studie von Anna Susanne Steinweg zur Entwicklung des Zahlenmusterverständnisses bei Kindern (Steinweg 2001, S. 240). Kindern des 3. Schuljahres wurden Rechnungen mit Umkehrzahlen vorgelegt (Abb. 9). Die Ergebnisse wurden vorgegeben, da die Interviews nicht durch falsche Ergebnisse beeinträchtigt werden sollten. (Im Unterricht würde man die Ergebnisse selbstverständlich zuerst berechnen lassen.) Die Kinder wurden aufgefordert zu berichten, was ihnen auffällt.

$\begin{array}{r} 957 \\ -\ 759 \\ \hline 198 \end{array}$	$\begin{array}{r} 846 \\ -\ 648 \\ \hline 198 \end{array}$	$\begin{array}{r} 524 \\ -\ 325 \\ \hline 199 \end{array}$	$\begin{array}{r} 694 \\ -\ 496 \\ \hline 198 \end{array}$

Abb. 9

Abb. 10 zeigt einen Ausschnitt aus einem Interview (S steht für Schüler, I für Interviewerin).

Die Aufgabe 524 – 325 hat das Ergebnis 199, also ein anderes Ergebnis als 198. Andere Kinder verbesserten die dritte Aufgabe so, dass das Ergebnis

S: *Da ist die 9 am Anfang, da ist die 9 am Ende. Die 5 ist in der Mitte, die 5 ist auch in der Mitte. Da ist die 7 am Anfang und da, da ist sie am Ende.*
I: *Mhm, bei den anderen auch?*
S: *Da ist die 8 am Anfang, da ist die 8 am Ende. Da ist die 6 am Ende, da ist die 6 am Anfang. Und die 4 ist in der Mitte.*
I: *Die bleibt, ne?*
S: *Ja. Die 5 ist am Schluss und sie ist am Anfang ... (lächelt) ... die ist falsch!*
I: *Ja, können wir die denn reparieren, können wir sie richtig machen? Welche Zahl müssen wir ändern?*
S: *Die 4.*
I: *Was muss denn die 4 sein für eine Zahl?*
S: *Die 3.*

Abb. 10

198 entstand, z. B. zu 524 – 326 = 198. Dies ist nicht etwa als „falsch" zu werten, sondern zeigt nur, dass Muster unterschiedlich gesehen werden können. Zu einer Reihe vorgegebener Rechnungen gibt es grundsätzlich nicht **das** passende Muster, obwohl es in den meisten Fällen naheliegt, ein bestimmtes Muster zu wählen.

Wie auch immer ein Muster festgelegt wird, es ist eine schöne Aufgabe für die Kinder, weitere Aufgaben zu finden, die zu diesem Muster passen („offenes" Üben).

Erfindung von Mustern

Übungsformate können auch als Formulare angesehen werden, die frei zu gestalten sind. Dabei können die Kinder ihren eigenen Vorstellungen folgen. Schöne Beispiele mit „Zahlenmauern" aus der Mitte des 1. Schuljahrs haben Elmar Hengartner und Elisabeth Hubacher zusammengetragen (Hengartner/Hubacher 1999). Abb. 11 zeigt die Zahlenmauern von Shelly, die sich mit einer Mauer mutig über 20 hinaus wagt. Silvana (Abb. 12) verfolgt konsequent ein bestimmtes Muster, das eine gute Vorbereitung auf das Einmaleins ist.

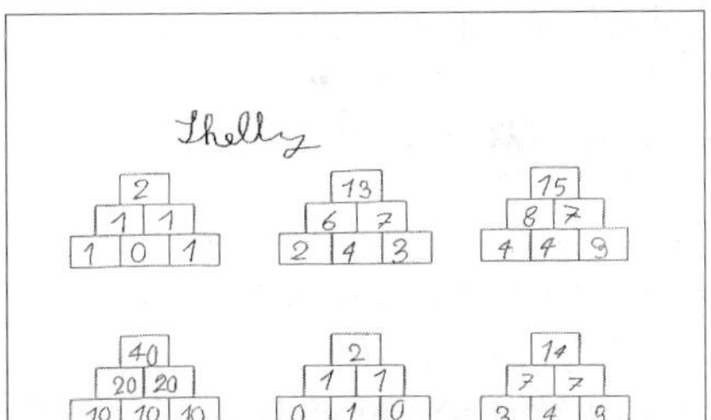

Abb. 11

Abb. 13 zeigt die Zahlenmauern von Guido, über den die Autoren Folgendes schreiben (Hengartner/Hubacher 1999, S. 71):

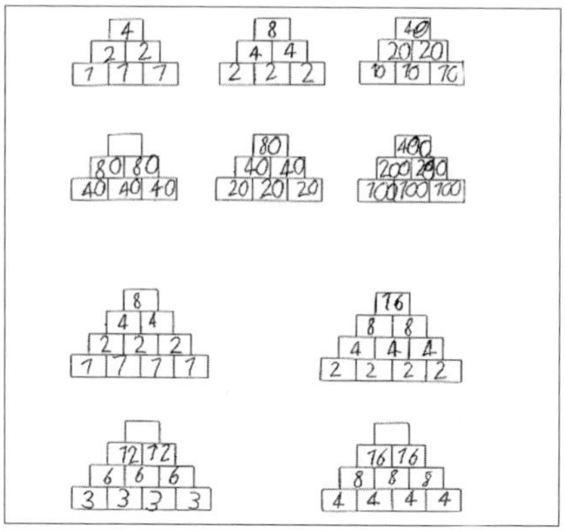

Abb. 12

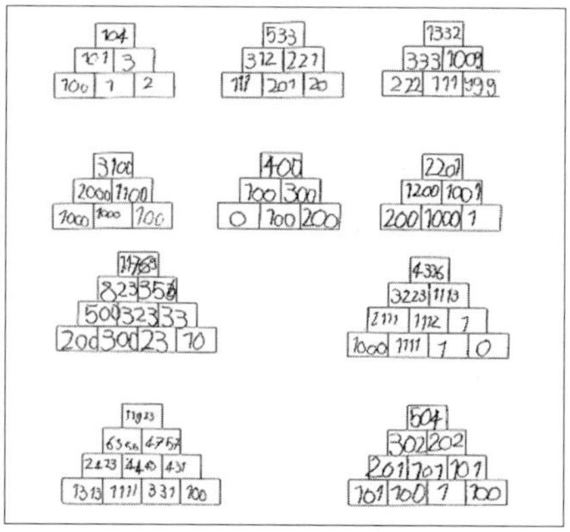

Abb. 13

Guido war der schnellste Schüler der Klasse. Seine Zahlenmauern verraten eine große Experimentierlust. Souverän rechnete er mit Einern, gemischten Zehner-, Hunderter- und Tausenderzahlen. Seine Mauern weisen auf ein ausgebildetes Verständnis für die dekadischen Strukturen im Zahlaufbau und dokumentieren eine erstaunliche Fähigkeit des halbschriftlichen Addierens.

Es wird an diesem Beispiel deutlich, wie Kinder mit unterschiedlichen Voraussetzungen an einer gemeinsamen Aufgabe arbeiten können (natürliche Differenzierung). Das Übungsformat „Zahlenmauern" bietet ihnen einerseits eine Begrenzung und eine gemeinsame Bezugsbasis für den sozialen Austausch. Gleichzeitig lässt es ihnen aber einen großen Spielraum. Leistungsstarke Kinder können sich mathematisch voll ausleben, ohne andere Kinder „zuzudecken".

Erzeugung von Aufgaben

Dass Muster den Kindern (und den Lehrerinnen und Lehrern) einen Rahmen bieten, sich selbst (ohne Kopiervorlagen!) beliebig viele Aufgaben zu stellen und dabei bestimmten Fragestellungen nachzugehen, zeigt das folgende Beispiel aus dem 3./4. Schuljahr (Wittmann/Müller 1992, S. 36–37).

Zur Verfügung stehen Karten für die neun Ziffern 1, ..., 9. Die Kinder sollen daraus drei dreistellige Zahlen bilden und die Ergebnisse berechnen. Fragen: Welche Ergebnisse sind möglich? Welches ist die größte Zahl, die man erreichen kann, welches die kleinste? Kann man 700, 800, 900, 1000, 1100, usw. erreichen?

Die Anordnung der neun Ziffern in einem 3x3-Schema ist als Handlungsfeld anzusehen, auf dem die Kinder nach Herzenslust operieren können. Abb. 14 zeigt einige Aufgaben.

416 752 +389 1557	415 762 +389 1566	415 862 +379 1656	514 862 +379 1755	514 863 +279 1656	512 863 +479 1854

Abb. 14

Dabei können sie (aber müssen nicht!) entdecken und ausnutzen, wie sich ein Ergebnis ändert, wenn Ziffernkarten ausgetauscht werden. Wenn z. B. eine Ziffer der Einerspalte mit einer größeren (kleineren) Ziffer der Einerspalte vertauscht wird, wird das Ergebnis kleiner (bzw. größer). Genauer: Wenn der Unterschied zwischen den Ziffern 1 beträgt, ändert sich das Ergebnis um 9, wenn er 2 beträgt, um 18, usw. Die Kinder finden für das Ergebnis 900 Lösungen (sogar viele verschiedene), für 800 und 1000 aber keine. Nur 801 und 999 sind erreichbar. Einige Kinder werden vielleicht entdecken, dass erreichbare Zahlen immer im Neunerabstand aufeinander folgen. Diese Beziehung liefert auch eine sehr gute Selbstkontrolle (s. dazu weiter unten).

Auch diese Aufgabe ermöglicht eine natürliche Differenzierung: Schwache Kinder, die langsam rechnen und den bestehenden Spielraum nur wenig nutzen, üben genauso die schriftliche Addition wie starke Kinder, die vielleicht sogar Argumente dafür beibringen können, warum die möglichen Ergebnisse im Neunerabstand aufeinanderfolgen. (Wenn man sich überlegt hat, dass die Vertauschung von Ziffern immer ein Vielfaches von 9 bewirkt und ausnutzt, dass z. B. 459 + 168 + 273 = 900 eine Neunerzahl liefert, hat man den Beweis schon.)

Wie oben schon betont, besteht auch für Lehrerinnen und Lehrer keinerlei Zwang diese Aufgabe voll auszureizen. Auch für sie ist die Aufgabe ein Angebot, von dem sie selbst entscheiden können, inwieweit sie es annehmen wollen und wie weit sie damit im Unterricht mit den Kindern gehen wollen.

Echte Selbstkontrolle

Im traditionellen Unterricht haben sich Formen der Ergebniskontrolle (Prüfziffern, Prüfwörter, Lösungsschlüssel, usw.) eingebürgert, die fälschlicherweise als „Selbstkontrolle" deklariert werden, obwohl es sich tatsächlich um Fremdkontrolle handelt, wie bereits Wilhelm Oehl klargestellt hat (Oehl 1962, 33–34):

> *[Wir müssen] zwischen Fremdkontrolle und Selbstkontrolle unterscheiden. Sagt der Lehrer dem Schüler: „Diese Aufgabe ist falsch", so handelt es sich einwandfrei um Fremdkontrolle. Aber auch in allen andern Fällen, in denen irgendein Hilfsmittel, etwa ein Ergebnisheft oder eine Prüfzahl ... dem Schüler sagt: „Diese Aufgabe ist falsch", haben wir es mit Fremdkontrolle zu tun. Das richtige Ergebnis (im Ergebnisheft) oder die Prüfzahl sind von einem „Fremden" gege-*

ben worden. Handelt es sich um eine Aufgabe aus dem praktischen Leben oder irgendeine Aufgabe, die außerhalb des Rechenbuchs gestellt wurde, so entfallen solche Hilfen; der Schüler muß jetzt durch eigenes Nachdenken, durch eigenes Anwenden mathematischer Hilfsmittel die Entscheidung treffen: falsch oder richtig. Selbstkontrolle ist immer Individualkontrolle ohne jede fremde Hilfe. Die echte Selbstkontrolle muß auf jede Aufgabe in gleicher Weise anwendbar sein und nicht nur auf die Aufgaben des Rechenbuches. Diese begriffliche Klarstellung ist notwendig, weil sich in den zurückliegenden Jahren Kontrollmethoden in unsern Schulen unter dem anspruchsvollen Etikett „Selbstkontrolle" (Prüfzahlen) eingebürgert haben, die in Wirklichkeit Fremdkontrollen sind. … Die Selbstkontrolle verlangt von ihrem Begriff her eine erhöhte geistige Urteilskraft. Ich soll mathematische Beziehungen kontrollieren, d. h. doch, ich soll von einem übergeordneten Standpunkt aus, kraft meiner Einsicht in die Zusammenhänge, ein gültiges Urteil über richtig oder falsch abgeben. Jeder Kontrolle muß ein Denkakt zugrunde liegen, der die Kontrollmaßnahmen auslöst.

Mathematische Muster, die Zusammenhänge herstellen, ermöglichen eine mathematisch und pädagogisch sinnvolle Form der Selbstkontrolle: Ergebnisse, die nicht passen, erwecken den Verdacht falsch zu sein (vgl. die Neunerzahlen bei dem vorhergehenden Beispiel). Als typisches Beispiel betrachten wir eine Übungsform für die halbschriftliche Subtraktion im 2. Schuljahr etwas genauer: Differenzen von Umkehrzahlen (Wittmann/Müller 1990, S. 96–98, Wittmann/Müller u. a. 2000, S. 40–41).

An die Tafel werden Aufgaben geschrieben wie

81 – 18 =	65 – 56 =	52 – 25 =	61 – 16 =

Aufgabe der Kinder ist es zunächst das Bildungsgesetz dieser Aufgaben zu erkennen, wozu evtl. noch weitere Aufgaben vorgegeben werden müssen. Wenn das Gesetz erkannt und besprochen ist, können die Kinder selbst Aufgaben bilden und ausrechnen. Die Ergebnisse werden anschließend verglichen und geordnet. Da nur Vielfache von 9 als Ergebnisse möglich sind, können falsche Rechnungen erkannt und korrigiert werden (von dem seltenen Fall abgesehen, dass trotz falscher Rechnung ein richtiges Ergebnis herauskommt). Der Beweis für dieses Muster lässt sich mit der Strategie „Zehner minus Zehner, Einer minus Einer" mühelos erbringen, wie aus folgenden Rechenbeispielen in Abb. 15 ersichtlich ist:

$81 - 18 = 70 - 7 = 63 = 7 \cdot 9$	$53 - 35 = 20 - 2 = 18 = 2 \cdot 9$
$80 - 10 = 70$	$50 - 30 = 20$
$1 - 8 = -7$	$3 - 5 = -2$

Abb. 15

Man erkennt an den Zwischenrechnungen, dass das Ergebnis gleich der Differenz der Ziffern mal 9 ist. Im Nebensatz sei angemerkt, dass es gerade der theoretische Charakter der Rechenstrategie „Zehner minus Zehner, Einer minus Einer" ist, der Beweise ermöglicht.

Geometrische Muster

Auch die Geometrie der Grundschule weist eine große Vielfalt von Mustern auf, die für einen experimentellen Zugang genutzt werden können. Als Beispiele seien genannt:

- Herstellung der Platonischen Körper im 4. Schuljahr mit der Zeichenuhr (Winter 1986, nach einer Idee von Rudolf Keßler)
- Erforschung der Spiegelsymmetrie mit Spiegelkarten (Spiegel 1996, Müller/Wittmann 1997)
- Herstellung von Origami-Formen (Wollring 2000)

Sachrechnen als Modellbilden

Die neuen Ansätze zum Sachrechen passen in ganz besonderer Weise zu dem Konzept „Muster". Heinrich Winter hat in einer Reihe von grundlegenden Beiträgen die Bedeutung des Modellbildens für das Sachrechnen herausgearbeitet (vgl. z. B. Winter 1985, 1994) und viele substanzielle Beispiele für die Erschließung realer Situationen entwickelt, von denen eines schöner ist als das andere (Winter 1985), z. B. „Wie lange noch bis Heiligabend?", „Erste Zähne – zweite Zähne", „Schuhe vom Versandhaus", „Wiegen ohne Waage", „Jumbo Jet". Das Besondere an diesen Beispielen ist, dass dabei der Modellbildungsprozess voll durchlaufen wird: Es müssen Fragen gestellt, Daten beschafft, die Daten in einem Modell verbunden werden, im Modell sind Folgerungen zu ziehen, und die Ergebnisse müssen am Schluss interpretiert werden.

Winter sieht Modelle als Konstrukte zwischen lebensweltlichen Situationen und der Mathematik. Bei einem Modellbildungsprozess müssen im Kopf des Modellbildners anwendungsfähige mathematische Muster bereits vorhanden sein, aus denen ein passendes Modell ausgewählt oder zusammengesetzt werden kann. Diese Sichtweise erfordert, wie schon im zweiten Abschnitt erwähnt, eine Trennung zwischen Mathematik und Welt: Anwendungsorientierung setzt Strukturorientierung voraus (und umgekehrt natürlich auch). Durch die Strukturorientierung wird sozusagen ein Vorrat möglicher Modelle bereit gestellt, auf den bei der Umwelterschließung zurückgegriffen werden kann.

Um traditionelle Formen von Sachaufgaben zu überwinden, bei denen „der Aufgabentext bereits derartig windschnittig auf eine bestimmte rechnerische Prozedur zugeschnitten ist, dass eine Auseinandersetzung mit der Sache kaum notwendig erscheint" (Winter 1994, S. 10), wurden im letzten Jahrzehnt in der Mathematikdidaktik ganz unterschiedliche Wege eingeschlagen:

- Einflechtung von Aufgaben in Sachtexte (Erichson 1991). Das Buch „Von Lichtjahren, Pyramiden und einem regen Wurm" (Erichson 1990, Neuauflage 2003) war in dieser Richtung stilbildend.
- Anregung von Kindern Sachaufgaben selbst zu entwickeln und zu formulieren (Dröge 1991)
- Einbeziehung lebensweltlicher Situationen in das Sachrechnen (vgl. z. B. Franke 1995/1996)
- Ablösung fester Lösungsschemata durch flexible Lösungsstrategien und freiere Formen der Aufgabenbearbeitung (Müller 1995)
- Herausforderung der Kinder durch ausgesprochen anspruchsvolle Textaufgaben im realen und spielerischen Kontext, die im Unterricht nicht vorbereitet worden sind (Rasch 2002).

Es ist zu erwarten, dass in den kommenden Jahren verstärkt das Internet genutzt wird, um die Authentizität und Aktualität der Daten und Aufgaben weiter zu verstärken.

Schlusswort

Im Mathematikunterricht der allgemein bildenden Schule generell und in der Grundschule ganz besonders geht es nicht um die Mathematik an sich, sondern um Mathematik im pädagogischen Kontext. Von dieser Position aus sollen Lehrerinnen und Lehrer der Grundschule durch diesen Beitrag angeregt werden, ihren Mathematikunterricht als „Allrounder", nicht als „mathematische Spezialisten" weiterzuentwickeln, so wie sie es in anderen Fächern schon weitgehend getan haben.

Um diese pädagogische Position bewusst zu stärken und den Blick noch mehr zu weiten, erscheint es abschließend passend, einen der größten zeitgenössischen Mathematiker zu Wort kommen zu lassen: Enrico Bombieri, geb. 1946, der bereits im Alter von 28 Jahren mit der Fields-Medaille ausgezeichnet wurde (die als eine Art Nobelpreis für Mathematik alle vier Jahre verliehen wird). Bombieri beschließt seine Antwort auf die Frage eines Kindes „Warum ist 1 + 1 = 2?" wie folgt (Stiekel 2002, S. 194):

> *„Viele Menschen mögen es nicht, wenn etwas so streng ist, wie dieser kleine Beweis [für 1 + 1 = 2]. Andere dagegen spricht das logische Denken sofort an. Wenn du zu ihnen gehörst, dann suche dir gute Bücher aus, die vor allem Spaß machen und dich anspornen, noch mehr wissen zu wollen – mehr, als warum 1+1=2 ist. Denn die Mathematik ist so vielfältig wie ein Garten mit unzähligen Blumen und Pflanzen. Doch vergiss nie: So schön diese Wissenschaft auch ist, sie ist nicht alles. Es gibt wichtigere Dinge auf der Welt, zu allererst die Menschlichkeit; ich selbst bin Vater einer behinderten Tochter. Sie ist zwar taub und geistig zurückgeblieben, aber ein wunderbares Wesen. Von ihr habe ich mehr über das Leben gelernt als von allen mathematischen Theorien zusammen, die ich seit meiner Kindheit studiere. Meine Tochter ist das Beste, was mir in meinem Leben passieren konnte."*

Literatur

Bombieri, E.: Warum ist 1+1 = 2? In: Stickel, Bettina (Hg.), Kinder fragen, Nobelpreisträger antworten. München: Heyne 2002, 186–195.
Devlin, K.: Muster der Mathematik. Heidelberg: Spektrum 1998.
Devlin, K.: Das Mathe-Gen. Stuttgart: Klett-Cotta 2000.
Dröge, R.: Kinder schreiben Sachaufgaben selbst. Sachrechenunterricht an Situationen orientiert. Grundschulzeitschrift 42/1991, 14–15.
Erichson, Ch.: Von Lichtjahren, Pyramiden und einem regen Wurm. Erstaunliche Geschichten, mit denen man rechnen muss. Hamburg. Verlag für pädagogische Medien 1990.
Erichson, Ch.: Sachtexte lesen, mit denen man rechnen kann. Grundschulzeitschrift 48/1991, 22–25.
Feynman, R.: What is Science? The Physics Teacher 9/1969.
Franke, M.: Auch das ist Mathe! Vorschläge für projektorientiertes Unterrichten. 2 Bde. Köln: Aulis 1995/1996.
Gellert, U.: Vorstellungen angehender Grundschullehrerinnen von Schülerorientierung. Eine Analyse von Unterrichtskozeptionen im Kontext universitärer Lehrerbildung. Journal für Mathematikdidaktik 20 (1999), H. 2/3, S. 113–137.
Grassmann, M./Mirwald, E./Klunter, M./Veith, U.: Arithmetische Kompetenzen von Schulanfängern. Sachunterricht und Mathematik in der Primarstufe 23, H. 7, 1995, 302–321.
Hengartner, E./Röthlisberger, H.: Rechenfähigkeit von Schulanfängern. In: Brügelmann, H., Balhorn, H. und Füssenich, I.: Am Rande der Schrift. Zwischen Sprachenvielfalt und Analphabetismus. Lengwil: Libelle Verlag 1995, 66–86.
Hengartner, E./Hubacher, E.: Kinder entwickeln vielfältige Aufgaben: Zahlenmauern (1. Klasse). In: Hengartner, E.(Hg.): Mit Kindern lernen. Standorte und Denkwege im Mathematikunterricht. Zug/CH: Klett und Balmer 1999, 69–71.
v. Hentig, H.: Magier oder Magister? Stuttgart: Klett-Cotta 1972.
Hospesová, A. Kurina, F. und Tichá M.: The World of Mathematics, Emerging from the Child's Experience. Paper submitted to SEMT 2001, Prague.
Kaiser, G. und Henn, H. W.: Mathematik – ein polarisierendes Schulfach, Zeitschrift für Erziehungswissenschaft 3/2001, 359–380.
Müller, G. N.: Kinder rechnen mit der Umwelt. In: Müller, G. N./Wittmann, E. Ch. (Hg.): Mit Kindern rechnen. Frankfurt a. M.: Grundschulverband 1995, 42–64.
Müller, G. N./Wittmann, E. Ch.: Spiegeln mit dem Spiegelbuch. Düsseldorf, Stuttgart: Klett 1997.
Müller, G. N., Steinbring, H. und Wittmann, E. Ch.: Jenseits von Pisa. Bildungsreform als Unterrichtsreform. Ein Fünf-Punkte-Programm aus systemischer Sicht. Velber: Kallmeyer 2002.
Müller, G. N./Wittmann, E. Ch.: Das kleine Zahlenbuch. Band 1: Spielen und Zählen. Velber: Kallmeyer 2002.
Oehl, W.: Der Rechenunterricht in der Grundschule. Hannover: Schroedel 1962.
Picker, S. and Berry, J.: Investigating Pupils' Images of Mathematics. Educational Studies in Mathematics 43 (2000), 65–94.
Rasch, R.: Denkaufgaben für freies Arbeiten im Grundschulmathematikunterricht. 42 herausfordernde Probleme für die Klassen 1 bis 4 mit Lösungsbeispielen und Lösungsdiskussionen von Kindern sowie Hinweisen für den Einsatz im Unterricht. Velber: Kallmeyer 2002.
Selter, Ch.: Die Kluft zwischen den arithmetischen Kompetenzen von Erstklässlern und dem Pessimismus der Experten. Beiträge zum Mathematikunterricht 1992. Hildesheim: Franzbecker 1993, 435–438.
Selter, Ch.: Eigenproduktionen im Arithmetikunterricht der Primarstufe. Wiesbaden: Deutscher Universitätsverlag 1994.
Spiegel, H.: Spiegeln mit dem Spiegel. Düsseldorf, Stuttgart, Leipzig: Klett 1996.
Steinbring, H.: Die Verwendung strukturierter Diagramme im Arithmetikunterricht der Grundschule – Zum Unterschied zwischen empirischer und theoretischer Mehrdeutigkeit mathematischer Zeichen. Mathematische Unterrichtspraxis IV/1994, 7–19.
Steinweg, A. S.: Zur Entwicklung des Zahlenmusterverständnisses bei Kindern. Münster: LIT 2001.

Stiekel, B. (Hg.): Kinder fragen, Nobelpreisträger antworten. München: Heyne 2002
Wallrabenstein, W.: Offene Schule – Offener Unterricht. Ratgeber für Eltern und Lehrer. Reinbek: Rowohlt 1991.
Winter, H.: Sachrechnen in der Grundschule. Problematik des Sachrechnens, Funktionen des Rechnens, Unterrichtsprojekte. Bielefeld: Cornelsen 1985.
Winter, H.: Von der Zeichenuhr zu den Platonischen Körpern. mathematik lehren 17/1986, 12–14.
Winter, H.: Mathematik entdecken. Neue Ansätze zum Mathematikunterricht in der Grundschule. Frankfurt a. M.: Scriptor 1987.
Winter, H.: Modelle als Konstrukte zwischen lebensweltlichen Situationen und arithmetischen Begriffen. Grundschule 3/1994, 10–13.
Wittmann, E. Ch.: Offener Mathematikunterricht in der Grundschule – vom FACH aus. Grundschulunterricht 43 (1996), H. 6, 3–7.
Wittmann, E. Ch./Müller, G. N.: Handbuch produktiver Rechenübungen. Band 1: Vom Einspluseins zum Einmaleins. Band 2: Vom halbschriftlichen zum schriftlichen Rechnen. Düsseldorf, Stuttgart. Leipzig: Klett 1990/1992.
Wittmann, E. Ch./Müller, G. N. u. a.: Das Zahlenbuch. Lehrerband 2. Leipzig: Klett 2000.
Wollring, B.: Faltbilderbücher, Faltgeschichten und Faltbildkalender. Arbeitsumgebungen zur ebenen Papierfaltgeometrie für die Grundschule. Grundschulzeitschrift 138/2000, S. 26, 43–47.

HARTMUT SPIEGEL UND CHRISTOPH SELTER

Wie Kinder Mathematik lernen

Die fünfjährige Sarah (5 Jahre) kann schon recht gut zählen. Stolz sagt sie die Zahlwortreihe von 70 bis 95 auf und fährt fort: „96, 97, 98, 99, hundert, einhundert, zweihundert, dreihundert." „Nein, nein, das stimmt nicht. Soweit kannst du noch nicht zählen. Es heißt hunderteins, hundertzwei, hundertdrei", unterbricht sie die Mutter daraufhin. Gut gemeint – aber nicht gut.

Denn wie Kinder Mathematik in ihren jungen Jahren erfahren, ist prägend für ihre späteren Kompetenzen und Defizite, für ihre späteren Einstellungen zur und Bilder von Mathematik. Man hilft ihnen am ehesten, indem man sie und ihr mathematisches Denken ernst nimmt.

Viele Kinder zählen irgendwann einmal so wie Sarah. Dabei gehen die meisten von ihnen nicht – wie man vermuten könnte – in Hunderterschritten vor (100, 200, 300, ...), sondern übertragen die Regel für die Zahlwortbildung, die bei den Zahlen von 13 bis 99 zur Anwendung kommt, auf größere Zahlen. Zuerst werden stets die Einer gesprochen: acht-und-neunzig, neun-und-neunzig, hundert, ein-und-hundert, zwei-und-hundert usw. Das ‚und' lassen die Kinder vermutlich weg, weil sie Wörter wie einhundert, zweihundert usw. schon gehört haben, ein-und-hundert dagegen nicht. Außerdem gibt es bei drei-zehn, vier-zehn usw. ja auch kein ‚und'.

Die geschilderte Szene kann ganz unterschiedlich wahrgenommen, interpretiert und bewertet werden. Dieses hängt wesentlich von der eigenen Grundeinstellung gegenüber Kindern ab (vgl. Spiegel & Stelter 2003, S. 8 ff.).

Vorwiegend *defizitorientiert:* Dabei orientiert man sich – wie Sarahs Mutter – hauptsächlich an dem, was richtig ist, was die Kinder noch erlernen müssen. Abweichungen von der Norm bewertet man als Defizite, die es gilt, schnellstmöglich zu korrigieren („Nein, nein, das stimmt nicht. Es heißt hunderteins, hundertzwei, hundertdrei.") oder besser noch: direkt zu verhindern („Soweit kannst du noch nicht zählen.").

Primär *kompetenzorientiert:* Hier orientiert man sich schwerpunktmäßig an dem, was die Kinder schon können. Man bemüht sich, deren Denkweisen als prinzipiell sinnvolles Vorgehen zu verstehen und ihnen dieses auch zu signalisieren. Das bedeutet natürlich nicht, dass man ihnen nicht auch Dinge erklären darf bzw. sollte („‚Einhundert' passt eigentlich ganz gut nach hundert, aber man sagt ‚hunderteins' dazu!"). Aber das passiert ausgehend von der Einsicht, dass bei dem, was in den Ohren der Erwachsenen falsch klingt, häufig viel richtiges Denken beteiligt ist.

Im Folgenden wollen wir aus *kompetenzorientierter* Perspektive vier u. E. wichtige Merkmale des Mathematiklernens von Kindern beschreiben (vgl. auch Spiegel & Selter 2003, S. 16 ff.):

- Kinder sind erfindungsreich
- Kinder denken unterschiedlich
- Kinder sind aktive Lerner
- Mit Fehlern muss gerechnet werden.

Kinder sind erfindungsreich

Abseits schulischer Belehrung entwickeln viele Schüler(innen) erstaunliche Fähigkeiten. Erwachsene nehmen diese oft gar nicht wahr, denn erstens erschwert ihnen ihre eigene Sicht der Dinge die Wahrnehmung anderer Standpunkte, und zweitens unterschätzen sie leicht, zu welch erstaunlichen eigenständigen Denkleistungen bereits sehr junge Kinder häufig schon in der Lage sind. Gemäß der Forderung ‚erst verstehen, dann verstanden werden' (Wielpütz 1998) ist im Gegensatz hierzu die Erkenntnis von Bedeutung, dass Kinder anders denken – in verschiedener Hinsicht ...

Kinder denken anders, als wir Erwachsenen denken!
Die Vorgehensweisen von Kindern können sich z. T. deutlich von denen unterscheiden, die wir als Erwachsene benutzen (vgl. Selter & Spiegel 1997, 11–12). Mehr als das: Sie sind manchmal so intelligent, dass wir Erwachsene große Schwierigkeiten haben, sie in ihrer Originalität und Kreativität zu erkennen, wie das folgende Beispiel zeigt.

In einem 4. Schuljahr wurde in einer Klassenarbeit die folgende Aufgabe gestellt: Der Apotheker füllt 1,750 kg Salmiakpastillen in Tüten zu je 50 g. Wie viele Tüten erhält er? In Annikas Arbeit war als Lösung zu finden:

$$\begin{aligned} 1{,}750\,kg : 50\,g = {} & 2 \cdot 7 && = 14 \\ & 1 \cdot 1 && = 1 \\ & 2 \cdot 10 && = \underline{20} \\ & && \ 35 \end{aligned}$$

Antwort: Der Apotheker erhält 35 Tüten.

Bei der ersten Durchsicht der Arbeit verstand die Lehrerin den Lösungsweg nicht. Da es ihr nicht nur auf richtige Ergebnisse, sondern auch auf richtige Rechenwege ankam, wusste sie nicht, wie sie Annikas Lösung bewerten sollte. Zwei Kollegen, denen sie die Arbeit am Nachmittag zeigte, hatten ebenfalls den Eindruck, dass nichts Richtiges dahinter stecke und das Endresultat irgendwo abgeschrieben worden sei. Abends jedoch hatte die Lehrerin eine Vermutung ...

Am nächsten Morgen bat sie Annika, die Aufgabe erneut zu lösen. Sie notierte an der Tafel exakt denselben Rechenweg. Dann fragte die Lehrerin die anderen Schüler, was sie wohl gedacht habe. Sebastian erläuterte Annikas Rechenweg wie folgt: Sie hatte sich überlegt, dass 100 g zwei 50 g-Tüten seien, 700 g also insgesamt $2 \cdot 7 = 14$ Tüten. Die fehlenden 50 g der 750 g repräsentierte sie durch den Zahlensatz $1 \cdot 1 = 1$. Die Anzahl der

Tüten für die restlichen 1000 g berechnete sie dementsprechend als $2 \cdot 10 = 20$, da ein Tausender aus zehn Hundertern besteht. Danach addierte sie die Teilsummanden (14 + 1 + 20) und gab die Antwort 35. Die meisten Erwachsenen hätten die Lösung vermutlich auf ganz andere Weise erhalten.

Kinder denken anders, als wir es erwarten!

Kinder denken nicht nur anders als wir, sie denken auch anders, als wir es erwarten. Viertklässlern wurde die Aufgabe gestellt: ‚Zu einem Auswärtsspiel wollen 820 Fußballfans mit dem Bus anreisen. In jedem Bus können 40 Fans mitfahren. Wie viele Busse müssen fahren?' Boris rechnete die Geteiltaufgabe zunächst korrekt aus und notierte 20 als Ergebnis. Nach einiger Zeit des Nachdenkens änderte er es in 20 1/2, so dass seine Antwort lautete: „Es müssen 20 1/2 Busse fahren."

Zunächst einmal ist man versucht zu denken, dass Boris den Sachverhalt nicht richtig verstanden hat oder dass er nicht weiß, was er bei Geteiltaufgaben mit dem Rest machen soll. Wir bestreiten keineswegs, dass es Kinder gibt, bei denen dieses in vergleichbaren Situationen der Fall ist.

Aber wir sind der Meinung, dass es falsch ist, diesen eher defizitorientierten Standpunkt von vornherein einzunehmen. Zunächst sollte man statt dessen dem Kind unterstellen, dass es sich etwas Vernünftiges bei seiner Antwort gedacht hat. Dass man damit der Wahrheit näher kommen kann, zeigt sich sehr schön an Boris' Erläuterungen.

Denn auf die Frage, was er geschrieben habe, meinte er: „20 Busse, dazu 1/2 … also nicht 1/2, schon ein ganzer, aber dass da die Hälfte der Leute hineingeht. … Also noch ein Bus, also 21." Seine ursprüngliche Antwort 20 1/2 ist ein typisches Beispiel dafür, dass man das Denken von Kindern bisweilen nicht nur falsch einschätzt, sondern häufig auch unterschätzt. Entgegen der ersten Annahme hatte er sich sehr wohl Gedanken über die Berücksichtigung des Restes gemacht. Er meinte jedoch nicht einen halben (in der Mitte durchgeschnittenen) Bus, sondern einen *halbvollen!* So gesehen ist seine ursprüngliche Art der Interpretation des Restes (1/2 heißt halbvoll) eigentlich viel informativer als die als korrekt angesehene Antwort 21.

Kinder denken anders, als wir es möchten!

Kinder denken bisweilen nicht nur anders, als wir es vermuten, sondern sie denken häufig auch anders, als erfahrene Personen – Lehrer(innen), Eltern, Großeltern – es von ihnen erwarten bzw. für sie als richtig empfinden. Hierzu ein Beispiel: In einem 1. Schuljahr sollen die Kinder Plusaufgaben im Zahlenraum bis 20 ausrechnen. Vorher wurde im Unterricht das Teilschrittverfahren behandelt: erst bis zur 10 ergänzen und dann den Rest dazu addieren, bei 8 + 7 also zunächst 8 + 2 und dann 10 + 5 zu rechnen. Der Lehrer möchte diese Strategie anhand von einigen Aufgaben festigen. Dabei ereignet sich folgender Dialog zwischen ihm und Timo:

L: Was ist 9 + 4?

T: Wenn es 10 wären, wären es 14, weil 5 + 5 ist ja 10, und 4 dazu ist 14, aber es ist ja 5 + 4 … *(wird von L unterbrochen)*

Verstehen Sie, wie Timo denkt? Die Lehrperson jedenfalls kann seine Überlegung nicht nachvollziehen und unterbricht ihn.

L: Wer kann es dem Timo noch mal erklären?

S: Du musst rechnen 9 + 1 = 10, und dann noch die 3 dazu, macht 13!

L: Hast du es verstanden, Timo?

T: *nickt, wirkt wenig überzeugt.*

Ob Timo diesen Rechenweg wirklich verstanden hat, ist fraglich. Man kann nicht ausschließen, dass er die bejahende Antwort in der Absicht gibt, seine Ruhe haben zu wollen. Die Episode ist deshalb so interessant, weil sie noch eine überraschende Wendung nimmt. Einige Minuten später sagt der Lehrer in einer Nachbesprechung Folgendes …

L: Der Timo hat große Schwierigkeiten in Mathematik. Manchmal glaube ich, er hört mir nicht richtig zu.

Verkehrte Welt? Ist es nicht der Lehrer, der hier nicht richtig zuhört und Timos gute Überlegung (10 + 4 = 14, also ist 9 + 4 = 13) nicht erfasst? Denn die Aufgabe 9 + 4 auf diese Weise zu lösen, ist doch eigentlich viel geschickter, als erst bis zur 10 und von dort aus weiter zu rechnen. Warum passiert so etwas? Wir denken, dass es damit zu tun hat, dass der Lehrer bestimmte, sicherlich gut gemeinte Vorstellungen davon hat, wie Aufgaben dieses Typs zu rechnen sind. Er ist so auf dieses Denkschema konzentriert, dass er Schwierigkeiten hat, andere sinnvolle Vorgehensweisen als solche zu erkennen.

Solche Episoden gehören leider zum Schulalltag. Und häufig ist es wohl gerade das Schicksal der sog. schwachen Schüler, dass ihre – aus der Erwachsenensicht – unkonventionell erscheinenden, eigenen Rechenwege nicht in ihrer Originalität erkannt werden. Stattdessen werden sie gedrängt, ihre eigenen originellen Denkwege zugunsten der durch die Lehrperson vertretenen, für die Gesamtheit der Kinder als optimal erachteten Methode zu verwerfen.

Unterschied, nicht Defizit

Kinder denken also anders, als wir (es) denken. Dieser Satz mutet zunächst an wie eine Trivialität. Bei genauerem Hinsehen fällt jedoch auf, dass Andersartigkeit zu oft als *Defizit* verstanden wird: Die Kinder seien noch nicht so weit, man müsse ihnen erst noch sagen, wie es richtig gehe.

Wir verstehen Andersartigkeit aus der kompetenzorientierten Perspektive nicht als Defizit, sondern als *Differenz*. Das heißt, dass wir die Sichtweise des Kindes als eine erfindungsreiche und aus seiner Sicht sinnvolle Deutung der Dinge verstehen, die häufig eine andere ist als die unsrige, die aber prinzipiell zunächst einmal die vernünftigen ‚Versuche' des Kindes widerspiegelt, Anforderungen zu bewältigen.

Kinder denken unterschiedlich

Dass Kinder unterschiedlich sind, ist wohl allgemein akzeptiert. Denn erwiesenermaßen gibt es ruhige und quirlige Kinder, gesellige Kinder und Kinder, die gut mit sich allein zurecht kommen, Kinder, die sich gut konzentrieren können, und solche, die nie lange bei einer Tätigkeit verweilen, usw. usf. Dass sie aber im Bereich der Mathematik unterschiedlich *denken*, ist für viele Erwachsene ein ungewohnter Gedanke. Sie können sich meist nur schwer vorstellen, dass es mehr als einen Lösungsweg für ein und dieselbe Aufgabe gibt.

Seitens der Erwachsenen sollte daher nicht nur der Erfindungsreichtum des Denkens von Kindern beachtet werden, sondern auch dessen *Vielfalt*. Diesen Grundgedanken wollen wir nun anhand von Beispielen illustrieren.

Kinder denken anders als andere Kinder

Vor der Behandlung der Subtraktion im Tausenderraum wurde Schülern eines dritten Schuljahres die folgende Aufgabe gestellt: ‚Im Kino können 216 Personen sitzen. Es sind schon 148 da.' Die Schüler sollten ihre Vorgehensweise mit Hilfe des sog. Rechenstrichs entwickeln bzw. darstellen. Dabei handelt es sich um einen von den Kindern zu zeichnenden Strich, auf dem sie ihre Rechenschritte durch die Angabe der Sprungweite bzw. von (Zwischen-)Ergebnissen festhalten können (vgl. Selter & Spiegel 1997, S. 14–15).

Die Abbildung auf der folgenden Seite gibt die Lösungen sämtlicher Schüler(innen) wieder. Wir empfehlen Ihnen, sich etwas Zeit zu nehmen und die Rechenwege der Schüler(innen) zu studieren. Vielleicht macht es Ihnen auch Spaß, verwandte Rechenwege zu Gruppen zusammenzufassen. Hier kann man sehr grobe und sehr feine Unterscheidungskriterien vorsehen, die die Vielfalt etwas überschaubarer machen.

So subtrahierte beispielsweise *Kristina* schrittweise zunächst den Hunderter, dann die Zehner und dann die Einer (216 – 100 – 40 – 8), während *Patrizia* (216 – 100 – 20 – 20 – 4 – 4) und *Manuela* (216 – 100 – 20 – 20 – 8) Zehner bzw. Einer weiter aufteilten. Eine andere verwendete Strategie bestand darin, die 148 so aufzuspalten, dass ‚glatte' Zahlen als Zwischenergebnisse dienten (*Simone*: 216 – 100 – 6 – 42; *Oliver*: 216 – 110 – 6 – 30 – 2; *Katrin*: 216 – 16 – 100 – 30 – 2).

Andere Schüler(-innen) wurden durch die Aufgabenstellung veranlasst, zu ergänzen, so etwa *Stephanie*, die zuerst die Zehner und dann die Einer auffüllte (148 + 30 + 20 + 10 + 8), oder auch *Marc-André*, der dabei Schwellenzahlen ausnutzte (148 + 2 + 50 + 16). Schließlich lösten auch einige Kinder – wie etwa *Nadine* – die Problemstellung durch das Heranziehen einer einfacheren Aufgabe (216 – 150 + 2).

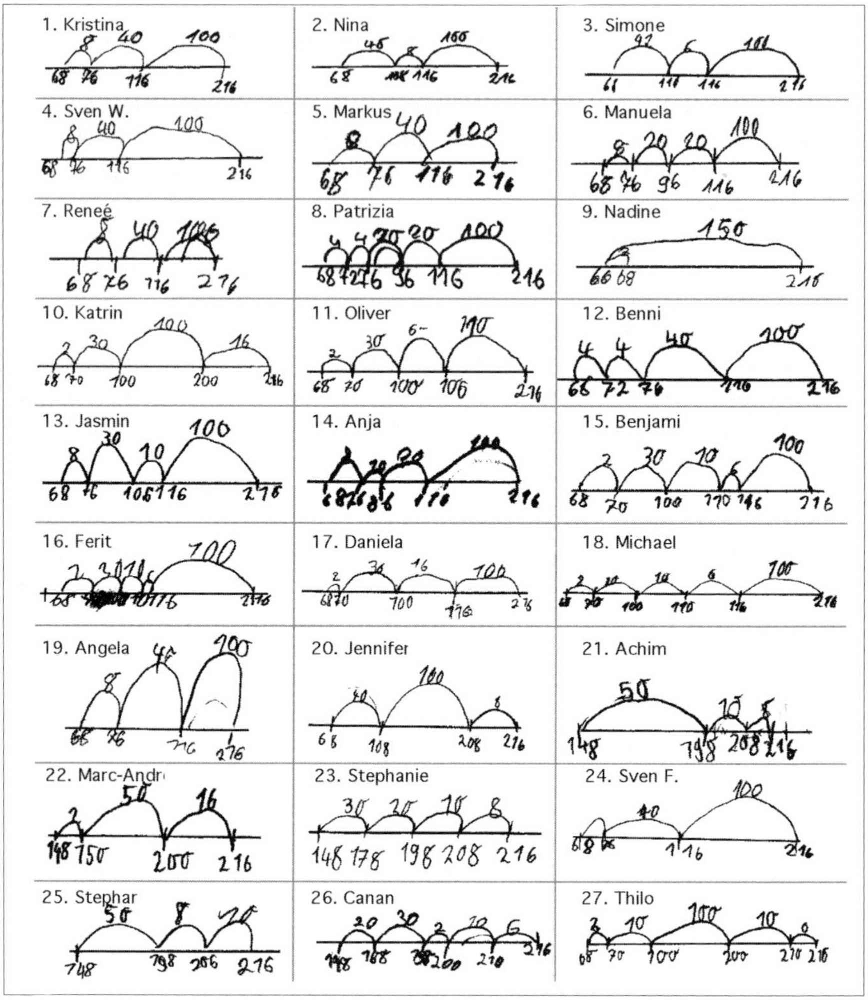

Kinder denken anders als sie selbst

Kinder denken aber nicht nur anders als andere Kinder, sondern sie denken bisweilen in verschiedenen Situationen ganz unterschiedlich. Das Kind beispielsweise, das im Alltag souverän sein Taschengeld verwaltet, während es in der Schule bei der Lösung ‚einfacher' Plusaufgaben Schwierigkeiten hat, ist keine Seltenheit.

So haben Nunes u. a. (1993, S. 15) brasilianische Straßenkinder untersucht, die seit früher Kindheit auf der Straße Lebensmittel oder Süßigkeiten verkauften, um ihren Lebensunterhalt zu sichern. Diese Kinder wurden zunächst in einer Alltagssituation befragt, indem die Interviewerin als potentielle Käuferin auftrat und mehrere Preisnachfragen stellte. An einem der darauffolgenden Tage nahmen die Kinder an einem Test teil, bei dem sie eine Reihe von Textaufgaben ähnlichen Inhalts bzw. von Rechenaufgaben nur mit Zahlen lösen mussten. Diese waren, was die verwendeten Operationen und Zahlengrößen anbelangt, mit den Kaufsituationen vergleichbar. Es zeigte sich, dass 98,2 % der Verkaufsaufgaben, 73,7 % der Textaufgaben, aber lediglich 36,8 % der ‚nackten' Rechenaufgaben, bei denen die Kinder häufig Standardverfahren anwendeten, korrekt gelöst wurden (ebd., S. 21).

Jedoch nicht nur diese Prozentsätze sind bemerkenswert, sondern auch die zahlreichen Fallbeispiele. Der zwölfjährige M. ist in einer ‚realen' Verkaufssituation in der Lage, den Preis von vier Kokosnüssen, die jeweils 35 Cr$ kosten, zu berechnen (vgl. ebd., S. 24; Übersetzung der Verf.): „Das kostet einhundertfünf, plus dreißig, macht einhundertfünfunddreißig, ... eine Kokosnuss kostet fünfunddreißig ... das macht ... eins vierzig." In einem Rechentest versucht er wenige Tage später, das in der Schule gelernte Verfahren der schriftlichen Multiplikation anzuwenden und scheitert dabei. Seine Lösung 200 erklärt er wie folgt: „Viermal fünf ist zwanzig, zwei im Sinn; zwei plus drei macht fünf, mal vier ist zwanzig."

Dass unterschiedliche Lösungswege sogar bei ein und derselben Aufgabenbearbeitung beobachtet werden können, zeigt folgendes Beispiel. Im Rahmen eines Interviews wurde Malte die Aufgabe 701 – 698 gestellt.

I: Wie viel ist 701 – 698?
M: *(rechnet gemäß des schriftlichen Algorithmus untereinander)* 8 minus 1 gleich 7, 9 minus 0 gleich 9, 7 minus 6 gleich 1. 197!
I: Kannst du es auch anders rechnen?
M: Ja.
I: Wie denn?
M: Von 698 bis 700 sind es 2 und von 701 bis 700 ist es 1, also sind´s 3.
I: Mhm. Dieselbe Aufgabe, aber zwei verschiedene Ergebnisse?
M: Mhm, weiß auch nicht.
I: Kann denn beides richtig sein?

Einige Kinder – insbesondere weniger schulerfahrene – sehen darin keinen Widerspruch. Einmal haben sie es halt so gerechnet und einmal anders. Dass es zwei Ergebnisse geben kann, ist für sie genauso offensichtlich wie die Tatsache, dass mehrere mögliche Lösungswege existieren.

Malte ist jedoch als Drittklässler mit den in der Schule allgemein üblichen Regeln vertraut und weiß, dass im Mathematikunterricht eigentlich immer jede Aufgabe genau eine Lösung hat – nicht mehr und nicht weniger. Konsequenterweise artikuliert er, nicht beide Antworten könnten richtig sein.

M: Ne.
I: Was denkst du denn, was stimmt?
M: *(überlegt einige Sekunden)* Das da! *(zeigt auf das schriftlich Gerechnete)*
I: Warum glaubst du, dass das stimmt und das andere nicht?
M: Ja, weil das hier *(zeigt auf das schriftlich Gerechnete)* habe ich richtig ausgerechnet und das andere habe ich nur so hopp-di-hopp im Kopf überlegt.

Die beiden Rechenwege mit den unterschiedlichen Ergebnissen werden von Malte also sehr wohl als verschieden angesehen. Ihm ist klar, dass er sich irgendwie verrechnet haben muss. Da er sich jedoch für eine der beiden Lösungen entscheiden muss, wählt er schließlich das Ergebnis der Rechenmethode, bei der er sich sicherer fühlt.

Kinder sind aktive Lerner

In diesem Abschnitt wollen wir an Hand von Beispielen darlegen, dass Kinder auch komplexe Lernaufgaben selbst gesteuert bewältigen können, ohne dass es kleinschrittiger Anleitungen dazu bedarf. Lehren bedeutet demzufolge nicht mehr und nicht weniger als Lernprozesse zielbewusst anzuregen.

Lernen ist komplex

Vor dem vierjährigen Sebastian liegen acht Gummibärchen. „Da kannst du aber viele Gummibärchen essen", sagt sein Vater, „gibst du mir welche ab?". „Das sind doch gar nicht viele", widerspricht Sebastian, „nur eins-zwei-drei-vier-fünf-sechs-sieben", und tippt dabei jeweils ein Gummibärchen an.

Dass Sebastian auf sieben statt acht Gummibärchen kommt, ist in seinem Alter kein Grund zur Besorgnis. Schließlich hat er das Sprechen auch nicht an einem Tag gelernt. Das korrekte Abzählen von Gegenständen ist eine komplexe Fertigkeit, die man mit zunehmendem Alter immer besser beherrscht. Als Erwachsener fragt man sich dann, wo bei so etwas vergleichsweise ‚Einfachem' die Schwierigkeiten liegen. Und: Man sieht das falsche Ergebnis, übersieht aber in dem geschilderten Fall, dass Sebastian im Hinblick auf die Vielzahl der beteiligten Teilfähigkeiten fast alles richtig gemacht hat.

Denn um die korrekte Anzahl der Gummibärchen zu ermitteln, muss er unter anderem …

- die Zahlwörter in der richtigen Reihenfolge aufsagen,
- jedem der zu zählenden Gegenstände ein Zahlwort zuordnen,
- dabei allerdings auch keinen Gegenstand doppelt zählen,
- wissen, dass das zuletzt genannte Zahlwort die gesuchte Anzahl angibt,
- ausnutzen, dass die Anordnung der Gegenstände nicht wichtig ist,
- und natürlich auch: die entsprechenden Zahlwörter kennen (z. B. sieben als *ein* Zahlwort identifizieren).

Um die Anzahl von vorgegebenen Gegenständen bestimmen zu können, muss also eine Reihe von Teilfähigkeiten beherrscht werden. Solche einzelnen Leistungen, die Kinder beim Lernen vollbringen (müssen), werden jedoch häufig nicht genau wahrgenommen, nicht hinreichend unterstützt und nicht entsprechend gewürdigt – vermutlich weil man als

Erwachsener dazu neigt, vom Endprodukt des Lernens aus zu schauen und demzufolge eher Defizite als Kompetenzen zu sehen (s. o.).

Das Wissen um die z. T. enorme Komplexität von Lerninhalten kann nun dazu führen, dass man glaubt, Lerninhalte in kleine Lernhäppchen portionieren zu müssen, die man den Kindern Schritt für Schritt verabreicht. In zweierlei Hinsicht geht diese Auffassung fehl:

- Lernen ist ein selbst gesteuerter, aktiver Prozess der Lernenden.
- Lehren sollte daher Lernprozesse zielbewusst anregen und nicht versuchen, Wissen zu vermitteln.

Lernen erfolgt selbst gesteuert

Es kann als grundlegende Erkenntnis der Forschung aller maßgeblichen Disziplinen gelten, dass Lernen nicht als Übernahme von fertigem Wissen, sondern als ein *stets* aktiver, konstruktiver Prozess stattfindet. Auch dann, wenn Schüler einer Erzählung eines Erwachsenen zuhören oder einige Seiten in einem Sachbuch lesen, bedarf es eigener Konstruktionen, damit sie etwas lernen, nicht nur dann, wenn sie auf sich selbst gestellt versuchen, ein herausforderndes Problem zu bewältigen.

Das bedeutet: Wie auch immer man agiert, man kann Lernerfolge der Kinder nicht erzwingen, auch noch so ausgefeilte Lernarrangements können nicht garantieren, dass Lernen stattfindet. Aber man kann Wahrscheinlichkeiten dafür erhöhen, dass sich Lernen ereignet, wenn man sich an der Konstruktivität menschlichen Lernens orientiert. Daher sollte man Schüler(inne)n hinreichend viel Zeit und Raum für ein selbst gesteuertes ‚Lernen auf eigenen Wegen' geben.

So nahm der Zweitklässler Achim an einem Unterricht teil, in dem das Auswendiglernen der Einmaleinsaufgaben nicht verfrüht erfolgte, sondern viel Wert darauf gelegt wurde, dass die Kinder das Einmaleins als Beziehungsgefüge kennen lernten (vgl. auch Hefendehl-Hebeker & Selter 2002).

In Interviews wurde Achim in regelmäßigem Abstand die Aufgabe ‚8 · 9' gestellt, und er wurde befragt, wie er diese Aufgabe löste. Schaut man sich seine Vorgehensweisen genauer an, so wird deutlich, welche Lernfortschritte er macht und wie er sich auf seinem individuellen Weg zur Beherrschung und zum Verstehen des Einmaleins befindet (Selter 1994; hier auch weitere Informationen zum Unterricht).

Im *März* ermittelte er zur Lösung von ‚8 · 9' zunächst zählend das Resultat von ‚8 + 8', schrieb über den entsprechenden Zahlensatz eine ‚2' und strich diese durch, um sich zu merken, dass er die ‚8' zweimal berücksichtigt hatte. Dann schrieb er ‚16 + 8 = ' unter die erste Gleichung, zählte von ‚16' aus weiter, notierte das Resultat, vermerkte sodann neben der durchgestrichenen ‚2' eine ‚3' und strich diese ebenfalls durch. Diese ‚Prozedur' wiederholte er, bis er das Endergebnis ‚72' erhalten hatte.

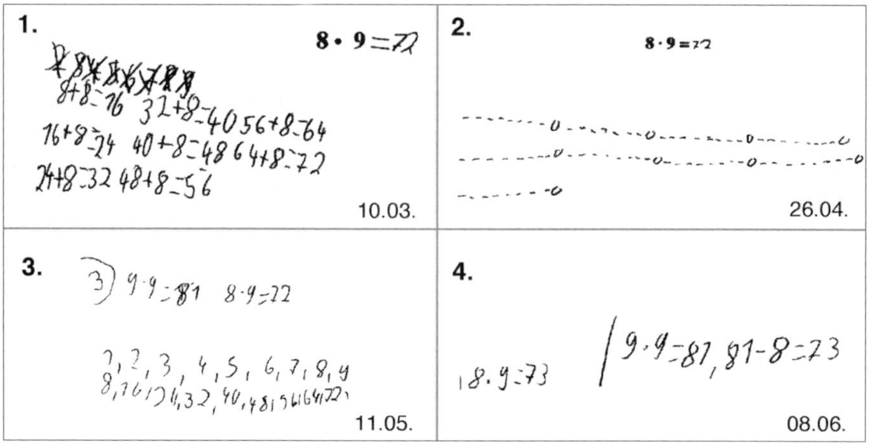

Im *April* zeichnete er kleine *Striche*, von denen jeweils acht durch nicht mitzuzählende Kreise voneinander abgetrennt wurden. Interessanterweise ermittelte er das *richtige Endergebnis*, obwohl der zweite ‚Achter' lediglich aus sieben Strichen bestand; er zählte jedoch den zweiten Kreis mit, was wahrscheinlich darauf zurückzuführen ist, dass ihm die korrekte Lösung von ‚8 + 8' bereits bekannt war.

Im *Mai* äußerte er auf Anhieb, dass er das Ergebnis zwar nicht kenne, aber wisse, dass ‚9 · 9 = 81' sei. Die Frage, ob er damit auch das Ergebnis von ‚8 · 9' ermitteln könne, verneinte er. Statt dessen notierte er die Achterreihe bis zum neunten Glied, wobei er die Ergebnisse jeweils zählend oder addierend erhielt. Außerdem verwendete er Merkzahlen – wie bereits im ersten Interview –, die er über das jeweilige Zwischenresultat schrieb und die die Anzahl der bereits berücksichtigten Achten repräsentierten. Zum Schluss vermerkte er den Zahlensatz ‚8 · 9 = 72' neben der Gleichung ‚9 · 9 = 81'. Achim hatte während des Interviews anscheinend eine vage Idee, dass eine Beziehung zwischen den beiden Aufgaben bestehen müsste; er benutzte diesen Zusammenhang nicht zur Ermittlung des Ergebnisses, war allerdings am Schluss in der Lage, ihn zu verbalisieren: „8 · 9 = 72, weil es ‚9' weniger sind als 81."

Beim letzten Interview im *Juni* gab er direkt die Lösung, 8 · 9 = 73' an und notierte anschließend hinter einem senkrechten Strich seinen Rechenweg: ‚9 · 9' sei ‚81'; davon müssten noch ‚8' subtrahiert werden. Zwar erhielt er hier erstmals nicht die korrekte Lösung, doch zeugt dieses Vorgehen von seinem wachsenden Bemühen, geschicktere Rechenwege einzuschlagen, und ist somit positiv zu beurteilen. Nach den Sommerferien (ohne Abbildung) hatte er dann die Aufgabe 8 · 9 nicht nur gedächtnismäßig - verfügbar, sondern war auch in der Lage, diese Aufgabe zu anderen Aufgaben und zu anderen als der symbolischen Darstellung in Beziehung zu setzen.

Lehren bedeutet ‚zielbewusst anregen'

Erinnern Sie sich daran, wie Sie das Autofahren erlernt haben? Können Sie sich vorstellen, Ihre Fahrstunden wären nach folgendem Ausbildungsplan abgelaufen?

- 1. Stunde: Ein- und Aussteigen üben, zuerst ohne, dann mit Tür öffnen und schließen; relevante Bestandteile (Lenkrad, Gaspedal, Bremse etc.) kennen lernen
- 2. Stunde: Zunächst umdrehen des Zündschlüssels, dann Üben des vorsichtigen Tretens des Gaspedals; schließlich Koordination dieser beiden Aktivitäten, mit dem Ziel, den Motor anzulassen; einprägende Wiederholung der wichtigsten Bestandteile eines Autos
- 3. Stunde: Wiederholung des Ein- und Aussteigens mit Türbetätigung sowie des Anlassens des Motors; Üben des Geradeausfahrens (nicht schneller als 15 km/h) und Bremsens
- 4. Stunde: Erlernen des Einsatzes des linken Außenspiegels sowie des ‚Über die linke Schulter-Guckens', zunächst im Stehen, später im Fahren (nicht schneller als 15 km/h), Übung des Einschlagens des Lenkrades nach links sowie des Zurückschlagens in die Ausgangsstellung
- 5. Stunde: Wiederholung aller bisherigen Lernschritte, Übertragung auf das Fahren von Rechtskurven
- 6. Stunde: Übung des Geradeausfahrens, dann des Links- und schließlich des Rechtskurven-Fahrens sowie des Bremsens – Höchstgeschwindigkeit 30 km/h
- 7. Stunde: Wiederholung; Neuerwerb der Fähigkeit, den Rechts- und den Linksblinker zu betätigen
- 8. Stunde: …

Es ist u. E. nicht erforderlich, dieses Gedankenexperiment weiter fortzuführen. Auto fahren ist eine komplexe Tätigkeit, die sich aus einer Vielzahl von Teilkompetenzen zusammensetzt, die man nicht Schritt für Schritt in sinnleeren Laborsituationen erlernt. Mathematikunterricht läuft aber nicht selten genauso ab, wie es dieses fiktive Beispiel andeutet. Es wird angenommen, dass das Erlernen von Mathematik ein streng gestufter, linearer Prozess ist. Aufgabe der Lehrer ist es gemäß dieser Sichtweise, den Stoff Schritt für Schritt zu vermitteln. Bei der Einführung der schriftlichen Multiplikation beispielsweise würde man in etwa so vorgehen:

1. Lernschritt: Gemischte Zehner mit reinen Zehnern (10 als Multiplikator, z. B. 10 · 43, von Anfang an jeweils mit detaillierten Vorgaben zu Rechenweg und Schreibweise)
2. Lernschritt: Beliebige Zehnerzahl als Multiplikator (z. B. 30 · 26)
3. Lernschritt: Multiplikation gemischter Hunderter/Zehner mit Einern (z. B. 3 · 280)
4. Lernschritt: Multiplikation gemischter Hunderter/Zehner/Einer mit Einern (z. B. 3 · 294)
   usw.

Treffers (1983) hat diese Sichtweise einmal als *‚fortschreitende Komplizierung'* bezeichnet und diesen Ansatz wie folgt charakterisiert:

- Sorgfältige Stufung und Isolierung der Schwierigkeiten (Reduktion von Komplexität)
- Aufgaben mit Realitätsbezug zum Abschluss (Anwendungen der Mathematik auf die Umwelt)
- die Schüler(innen) vollziehen vorgegebene Rechenwege nach
- der Lehrer kontrolliert und korrigiert

Mathematik sollte aber nicht nach dem Prinzip der fortschreitenden Komplizierung gelernt werden, sondern – wie das Autofahren – in hinreichend komplexen und herausfordernden Situationen. Hinreichend komplex heißt nicht in ‚voller Komplexität', und herausfordernd bedeutet nicht ‚überfordernd'.

Natürlich fährt man in den ersten Fahrstunden nicht bei Nacht oder auf der Autobahn, sondern über vergleichsweise ruhige Straßen. Auch verlangt man nicht sofort die Ausführung aller möglichen Aktionen und auch nicht schon in den ersten Fahrstunden das Rückwärts-Einparken. Aber schon in der ersten Stunde wird im echten Straßenverkehr gefahren, und viele Anforderungen stürmen dabei auf den Fahrschüler ein. Er muss lernen, mit dieser (aus der Sicht des Könners) überschaubaren Komplexität fertig zu werden. Das wird dem Lernenden nicht abgenommen. Selbstverständlich wird er dabei nicht allein gelassen: Der Fahrlehrer stellt ihm gewisse Aufgaben oder gibt ihm Tipps und ist schließlich gegebenenfalls in der Lage einzugreifen.

Ganz in diesem Sinne favorisiert Treffers (ebd.) das Prinzip der *fortschreitenden Mathematisierung*, das er idealtypisch wie folgt beschreibt (Unterrichtsbeispiele hierzu finden sich etwa in Müller & Wittmann 1995):

- ‚ganzheitliche' Behandlung (Auseinandersetzung mit überschaubarer Komplexität)
- durchgehende Nutzung von Aufgaben mit Realitätsbezug (Brücke zwischen Schüler und Mathematik)
- die Schüler(innen) entwickeln zunehmend effizientere und elegantere Rechenwege
- der Lehrer orientiert und regt an (zu Reflexion und zu Kommunikation bzw. Kooperation).

Die Einführung in die schriftliche Multiplikation gemäß dieses Prinzips kann z. B. wie folgt gestaltet werden:

- Der Lehrer stellt den Schülern komplexer angelegte Aufgaben und ermutigt sie dazu, diese mit ihren eigenen Methoden zu lösen.
- Die Schüler werden dazu angeregt, ihre Vorgehensweisen zu zeigen und die Vorgehensweisen anderer Schüler kennen zu lernen (Vorsicht: nicht überstrapazieren!).
- Der Lehrer bittet die Schüler, ausgewählte fremde Rechenwege an einigen Aufgaben nachzuvollziehen.

- Die Schüler(innen) werden gebeten, sich bei vorgegebenen Aufgaben bewusst für bestimmte (individuell durchaus unterschiedliche) Vorgehensweisen zu entscheiden.

Untersuchungen, die die ‚fortschreitende Mathematisierung' mit der o. a. Schritt für Schritt-Methode verglichen haben, ergaben etwa gleiche Leistungen bei schriftlichen Algorithmen. Bessere Ergebnisse erzielte die ‚fortschreitende Mathematisierung' beim Kopfrechnen und beim halbschriftlichen Rechnen, bei schwierigen Anforderungen (z. B. Rechnen mit der 0) und bei Aufgaben mit Realitätsbezug. Für uns stützt dieser Befund – neben anderen Erkenntnissen – die Forderung, dass sich der Unterricht am Prinzip der fortschreitenden Mathematisierung orientieren sollte. Das bedeutet …

- die Schüler dazu zu ermutigen, bei der Bearbeitung von Kontextaufgaben oder anderen für sie sinnvollen Aufgaben ihr (Vor-)Wissen zu zeigen; die informellen Schülerlösungen bilden den Ausgangspunkt des Unterrichts (das ‚*Individuelle*', wie mache ich es?);
- die Schüler dazu anzuregen, über ihre eigenen Vorgehensweisen zu reflektieren und diese mit anderen zu vergleichen (das ‚*Soziale*', wie macht ihr es?);
- die Schüler dabei zu unterstützen, zunehmend elegantere, effizientere und weniger fehleranfällige Rechenmethoden zu erwerben (das ‚*Reguläre*': Wie macht man es? oder Wie kann man es machen – und wie noch?).

Mit Fehlern muss gerechnet werden

Gerade in Mathematik ist die Auffassung weit verbreitet, dass Fehler etwas Bedrohliches, Störendes und daher möglichst zu Verhinderndes bzw. bei Auftreten umgehend zu Beseitigendes seien. Das Zitat des Mathematikers de Morgan (1833, zitiert in Wittmann & Müller 1994, S. 25–26) deutet eine sehr bedenkenswerte Gegenposition an:

Die Erwachsenen müßten dieselbe Nachsicht und dieselbe Bewunderung, mit der sie die Sprachentwicklung von Kindern gewöhnlich begleiten, auch für die Entwicklung des mathematischen Denkens aufbringen. … Die ersten unbeholfenen Versuche des Kleinkindes, ‚Papa' und ‚Mama' auszusprechen, werden jubelnd begrüßt, als wenn sich darin eine vielversprechende Rednerbegabung ausdrückte. Die ersten Versuche des kleinen Zahlenrechners dagegen, der überlegt, ob ‚6 plus 5' das Ergebnis 13, 8, 7 oder 10 haben könnte und nicht zielgerichtet auf die 11 zusteuert, wecken bei Erwachsenen oft ganz und gar nicht die Vision auf einen späteren Nobelpreisträger und werden keineswegs mit Sympathie verfolgt. Im Gegenteil, das Kind erntet mehr oder weniger leisen Tadel, weil es angeblich unaufmerksam ist oder sich dumm anstellt.

In dem von de Morgan ausgedrückten Sinne geht es uns darum, auch oder gerade für Mathematik eine andere Sichtweise auf Fehler zu fordern: Fehler sind natürliche Bestandteile jeden Lernprozesses. Mit Fehlern muss gerechnet werden!

Fehler sind normal

Im Alltag gilt es als normal, Fehler zu begehen, insbesondere wenn man den altbekannten, wohl vertrauten Weg verlässt. Denn Kreativität und ‚Fehler' sind voneinander kaum zu trennen (Kahl 1995, S. 21).

In der deutschen Industrie haben die Durchbruchsinnovationen erschreckend abgenommen … Die meisten Führungsteams sind von erschreckender Einseitigkeit … Das schlimmste Übel aber ist der Mangel an guten Ideen (aus der Studie einer Unternehmensberatung). … Kreative Leute … machen ständig neue Fehler. Dumme wiederholen dauernd die gleichen. Und die Mehrheit der Braven versucht, Fehler zu vermeiden, aus lauter Angst, daß nicht nur der Fehler falsch ist, sondern daß sie selber minderwertig seien … Das Glaubensbekenntnis aller Schulweisheit heißt: es gibt nur eine Lösung.

In der Schule dominieren häufig die Prinzipien der Isolierung der Schwierigkeiten und der kleinen und kleinsten Schritte. Durch die Verpflichtung auf einen vorgegebenen und scheinbar so sicheren Weg will man Schülern Fehler ersparen. Unterricht – gerade in Mathematik – wird oft deshalb so aufgebaut, dass Fehler möglichst vermieden werden. Begehen die Kinder – aus der Erwachsenensicht geurteilt – einen Fehler, so glaubt man, diesen sofort korrigieren oder dessen Auftreten in Zukunft weniger wahrscheinlich machen zu müssen. Das ist jedoch häufig ein Fehler, wie die Geschichte von Lennart zeigt.

Der Erstklässler Lennart spielt mit seiner Tante ein Spiel. Er denkt sich ein Wort aus, das diese erraten muss. Dabei malt er als Platzhalter für die Buchstaben kleine Striche nebeneinander. Die Tante muss nun die Buchstaben erraten. Wenn sie einen Buchstaben nennt, der nicht in dem Wort enthalten ist, darf Lennart sich einen Punkt gut schreiben. Hat er 10 Punkte erreicht, hat er gewonnen, errät die Tante das Wort vorher, ist sie die Gewinnerin.

Einige Minuten vergehen. Die Tante hat drei von vier Buchstaben erraten. Auf Lennarts Blatt steht E N _ E. Die Tante denkt zunächst, das D sei der fehlende Buchstabe, dann entscheidet sie sich für das T, schließlich das G. Jeder Buchstabe bringt Lennart einen Punkt mehr.

Mittlerweile steht die gesamte Verwandtschaft um den Tisch herum und rät fieberhaft mit. Lennart ist kein besonders guter Schüler. Man spürt, dass er vor Stolz förmlich platzt, weil die versammelten Erwachsenen es nicht schaffen, sein Wort zu erraten. Schließlich bittet ihn die Tante, seine Lösung zu verraten.

Er schreibt ein I an die freie Stelle: E N I E. Ratlosigkeit ringsherum. Lennart ruft belustigt in die Runde: „Ernie, dass Ihr das nicht ‚rausgekriegt' habt! Ernie aus der Sesamstrasse!" Vor Freude klatscht er in die Hände. „So schreibt sich das aber nicht", schaltet sich der Vater ein, den es offensichtlich ärgert, dass sein Sohn aufgrund einer ‚Regelverletzung' (falsche Schreibweise) das Spiel

gewonnen hat. „Ernie schreibt man mit fünf Buchstaben – E, R, N, I, E! Du musst auch Wörter nehmen, die du auch schon schreiben kannst, wie MAMA oder LILA."
Lennarts Freude und Stolz sind wie weggeblasen. Er hat keine Lust mehr, weiter zu spielen, und setzt sich auf einen Stuhl in der anderen Ecke des Raumes. Dabei hatte er schon so viel richtig gemacht!

Für die Schule – oder generell für das Lernen – sollte gelten, was auch für den Alltag gilt: dass wir nicht lernen können, wenn wir keine Fehler machen dürfen. Fehler sind normale Begleiterscheinungen eines entdeckenden Lernprozesses. Allerdings greift das Sprichwort ‚Aus Fehlern wird man klug' zu kurz. Es kommt schon auf den intelligenten Umgang mit Fehlern an.

Fehler sind fast immer vernünftig
Fehler sind selten zufälliger Natur, sondern machen in der Regel durchaus Sinn (Gerster 1982; Radatz 1980). Es gibt für Schüler häufig einen ‚guten Grund', Fehler zu machen, wie auch die folgende Geschichte vom ‚Phantom der Oper' zeigt.

Phantom der Oper
„Das ist aber ein komischer Name", sagt der fünfjährige Dominic zu seinem Vater. „Was ist ein komischer Name?" fragt dieser zurück. „Phantom. Hast du das gerade nicht im Radio in der Werbung gehört?" „Wie? Phantom?" „Ja, Phantom, der Opa. Hießen die Leute eigentlich früher oft so?"

Natürlich schmunzelt man darüber, wie Dominic den Namen des Musicals versteht. Bewusst haben wir nicht ‚missversteht' geschrieben, da wir zum Ausdruck bringen wollten, dass er ausgehend von dem, was er weiß, durchaus vernünftig denkt, nur eben nicht so, wie wir Erwachsenen es tun. Es lohnt also, zunächst einmal verstehen zu wollen, wie ein Kind gedacht hat, anstatt das Denken sofort zu bewerten und eindeutig nach richtig oder falsch zu klassifizieren.

Drei weitere Beispiele sollen zeigen, dass hinter Fehlern häufig vernünftigere Überlegungen stecken, als man mit flüchtigem Blick vermuten würde. Leonie sagt: „Weil 7 + 5 = 14 ist, ist 8 + 3 = 13." Sie erhöht also den ersten Summanden um 1 und vermindert den zweiten um 2, was sich – wie sie ganz richtig erkannte – in einer Verminderung des Ergebnisses um 1 bemerkbar macht. Leider geht sie dabei von einem falschen Resultat für die erste Aufgabe aus.

Eine ebenfalls nicht so offensichtliche, aber durchaus interessante Erscheinungsform ‚vernünftiger' Fehler ist dadurch gekennzeichnet, dass Prozeduren oder Beziehungen auf Bereiche übertragen werden, in denen sie nicht anwendbar sind. Saskia beispielsweise meint: ‚Ich teile eine Zahl durch 24, indem ich sie erst durch 20 und durch 4 teile und die Ergebnisse dann zusammenzähle.' Sie dehnt dabei also vermutlich die Strategie, eine Malaufgabe durch die Berechnung von Teilprodukten mit anschließender Addition zu lösen ($24 \cdot x = 20 \cdot x + 4 \cdot x$), auf die Division aus, bei der sie aus verständlichen Gründen nicht greift.

Ein drittes Beispiel verdeutlicht, dass nicht selten auch aus der Sicht des Kindes vernünftige Regelbildungsprozesse Fehler verursachen können (vgl. auch das Beispiel von Sarah in der Einleitung). Der sechsjährige Erwin zählt von 83 an weiter: „83, 84, 85, 87, ... 89, ... elfzig, ... einundelfzig, dreiundelfzig, sechsundelfzig." Seine Wortschöpfungen ‚Elfzig, einundelfzig, ...' sind ein Beispiel für eine der Konvention nicht entsprechende, aber unsere Regeln einbeziehende Konstruktion.

Natürlich wird man nicht alle Fehler erklären und als intelligente Leistungen würdigen können. Der Fehler darf nicht wichtiger werden als die korrekte Lösung. Aber man ist häufig erstaunt, wie viel Rationalität häufig im scheinbar irrationalen Vorgehen und Denken von Schülern zu erkennen ist.

Fehler sind häufig systematisch

Bei schriftlichen Rechenverfahren sind in fast 80 % der Fälle Fehler nicht auf Zufall oder Flüchtigkeit zurückzuführen, sondern unterliegen Regelhaftigkeiten, sog. Fehlermustern, die immer wieder auftauchen und auf ‚falschen' Regelbildungsprozessen beruhen (vgl. Abb. aus Radatz 1980, S. 76, 80). Jeweils zwei nebeneinander stehende Aufgaben sind nach dem gleichen Lösungsprinzip berechnet worden. Finden Sie es heraus? Auch in anderen Bereichen des Mathematikunterrichts ist im Übrigen ein hoher Anteil von Fehlern auf nicht regelgemäße, aber systematische Überlegungen zurückzuführen.

Beispiele			Wie heißt die Fehllösung?
A 1:	618 + 782 1112	563 + 545 118	612 + 395
A 2:	854 + 432 286	336 + 845 181	609 + 892
A 3:	854 + 432 422	308 + 291 17	598 + 209
A 4:	308 + 291 509	184 + 750 930	7045 + 2938
A 5:	618 + 782 1390	563 + 545 1008	662 + 789
A 6:	476 + 17 583	205 + 86 381	758 + 129
A 7:	746 + 563 2119	746 + 953 6199	628 + 690
A 8:	563 + 645 11108	222 + 888 101010	675 + 494

Fehler sind also häufig *sinnvoll* in doppelter Wortbedeutung. Erstens sind sie voller Sinn, weil es sich um Versuche handelt, die Wirklichkeit zu strukturieren und zu verstehen. Kinder machen sich häufig einen ‚anderen Reim auf die Dinge'.

Zweitens macht das Auftreten von Fehlern *Sinn*, weil man daraus lernen kann: Lernfortschritte ereignen sich häufig dann, wenn das vorhandene Denk- und Verhaltensrepertoire nicht ausreicht, um eine Situation, eine Aufgabe für sich selbst oder für andere zufrieden stellend zu bewältigen.

Wir sind der Auffassung, dass man das Denken der Kinder empfindlich stören kann, wenn man sie bei Fehlern *sofort* zu korrigieren versucht.

Dies bedeutet aber nicht darauf zu verzichten, sie zu einer in unserem Sinne korrekten Sprech- und Schreibweise hinzuführen.

Im Moment des Auftretens handelt es sich allerdings um authentische Ausdrucksformen der Kinder, die das Richtige meinen können und die wir – genauso wie die ‚fehlerhaften' Schreibprodukte im Sprachunterricht des ersten Schuljahres oder die ‚nicht korrekten' Äußerungen beim Sprechenlernen – in ihrer Vorläufigkeit wahrnehmen und würdigen sollten.

Insofern sollte es nicht zu einem systematischen Fehler von Lehrpersonen werden, fehlerhaft erscheinenden Denkweisen von Kindern prinzipiell zu misstrauen, wie aus der folgenden Geschichte von John Holt (1969, S. 110–111) deutlich wird, mit der wir schließen wollen:

Neulich erkannte ich beim Hospitieren im Unterricht einer Lehrerin blitzartig, was an unserm gesamten Lehrbetrieb falsch ist. Während der letzten Ferien besuchte ich eine Schule, in der noch unterrichtet wurde. Sie steht im Ruf, sehr „gut" und „streng" zu sein. Die recht nette Direktorin fragte mich, wo ich unterrichtet hätte. Als ich es ihr mitteilte, bemerkte sie mit gespielter Bescheidenheit: „Ich fürchte, Sie werden uns sehr altmodisch finden." Aber sie war sehr entgegenkommend und drängte mich besonders, den Rechenunterricht einer Lehrerin der vierten Klasse zu besuchen. Sie unterrichte schon viele Jahre, gelte als ein Juwel von Lehrerin und sei der Stolz der Schule. Ich ging hin. Die Stunde begann gleich, nachdem ich gekommen war. Die Kinder hatten einige Multiplikationsaufgaben ausgerechnet und lasen aus ihren Heften die Ergebnisse vor. Alles ging glatt, bis ein Kind, sofort nachdem ein anderes seine Lösung gesagt hatte, sich meldete. „Was ist, Jimmy?" fragte die Lehrerin mit jenem leisen Unterton in der Stimme, der besagte, daß diese Unterbrechung eigentlich nicht nötig sei. „Ich hab' eine andere Lösung", sagte Jimmy, „ich hab'..." –, aber ehe er noch ausreden konnte, sagte die Lehrerin: „Nun, Jimmy, niemand möchte falsche Lösungen hören." Jimmy sagte dann kein Wort mehr.

Diese Frau ist den meisten Lehrern an Intelligenz, Bildung und Erfahrung weit voraus. Sie ist ausgeglichen, kultiviert, hat eine gute Ausbildung genossen und ist mit einem Universitätsprofessor verheiratet. Aber in den zwanzig oder mehr Jahren, in denen sie unterrichtet, ist ihr offenbar nie der Gedanke gekommen, es könne sich lohnen, sich dann und wann einen Augenblick Zeit zu nehmen und die erfolglosen Jimmys mit ihren falschen Antworten anzuhören, die Chance zu nutzen, etwas über deren Denkweise zu erfahren, und wie ihre falschen Antworten zustande kommen. Wie ist es möglich, daß jeder sie als eine gute Lehrerin bezeichnet? Ich vermute, es liegt daran, daß sie mühelos mit Kindern fertig wird. Wahrscheinlich meinen sogar die Jimmys, sie sei eine gute Lehrerin. Es wird ihnen nie einfallen, es für den Fehler dieser netten Dame zu halten, daß sie das Rechnen nicht verstehen; nein, es muß ihr eigener Fehler sein, weil sie eben so dumm sind.

Literatur

Gerster, Hans Dieter (1982): Schülerfehler bei schriftlichen Rechenverfahren. Freiburg: Herder.
Hefendehl-Hebeker, Lisa & Christoph Selter (2002; Mod.): Einmaleins beziehungsreich. Themenheft 152 der Grundschulzeitschrift.
Holt, John (1969): Chancen für unsere Schulversager (engl.: How Children Fail). Freiburg i. Br.: Lambertus.
Kahl, Reinhard (1995): Lob des Fehlers. In: Hans Brügelmann, Heiko Balhorn & Iris Füssenich (Hg.): Am Rande der Schrift. Lengwil: Libelle, S. 14–24.
Müller, Gerhard N. & Erich Ch. Wittmann (1995): Mit Kindern rechnen. Frankfurt: Arbeitskreis Grundschule.
Nunes, Terezinha, Analucia Dias Schliemann & David William Carraher (1993): Street Mathematics and School Mathematics. Cambridge-New York-Oakleigh: Cambridge University Press.
Radatz, Hendrik (1980): Fehleranalysen im Mathematikunterricht. Braunschweig: Vieweg.
Selter, Christoph (1994): Eigenproduktionen im Arithmetikunterricht. Wiesbaden: Deutscher Universitätsverlag.
Selter, Christoph & Hartmut Spiegel (1997): Wie Kinder rechnen. Leipzig: Klett.
Spiegel, Hartmut & Christoph Selter (2003): Kinder und Mathematik – Was Erwachsene wissen sollten. Seelze: Kallmeyer.
Treffers, Adri (1983): Fortschreitende Schematisierung. In: mathematiklehren. H. 1, S. 16–20.
Wielpütz, Hans (1998): Erst verstehen, dann verstanden werden. In: Grundschule. H. 3, S. 9–11.
Wittmann, Erich Ch. & Gerhard N. Müller (1994): Das Zahlenbuch, 1. Schuljahr. Lehrerhandbuch. Leipzig: Klett.

HEINRICH BAUERSFELD

Hochbegabungen

Bemerkungen zu Diagnose und Förderung in der Grundschule[1]

1. Phänomene der Hochbegabungen

„Es trägt Verstand und rechter Sinn mit wenig Kunst sich selber vor."
Faust in Goethe's „Faust I" (Vers 550/551)

Aus den inzwischen recht zahlreichen Berichten und – zumeist internationalen – Erfahrungen lassen sich noch vor allen genaueren Definitionen drei grundlegende Befunde von ungewöhnlich befähigten Kindern (1.1–3) hervorheben. Anschließend sollen die offenen Probleme im Verstehen der ungewöhnlichen Anlagen und Leistungen (2.1–7) sowie Formen einer sinnvollen Förderung (3.1–3) eingehender diskutiert werden.

1.1 Die Andersartigkeit

Wenn man sich hochbegabten Kindern verantwortungsbewusst zuwenden will, so sollte man sich vor allem deren sehr grundsätzliche Andersartigkeit zu vergegenwärtigen suchen. Sie sind gerade nicht „zuerst einmal und vor allem Kinder wie alle anderen Kinder auch", wie Rost in seiner – auf eine Auswahl von Tests gegründeten – Marburger Studie gefunden hat[2] (Rost 2000, S. 5). Vielmehr fühlen, denken und handeln diese ungewöhnlichen Kinder deutlich anders als im Lebens- und Schulalltag erwartet wird. Sie wirken daher oft eigensinnig, übersensibel, störend, ja konfus, wenn nicht idiotisch auf ihre Lehrerinnen und Lehrer. Manche lernen schon als Kinder, ihre besonderen Fähigkeiten zu verbergen, um nicht aufzufallen.[3] Als Folge ihrer Fehleinschätzung und Fehlbehandlung verkümmern viele, allzu viele Hochbegabungen.[4] Sie werden als Verhaltensgestörte stigmatisiert, sozial isoliert, sogar mit Fünfernoten in mehreren Fächern beurteilt. Es sind zudem mehrheitlich Mädchen, die ihre Andersartigkeit unterdrücken, oft weil sie diese als persönlichen Makel empfinden. Aber es

[1] Umgearbeitete Fassung eines Gutachtens für die Stadt Köln. Eine eingehendere Darstellung theoretischer Grundlagen findet man in „Theorien zum Denken von Hochbegabten" in mathematica didactica 24 (2001), Heft 2

[2] Immerhin hat Rost auf der 8. Fachtagung Pädagogische Psychologie in Landau zusammen mit Inez Freund-Braier einen Vortrag über „Familienprobleme bei hochbegabten Underachievern?" gehalten (abstracts, Internet).

[3] Markus, 3. Schuljahr und 8 Jahre alt, sagt mir: „In der Schule halte ich mich zurück, dann gibt es weniger Ärger mit den anderen."

[4] Das hat in Einzelfällen bis zum Selbstmord geführt. Das Förderprojekt der Hamburger William-Stern-Gesellschaft ist z. B. zur Behandlung dieser Probleme vor mehr als 15 Jahren gegründet worden.

gibt auch Eltern, die ein ,normales' und kein ,hochbegabtes' Kind haben wollen.

Ein großer Teil der Hochbegabten (IQ >130) wird nicht rechtzeitig erkannt, und zwar weder von Eltern wie Lehrern als auch von Psychologen. Nach amerikanischen Untersuchungen (z. B. Fox 1981; Jacobs 1971) sind von den Kindern, die in Einzel-Intelligenztests als hochbegabt beurteilt wurden, *mehr als die Hälfte* von ihren Lehrern nicht als hochbegabt erkannt worden! Selbst von den Höchstbegabten (IQ >160) wird *ein Viertel* verkannt!

Dem überlagert sich noch die Geschlechtsspezifik der Urteile: Mehr als Jungen halten hochbegabte Mädchen mit ihrem Können zurück. Sie zeigen sich „eher misserfolgsängstlich" und werden „seltener als Jungen verhaltensauffällig" (Heller, nach Holling u. a. 2001). Nachuntersuchungen zu TIMSS weisen darauf hin, dass die schwächeren Leistungen der Mädchen zum Teil auf ihr geringeres Selbstvertrauen zurückgeführt werden können (Casey u. a. 2001)

Gelegentlich trifft man auf Vermutungen einer geschlechtsspezifischen Intelligenzverteilung, z. B. dass die bekannte Glockenkurve bei Mädchen enger sei (d. h. es gebe weniger sehr schwache und weniger hochbegabte Mädchen). Für die statistisch gesicherte größere Zahl an Jungen im untersten Bereich der IQ-Verteilung gibt es jedoch physiologische Erklärungen[5], die sich im oberen Bereich für das Defizit an Mädchen trotz intensiver Suche vieler Forscher nicht gefunden haben. Dagegen liefern die bekannten soziokulturellen Differenzen bei der Behandlung von Jungen und Mädchen während der primären Sozialisation überaus deutliche Gründe für die beobachtbare Asymmetrie.

Die in der Gesellschaft zumeist verdeckt wirkenden aber mächtigen Normalitätsvorstellungen ermöglichen zwar die liebevolle Zuwendung zu Lernbehinderten und -gestörten. Dieselben Normalitätsvorstellungen aber – Brigitte Heink spricht vom „gleichmacherischen Einfluss der Schule" (FBM7/AG4[6]) – begründen allzu oft eine dramatische Verkennung oder Ablehnung der Hochbefähigten.

Die Andersartigkeit der Hochbegabten ist so merkmalsreich – mit Spitzen und mit schroffen Ausfällen! – wie man sich das üblicherweise nicht vorzustellen vermag. Und sie formiert sich sehr individuell, so dass man weder von einer einheitlichen Hochbegabung sprechen, noch ihre Ausprägung auf einer linearen Skala zureichend erfassen kann (vgl. Hany 2001). So gibt es z. B. auch unter den spezifisch *mathematisch* Hochbefähigten noch sehr verschiedene Ausprägungen. Diese weite Auffächerung

[5] „Auf dem X-Chromosom liegen einige Nebengene für Intelligenz, daher sind die Männer mit ihrem XY-Paar empfindlicher gegen Defekte als Frauen, weil bei deren XX-Paar die Wahrscheinlichkeit für einen Defekt auf gleichzeitig beiden X-Chromosomen geringer ist. Und deshalb sind Männer bei den Debilen überrepräsentiert." (Volkmar Weiss, briefl. Mitteilung).
[6] FBM7 wird durchgehend als Abkürzung für den Materialienband 7 des Arbeitsstabes Forum Bildung benutzt, AG4 steht für Arbeitsgruppe 4.

der Hochbegabungen erschwert das Erkennen zusätzlich. Sie spricht insbesondere gegen Versuche einer frühen Aussonderung und Isolierung in allgemeinen Hochbegabtenklassen, macht aber zugleich die Notwendigkeit einer möglichst frühen Zuwendung von Aufmerksamkeit und Förderung deutlich.

1.2 Die negativen Entwicklungszirkel

Warum soll man Hochbegabten überhaupt Aufmerksamkeit zuwenden, wenn sie nach gängiger Meinung ohnehin alles schneller, früher und besser können? Leider trifft dieses Vorurteil nur auf weite Fähigkeitsbereiche zu, aber nicht auf die Entwicklung eines reflektierten Umgehens mit sich selbst und mit anderen. Ihr „Intelligenzalter" ist sozusagen dem Lebensalter weit voraus, d. h. ihre Persönlichkeitsentwicklung ‚hinkt' nach. Selbstreflexion und Selbstkonzept, Selbstidentifikation und Empathie sind Kulturprodukte. Sie entfalten sich beim Individuum nicht von selbst, sondern positiv nur in der Interaktion mit vorbildhaften Anderen, auch nicht in der Isolation hinter Büchern oder vor dem Computerschirm. Eine Einsicht, die Siegfried Bernfeld schon vor 75 Jahren auf die kurze Formel gebracht hat: „Alles was den Menschen zum Menschen macht, entwickelt sich nicht von selbst."

Das hat bei den Hochbegabten Folgen nach außen und nach innen, die sämtlich in der Gefahr negativer Entwicklungszirkel stehen:

- Selbstverständlich nehmen sie sich in ihren *externen* Beziehungen schon früh als andersartig wahr. Aber die Umwelt vermittelt ihnen rasch das Gefühl, nicht zu denken und zu handeln wie alle anderen, nicht „normal" zu sein. Anpassungsversuche scheitern fast unausweichlich; die Außenseiterposition liegt nahe.
- Andererseits werden viele Hochbegabte *intern* von ihren eigenen Perfektionsansprüchen vorangetrieben. Ihre ungewöhnliche Ausdauer und Zähigkeit im Verfolgen von Interessen und selbstbestimmten Aufgaben verweisen darauf. Nicht wenige schaffen sich selbst gravierende Defizite, weil sie ehrgeizig sind und hoch empfindlich gegen jegliche Kritik, ablehnend gegen Einhilfen und direkte Belehrungen.
- Daher verweigern sie sich leicht, wenn sich ihnen etwas nicht unmittelbar und ohne Anstrengung in der gewohnten Perfektion erschließt und verwerfen es total (vgl. Christa Hartmann in FBM/AG1). Werner Esser nennt das den „genialen Approach" (FBM/AG4). Da sie mit ihren Hochleistungen in Konkurrenz zu Älteren und hinsichtlich der Persönlichkeitsentwicklung Gereifteren geraten, erhöht sich der empfundene Druck weiterhin.

Diese negativen Entwicklungszirkel können sich bis zu permanentem Verweigern und bis zur Verzweiflung vertiefen und schließlich unumkehrbar werden. Sie sind sozusagen der *Fluch der Hochbegabten*. Insgesamt nehmen Hochbegabte zwar sehr sensibel Stimmungen und Gefühle anderer wahr, doch wenn diese von den „relevanten Anderen" nicht verständnisvoll aufgenommen, offen beschreibbar und in der reflektorischen Distanz als beherrschbar transparent gemacht werden, dann kann jene negative Entwicklung sich fortsetzen (vgl. Perleth/Rostock in FBM7/AG1). Meines Erachtens liegt hier *das wichtigste Ziel einer Förderhilfe für junge Hochbegabte:* Sie bedürfen der rechtzeitigen Erziehung und dies – weil das Elternhaus an erster Stelle bleibt: auch und nicht allein – durch sehr sensible und kundige Lehrerinnen und Lehrer.

Es gehört zu den traurigen Erfahrungen der Braunschweiger Christophorusschule, eine der ältesten Förderstätten für die Sekundarstufe (seit 1981 ab 9. Klasse), dass nicht wenige der von den Eltern Angemeldeten die Änderung und Hilfe gar nicht mehr wollen und daher abgelehnt oder später in den (normalen) A-Kurs zurückgestuft werden müssen, (so die Schulpsychologin Sabine Platzer, in Hollenbach 2001, S. 136 und in FBM7/AG3). Sie sind „Underachiever" geworden, wie die Literatur die mangelnd motivierten Hochbegabten nennt (vgl. Rost 2000, S. 299).

Vor diesem Faktenhorizont liest sich das Goethe-Zitat (s. o.) wie arger Spott.

1.3 Die „Zeitfenster" und möglichst früher Födereinsatz

Die Befunde der Neurophysiologen und Neurobiologen (z. B. Roth 2001) belegen, dass die Anlagen für fundamentale Fähigkeiten und Fertigkeiten nur in begrenzten „Zeitfenstern" und bei geeigneter Beanspruchung optimal entwicklungsfähig sind. Eine seit langem bekannte Grenze findet sich etwa um das 10. Lebensjahr herum für den Sprachaufbau. Insbesondere bei den Hochbegabten „determiniert" (Weinert) die Entwicklung im Vorschulalter und noch im frühen Schulalter die weitere Entwicklung weit stärker als bisher angenommen. Weinert hat das (allgemein) so formuliert:

„Es gibt schon in der frühesten Kindheit domänspezifische Lernpotenziale, die man sich als hirnorganische Verschaltungsmöglichkeiten vorstellen kann und die auf der einen Seite die Spielräume möglicher Erfahrung einengen, auf der anderen Seite aber gerade deshalb die Wirksamkeit bestimmter Lernvorgänge dramatisch verstärken. Diese Lernprozesse sind kumulativ, also aufeinander aufbauend" und mithin fundamental für die weitere Entwicklung (Weinert 2000, S. 358 f.).

Der Direktor des MPI für Gehirnforschung in Frankfurt/Main, Wolf Singer, hat vor kurzem nachdrücklich festgestellt: „In der Bildung gilt: Je früher, desto besser" (Singer 1999). Fehlt dieser Unterbau in der primären und sekundären Sozialisation, so ist der Ausfall später nicht mehr korrigierbar; die weitere Entwicklung verläuft deutlich flacher und ärmer.

Das Problem verschärft sich, weil das Grundschulcurriculum die Basis für die schulische Leistungsbeurteilung definiert. Dessen relativ enge Sachansprüche und die Traditionen gestufter Vermittlung im Unterricht weisen aber nur eine sehr geringe Passung mit den Interessen und Arbeitsbedürfnissen von Hochbegabten auf. Das gilt für die Fächer sowie insbesondere für das Lernen dessen, „was den Menschen zum Menschen macht".

Wenden wir uns nun den mit der praktischen Förderung verbundenen Problemen zu.

2. Probleme der Förderung von Hochbegabungen

„Da der Mythos von der universellen Begabung so fest verwurzelt ist, hat sich bei Pädagogen und Psychologen erst in jüngster Zeit die Erkenntnis durchgesetzt, dass es hochbegabte Kinder mit Lernbehinderungen gibt."
Ellen Winner (1998, S. 50)

Der umfangreiche Bericht, den der Arbeitsstab Forum Bildung von der Tagung „Finden und Fördern von Begabungen" im März 2001 in Berlin veröffentlicht hat, sagt erstaunlicherweise nichts zur Theorie. Hingegen findet man an vielen Stellen – mehr oder minder variiert – eine Trias von Voraussetzungen benannt, die den Erfolg von Förderbemühungen bedingen:

- eine „sorgfältige Auswahl der Schülerinnen und Schüler"
- die „Ausbildung und positive Einstellung der Lehrkräfte"
- sowie geeignetes Arbeitsmaterial und Ziele, also ein „Curriculum".

Das Erstaunliche an dieser politisch gewollten Konzentration auf die Pragmatik des Umgangs mit Hochbegabten – Veranstalter war das Bundesministerium für Bildung und Forschung (BMBF) – ist die offenbar zugrunde liegende Vorstellung, dass man die theoretischen Fundamente zugunsten einer Förderpragmatik vernachlässigen könne. Noch erstaunlicher: In den abschließenden „Empfehlungen des Forum Bildung" (November 2001) kommen Hochbegabte überhaupt nicht vor. Es wird nur allgemein eine „Verbesserung der Bedingungen für das Finden und Fördern von Begabungen" empfohlen (S. 8). In der Tat besteht hier ein deutliches Forschungs- und Entwicklungsdefizit, das im Folgenden eingehender diskutiert werden soll.

2.1 Der Begriff Hochbegabung

„Über Hochbegabung wurde und wird bei uns ausgesprochen viel geschrieben, aber nur ausgesprochen wenig geforscht" meint Detlev Rost (2000, S. 7). Nach einem auch nur bescheidenen Überblick über die einschlägige Literatur muss man diesem Diktum deutlich widersprechen. Seit Termans 1921 begonnenen berühmten „Studies of Genius" (Band I: 1925, Band V: 1959) haben die Psychologen eine kaum noch übersehbare Fülle an verschiedenen Variablen mit ungewöhnlich befähigten bzw. hochleistungsfähigen Kindern untersucht. Wir verfügen über sehr viele Details aus psychologischen Untersuchungen, teils recht absonderliche, aber bis heute über keinen zureichenden Zusammenhang. Daher gibt es „mehr offene Fragen als befriedigende theoretische Antworten" hat Weinert (2000, S. 364) festgestellt.

Der Begriff „hochbegabt" wird vieldeutig gebraucht und nach sehr verschiedenen Modellen diskutiert (vgl. Hany & Nickel 1992; Käpnick 1998; Howe 1998, 1999; Weinert 2000), teils in äußerst scharfem Streit.[7] Während die ältere Literatur z. B. eine hohe allgemeine Sensibilität als grundlegend ansieht und musische Hochbefähigung (Musik, Tanz usf.) sowie sportliche und soziale Fähigkeiten einbezieht – wie sie z. B. Christophorus- und Waldorfschulen explizit fördern –, vernachlässigen jüngste empirische Untersuchungen Kreativität, Motivation, soziale, emotionale und operative Intelligenz zugunsten eines allgemeinen „g"-Faktors der Intelligenz (so Rost 2000), womit die lineare IQ-Skala gestützt wird. Andererseits hatte schon Terman gefunden, dass seine Hochbegabten u. a. „etwas unausgewogener in ihren mathematischen und sprachlichen Profilen waren" (Winner 1998, S. 47), was gegen einen einheitlichen Hauptfaktor der Intelligenz spricht – es sei denn, man definiert „Intelligenz" und „Hochbegabung" in passender Enge zugeschnitten und vernachlässigt weite Fähigkeitsbereiche.

Etliche Wissenschaftler bestreiten die Existenz grundlegender Anlagedifferenzen überhaupt und sehen die primäre Sozialisation als Hauptverursacher an (Howe 1999). Die Mehrheit nimmt eine Wechselwirkung zwischen Vererbung und Umwelt an, deren Einflüsse sich nicht zureichend trennen lassen. Einige beziehen auch die Rolle der Eigenaktivität mit ein, d. h. die selbstbestimmten Einwirkungen auf die eigene Förderung (Weinert 2000). Dementsprechend unterscheiden sich die verschiedenen Definitionen von Hochbegabung schon nach Art und Umfang der einbezogenen Entwicklungspotenziale bzw. Fähigkeitsdimensionen. Dies trifft erst recht auf die Diagnoseinstrumente zu. Insbesondere genügt es offenbar nicht, sich auf ‚den' IQ als maßgebliches und vermeintlich einheitliches Selektionsmerkmal zu verlassen, schon allein deshalb, weil die jeweils errechneten Werte sich bei verschiedenen Tests unterscheiden können (vgl. 2.4 und 2.5). Bei mehr oder minder allen praktischen Entscheidungen muss daher eine Festlegung des Rahmens für den Begriffsumfang und die Diagnose – schlicht gesagt eine Theorie – als fundamentale Voraussetzung für seriöses Handeln gelten.

2.2 Zum Verhältnis Anlage und Umwelt

Wenn über Förderbedürfnisse und -möglichkeiten gesprochen werden soll, dann wird z. B. die Frage nach dem Verhältnis von Anlage und Um-

[7] Man vgl. z. B. die rigorose Abwertung nach anderen Paradigmata arbeitender Forscher bei Rost (2000; u. a. S. 16, Fußnote 9; S. 21, dritter Absatz; S. 29 Mitte).

welteinfluss bedeutsam. Anlagepotenziale, also Erbanlagen, können mit geeigneten Hilfen und Unterstützungen entwickelt werden; sie können unter ungünstigen Umweltbedingungen und mangelnder oder ungeeigneter Förderung auch verkümmern.

Besteht man auf der vergleichbaren Ausstattung aller Menschen mit Anlagen und schreibt die vorfindbaren Unterschiede allein oder auch nur vorrangig der Sozialisation zu, so scheint das Ausbildungsziel der Herstellung von Gleichheit der Chancen (oder doch wenigstens ihrer Vergleichbarkeit) nahe zu liegen. Geht man von einer auf Anlagen und Umwelt verteilten Verursachung der Unterschiede aus und berücksichtigt die Zeitfenster der Entwicklung, so führt das zu sehr verschiedenen Ansprüchen an die Förderung (vgl. die breite Diskussion um Heinrich Roths Bildungsratsgutachten „Begabung und Lernen").

In der Theorie sind diese Kontroversen unverändert offen. Von Howe u. a. (1998) ist kürzlich erneut die Frage diskutiert worden, ob „exceptional ability" bzw. „talent" nicht einfach auf Übung und Gelegenheit statt auf Vererbung zurückzuführen sei. Dem ist in der anschließenden Diskussion heftig widersprochen worden, von Baltes bis Sternberg und von Hatano bis Rutter (a. a. O.). Die Mehrheitsmeinung wiedergebend hat Weinert in einer seiner letzten Arbeiten über „Begabung und Lernen" gefragt, ob es nicht als „eine List der Vernunft" anzusehen sei, „dass etwa 50 % der geistigen Unterschiede zwischen Menschen genetisch determiniert sind, ungefähr ein Viertel durch die kollektive Umwelt und ein weiteres Viertel durch die individuelle, zum Teil selbstgeschaffene Umwelt erklärbar sind" (Weinert 2000, S. 367). Selbst die Ergebnisse der vielzitierten Zwillingsforschung zur Separierung von Erbeinflüssen und Umwelterfahrungen sind widersprüchlich. Diese Versuche kämen, so Weinert spöttisch, „in mancher Hinsicht dem Unterfangen gleich, eine Gemüsesuppe erb- und umweltspezifisch analysieren zu wollen" (a. a. O., S. 362).

2.3 Der einheitliche „g-Faktor"?

Problematisch ist auch die oft unterstellte Nähe, wenn nicht Gleichsetzung von Hochleistung, „Intelligenz" und „Begabung". Rost z. B. versteht unter Hochbegabung „die umfassende (d. h. inhaltsübergreifende) und zeitlich stabile … exzellente intellektuelle Leistungsfähigkeit (‚g') im Sinne eines Potenzials" (Rost 2000, S. 19), und er behauptet, „generell" gelte, „dass Tests zur Erfassung der Allgemeinbegabung die besten singulären Prädiktoren für den überhaupt aufklärbaren (d. h. systematischen) Varianzanteil vielfältiger Leistungskriterien in unserer Gesellschaft darstellen" (a. a. O., S. 21).

Der grundlegende Widerspruch zwischen einer naturwissenschaftlichen Theorie, die ein inhaltsneutrales, zeitlich stabiles und allgemein erfassbares Begabungspotenzial („g-Faktor") unterstellt, und einem jedenfalls zur Hälfte auf Umwelt und Eigenaktivität setzendes Hochbegabungskonzept, wird von Praktikern, die über längere vergleichende Erfahrung im Umgang mit Hochbegabten verfügen, zweifellos zugunsten von letzterem gelöst. Dafür sprechen u. a. auch die vielen Einzelfallstudien, die u. a. von den Folgen des Verkannt- und Unterdrücktwerdens, von Retardierungen und eines Sich-Versagens bis hin zum Selbstmord aus Verzweiflung zu berichten wissen (vgl. z. B. Kießwetter & Nolte 1996; Webb u. a. 1998; Ey-Ehlers 2001; Hollenbach 2001).

2.4 Das Erkennen von Hochbegabungen

„Die Schule kann gewiß das Genie nicht schaffen; aber sie kann es ertöten oder doch schwer schädigen."

Hugo Gaudig (zit. von B. Heink in FBM7/AG4)

Wie der Bericht des „Forum Bildung" in der BLK von der Tagung in Berlin im Frühjahr 2001 zeigt, haben wir in Sachen Diagnose eine „ernüchternde Situation" vor uns (Perleth in FBM7/AG1). Das Erkennen von Hochbegabungen insbesondere im Grundschulalter ist schwierig, je früher desto schwieriger.[8] Im Blick auf die übergroße Nachfrage wären aber handfeste Auswahlkriterien dringend erforderlich.

Es charakterisiert die Situation, dass das im Februar 2001 gegründete „Internationale Centrum für Begabungsforschung" in Münster in der Kooperation mit dem seit 1988 arbeitenden holländischen „Centrum voor Begaafdheidsonderzoek" in Nijmwegen sich zunächst auf die Erforschung „der besonderen Denk- und Lernstile" der Hochbegabten konzentrieren will, um erst anschließend „eine prozessorientierte Förderdiagnostik für den schulischen Einsatz" zu entwickeln und zu erproben (C. Fischer in FBM7/AG2), die wir bisher nicht haben. Beides, die Denk- und Lernstile sowie die Prozessorientierung, wird von den IQ-Tests nicht erfasst.

Aus den Untersuchungen und Erfahrungen abgeleitet, findet man lange Listen charakteristischer Merkmale von Hochbegabten (z. B. Hollenbach 2001, S. 18–29; Wieczerkowski 1998, S. 146), jedoch liefert keine Teilmenge davon einen hinreichenden oder auch nur notwendigen Merkmalssatz. Neben den auffälligen zweijährigen Lese- und Rechenkünstlern oder vierjährigen kleinen Philosophen gibt es z. B. schwerbehinderte musisch Hochbegabte, andere mit auffälligen Schreib-Lese-Schwächen. Es gibt mathematisch Hochbefähigte mit erheblichen Sprachproblemen. Und es gibt nicht zuletzt die Verkannten, die als Störenfriede und Ausgeflippte Misshandelten. Hochbegabte, die ein hohes Begabungspotential nicht in Hochleistungen umsetzen, werden in der Literatur als „underachiever" bezeichnet (Rost 2000, S. 299).

[8] In einer Metaanalyse von 70 Longitudinalstudien haben La Paro und Pianta die Vorhersagen zur Kompetenzentwicklung in den frühen Schuljahren untersucht und fanden nur „bescheidene bis kleine Effekt-Estimates" für die „akademisch/kognitiven und sozial/behavioralen Ergebnisse". Ihr Fazit: „Instability or change may be the rule rather than the exception" (La Paro & Pianta 2000, S. 476).

Albert Einstein mag als Beispiel dafür dienen, dass z. B. frühe sprachliche Hochleistung kein sicheres Merkmal darstellt:
Seine Schwester Maja berichtet, dass dem „kleinen Albert" das „Sprechen so mühsam über die Lippen kam, dass seine nächste Umgebung befürchtete, er würde nie sprechen lernen". Bis zum dritten Lebensjahr sprach er nicht, ob wegen Unvermögen oder Sträubens gilt als offen, und er hatte „lebenslang Schwierigkeiten im Lernen und Beherrschen von Fremdsprachen" (Jacobson 1980, S. 160). „Das Kind war immer schweigsam" und noch mit neun Jahren im letzten Jahr der Primarschule war er ein „Schüler, dem zwar das Reden langsam von den Lippen floß, der sich aber alles, was er sagt, genau überlegte", so sein Biograph Philip Franck (zitiert in Jacobson 1980, S. 160). Spätere Interviewer sprechen von Einsteins „mühseliger Suche nach konventionellen Worten". Folgerichtig fiel er bei der Aufnahmeprüfung an der ETH Zürich 1895 durch – ein Opfer der Normalitätsvorstellungen seiner Prüfer!

Als so zuverlässig und objektiv die verschiedenen IQ-Tests gelten mögen, ein Grundproblem des Auffindens liegt darin, dass ein Kind die Schwelle der gesellschaftlich fest verwurzelten Normalitätsvorstellungen im positiven Sinne bereits überwunden haben muss, ehe man auf die Idee der Nachprüfung durch einen aufwendigen Einzel-Intelligenztest kommen kann. In den Hamburger Forschungsprojekten, die sich auf mathematisch Hochbegabte konzentrieren, sind daher Sätze von mathematischen Aufgaben für eine Auslese in der Grundschule entwickelt worden. Von den anschließenden Fördererfahrungen her beurteilt haben sich die Arbeitsergebnisse im Blick auf die späteren Leistungen in der Förderung als aussagekräftiger gezeigt als die parallel eingesetzten Einzel-Intelligenztests.

Frau Nolte beschreibt das Hamburger Auswahlverfahren so: „Zunächst führen wir Mathe-Treffs für Mathe-Fans durch. Wir haben nach den Testungen etwa 30 Kinder, die sowohl im Mathe-Test als auch im Intelligenztest zu den Besten gehören. Die weiteren 15 Plätze der Fördergruppe füllen wir mit Kindern, die im Mathe-Test zu den Besten gehören oder einen IQ von >130 haben" (Nolte Mskr.). Freilich werden viele Eltern über die Einladungen zu den Treffs nicht informiert, weil etliche Lehrer aus alten prinzipiellen Vorurteilen das Projekt boykottieren!

2.5 Die Testfrage

Die üblichen IQ-Tests sind schon deshalb zumindest ergänzungsbedürftig, weil ihre Items keineswegs in allen Teilbereichen übereinstimmen und daher ihre Ergebnisse deutlich verschieden ausfallen können. Zudem erzeugen Einzeltests und Gruppentests durchaus verschiedene subjektive Testsituationen; letztere gelten als nachteilig für Hochbegabte. Die ermittelten IQ-Werte können sich daher deutlich unterscheiden. Zudem werden bei den Höherbegabten die Normierungen wegen der kleinen Stichproben zunehmend unsicher und der IQ-Wert wird zur mehr oder weniger offenen Extrapolation (Perleth, FBM7/AG1, dort auch eine Auflistung weiterer Schwächen). Psychologen bezeichnen es selbst als „Kunstfehler", eine Diagnose allein auf den IQ zu stützen, ohne z. B. Gespräch und Verhaltensbeobachtung einzubeziehen.

Dass die Tests mit verschiedenen ihrer Items jedenfalls mathematisch Hochbegabte geradezu benachteiligen, hat Kießwetter (2002) an verschiedenen Aufgabenbeispielen eingehend diskutiert. Etliche Aufgaben unterstellen z. B. die Eindeutigkeit der Entscheidung für eine bestimmte Lösung bzw. Antwort, wohingegen die mathematisch kreativen Ausgriffe der Hochbegabten weitaus aufschlussreichere und sachlich ungleich tiefer gehende Interpretationen repräsentieren (können). Diese aber werden verkannt bzw. als falsch bewertet, weil sie nicht der Erwartung der Testkonstrukteure entsprechen. Die sog. „gleichwertigen Nebenlösungen" (Eysenck) gelten bei den Testkonstrukteuren als „äußerst selten" – kein Wunder, wenn nur etwa 2 % einer Stichprobe hochbegabt sind.

2.6 Das Curriculum-Problem

Man sollte nie vergessen, dass der Blick auf des Kaisers neue Kleider der Blick eines Kindes war.

Die Andersartigkeit der Hochbegabten zeigt sich schon im Konflikt mit den gängigen Vorstellungen von innerer Differenzierung in einer Regelklasse. Mehr vorgegebene Aufgaben und mit höherem Schwierigkeitsgrad bieten keine angemessene Herausforderung. Dem Streben nach Verfolgung der eigenen Interessen und nach Selbststeuerung der Tätigkeit wären Problemkomplexe angemessener, die „offen" sind, d. h. die nicht mit einer einfachen Antwort als erledigt gelten, sondern ein weitgehend selbstständig entwickelbares tieferes Eindringen in einen Sachverhalt, Variationen und ein gewisses Theoretisieren ermöglichen. Die nachträgliche Diskussion und Klärung der Einfälle, der Sackgassen, der Strategien und vor allem der Selbstreflexion dabei stellt an die Lehrer sehr hohe Anforderungen. Im übrigen ermöglicht die unterschiedliche Bearbeitungsqualität derartiger offener Aufgaben eine ständige Ergänzung der individuellen Diagnosen, und das bei einem Einsatz nicht nur in den Förderangeboten.

In Sachen Curriculum ist der Report des Forum Bildung am wenigsten ergiebig. Beispiele sucht man vergebens. Andererseits besteht ein großer Bedarf an geeigneten Sachthemen, Anregungen und Projektaufgaben. Der offenbare Mangel hat einen einfachen Grund in der *einseitigen Forschungsförderung:*

Im Report des Forum Bildung findet man drei der Diskussion sehr bedürftige „Forderungen an die Didaktik: a) die Wechselwirkungen von Schülerkognitionen, Stoff und Lehrerkognitionen genauer zu untersuchen, b) zu klären, welches Stoffangebot verbessert Schülerkognitionen (Wissen, Metakognitionen)? und c) herauszufinden, welche Lehrerkognitionen verbessern Schülerkognitionen?" (Zech in FBM7/AG4).

In etwas anderen Formulierungen haben wir am IDM/Bielefeld solche Fragestellungen in regulären Klassen mehr als 20 Jahre lang empirisch untersucht (vgl. Bauersfeld 1978, 2001), zumeist *ohne* Drittmittelförderung. Denn die Fachberater der DFG haben nur quantitativ-statistisch angelegte Projekte als „wissenschaftlich" akzeptiert und die hier erforderlichen qualitativ-interpretatorisch orientierten Forschungsanträge in der Regel schlicht verworfen – und das geschieht bis heute hin.[9]

Unter diesen Umständen wird man verstehen, dass die wenigen bescheidenen Projekte ihre für Diagnosen und Förderung entwickelten Materialien nicht gleich veröffentlichen wollen, weil sie für die Weiterarbeit gebraucht werden. Andernfalls könnten sie von cleveren Schulbuchschreibern sofort ausgewertet und mit unzureichenden Anleitungen vernutzt werden.

2.7 Das Lehrer-Problem

„Veränderungen müssen, um gelingen zu können,
von der Institution ausgehen, die deren Durchsetzung will.
Gegen die Mitglieder von Institutionen sind Reformen machtlos."
Wolfgang Edelstein (2000, S. 380)

Folgt man den Empfehlungen erfahrener Förderungspraktiker, so sind Absolventen aus früheren Förderkursen die geeignetsten Lehrer für Hochbegabte (so z. B. W. Durden, John-Hopkins-University, in seinen summer courses, auch Kießwetter und Nolte in Hamburg). Hervorgehoben werden insbesondere folgende Merkmale geeigneter Lehrerinnen und Lehrer: Sie müssen

- „anerkennen, dass Hochbegabte anders lernen" (Heink, in FBM7/AG4)
- „den ganz spezifischen Humor dieser Kinder verstehen" (Heink)
- „sich eingestehen können, dass Schüler ggf. im eigenen Fachbereich über größere Spezialkenntnisse [und Fähigkeiten] verfügen als sie selbst" (Heink)
- bereit sein, neben dem Unterricht als Mentoren für einige Hochbegabte zu wirken (Ziegler, in FBM7/AG4), ähnlich dem englischen Mentorensystem in den University Colleges
- bereit sein, mit kompetenten Eltern in Enrichment-Kursen zu kooperieren (Ziegler)

[9] Stattdessen wurden Millionenprojekte mit Tests und Fragebogen gefördert, deren Erkenntnisse für die Unterrichtsgestaltung so konstruktiv sind wie z. B. die Befunde, dass
* die Mathematikleistung nicht mit der Klassen- bzw. Kursgröße zusammenhängt und
* der Unterrichtsausfall praktisch keine Rolle für die Leistung spielt.
So zwei Ergebnisse aus dem MARKUS-Projekt in Rheinland-Pfalz, das über 37 000 Schüler in über 1800 Klassen aller Schultypen und ihre Lehrer erfasste (Erster Ergebnisbericht 2001, S. 14).
Allerdings bestätigt diese Studie damit indirekt auch, dass man insbesondere von den Hochbegabten wird erwarten dürfen, dass sie ohne Einbußen einen halben Tag regulären Unterrichts pro Woche zugunsten der Förderangebote versäumen.

- bereit sein, Schüler „nicht als passive Reprodukteure curricular vorgegebener Bildungsinhalte" zu behandeln, sondern sie „als Manager ihres eigenen Lernprozesses zu verstehen" und darin zu unterstützen (Ziegler)
- Gruppenarbeit sowie Projektarbeiten und Peer-Tutoring planen und anleiten können (Ziegler)
- ihr Interesse am eigenen Unterrichtsfach überzeugend verdeutlichen und vorleben (Ziegler) sowie ihre Selbstkontrolle und Selbstreflexion dabei transparent machen können
- sehr flexibel und Neuem gegenüber aufgeschlossen sein, aber zugleich
- als konsequente Erzieher und Forderer auftreten können (Heink), mit einem differenzierten Verständnis für die Förderung der Persönlichkeitsdimensionen (s. 1.2).

Die in den USA berühmt gewordene Dissertation der Chinesin Liping Ma (1999) hat den amerikanischen Grundschullehrerinnen (im Vergleich zu chinesischen) sehr ungenügende Kenntnisse in Elementarmathematik sowie in der Kunst des Erklärens und Problemlösens nachgewiesen. Die in NRW angestrebte „konsekutive" Lehrerbildung wird diese Probleme bei unserem Lehrernachwuchs sehr unangenehm vertiefen, denn die angeblich zweckneutrale mathematische Ausbildung und ihre Ablösung vom späteren didaktischen Anwendungszweck verfehlt die von Ma beschriebenen Schwächen der Lehrerausbildung vollständig. Zweckfrei erworbenes mathematisches Wissen[10] bildet keine geeignete Basis dafür, um z. B. in der ungeschickten sprachlichen Darstellung eines hochbegabten Kindes das Ungewöhnliche seiner mathematischen Ideen zu entdecken und geeignet zu fördern. Man erwirbt als Lehrer seine Mathematik am effektivsten unter einem prinzipiell didaktischen Fokus, unter dem die Verstehensprobleme – an die eigenene Erfahrung gebunden – in extenso mitdiskutiert werden. Freilich, eine systematische Integration der didaktischen Hochbegabtenförderung in das universitäre Lehrerstudium würde eine Reorganisation von viel weitergehender Art verlangen, die als Wunsch, wie Ernst Hany gesagt hat, „allenfalls von einem Weihnachtsmann, jedoch kaum von einer Kultusbehörde vollständig erfüllt werden kann" (Hany 1998).

[10] Gibt es soziologisch gesehen nicht. Das Verwertungsinteresse der angeblich „zweckfreien" Studien wird sich an den zugeordneten Abschlussexamina orientieren.

3. Möglichkeiten und Bedürfnisse einer begründeten Förderpraxis

„Hochbegabte Kinder aus Minderheitengruppen werden durch eine unzureichende schulische Förderung am stärksten benachteiligt."
(Winner 1998, S. 223)

3.1 Die Organisationsfragen

Unter der gegenwärtig verbreiteten Begeisterung für die Förderung von Hochbegabten in eigenen neuen Institutionen wird durchgehend das Paradoxon übersehen, dass ausgerechnet die ihrerseits dringlich reformbedürftige Regelschule sich aufgefordert sieht, die qualifizierte Auslese für die neuen schulischen Paradiese der Hochbegabten zu leisten! Mittelfristig wird man daher gleichermaßen in den Grundschulen *allgemein* die Förderung einer flexibleren Differenzierung (z. B. jahrgangsübergreifende Projekte, interessenorientierte Arbeitsgemeinschaften usw. (vgl. Hany 1998)) sowie die fachliche und pädagogisch-psychologische Qualifizierung der Lehrenden betreiben müssen.

Oberstes Ziel der Förderungsbemühungen um die Hochbegabten in der Grundschule sollte das *Ermöglichen der Begegnung mit ähnlich Denkenden und Fühlenden und die gemeinsame Arbeitserfahrung in sinnvollen Problemkomplexen* sein. Deshalb können wir hier die Möglichkeiten der Früheinschulung ausklammern, für die ein Kind schon vor Schuleintritt auffällig geworden sein muss, und des Überspringens von Klassen, wobei lediglich dasselbe nur früher, aber weder tiefer noch den Fähigkeiten angemessener gelernt wird.

Für die Organisation der gemeinsamen Tätigkeitserfahrungen bestehen unterschiedliche Vorstellungen. Zunächst einmal widersprechen die Unsicherheiten hinsichtlich Diagnose, Lehrerauswahl und Zielvorstellungen nachdrücklich der Entscheidung für eine einheitliche und fixierte Organisationsform. In dem frühen Alter findet daher auch die soziale Ausgrenzung in stabile Spezialinstitutionen kaum Befürworter. England z. B. kennt keine Spezialeinrichtungen für hochbegabte Schüler, nicht einmal für die Sekundarstufe (Fielker 1997, S.7).

Sinnvoll funktionieren offenbar entsprechend ausgestattete Schulen, in denen eine zeitweise Ausgliederung – parallel zum regulären Unterricht – zur Mitarbeit in verschiedenen freiwilligen Förderangeboten möglich ist, sowie die jederzeitige Rückkehr in die Stammgruppe. Anfangen kann man mit gemischten Gruppen (2.–4. Schuljahr) aus interessierten und *vermutlich* besonders befähigten Kindern (Lehrerempfehlung). Urteile aus formalem Testen sollten eher zurückstehen zugunsten eine längerfristigen Einschätzung der Mitarbeit in der Fördergruppe. Die sanktionsfreie Wahl – Rückkehr oder Mitarbeit – sollte den Kindern jederzeit offenstehen.

Es finden sich genügend Hinweise zu Arbeits- und Projektgruppen, Peertutorien, „Enrichment"-Angeboten (z. B. Kooperation zwischen Schulen und Universitäten) usw. im Forum Bildung Report (Holling, Vock & Preckel in FBM7; Gardyan in FBM7/AG2; Schober FBM7/AG4; Ziegler FBM7/AG4). Daneben sollte ergänzend die Bildung lokaler Aufgabenzirkel und -treffs, die Ausrichtung von Schülerwettbewerben sowie die Formierung freier außerschulischer Interessen- bzw. Arbeitsgruppen, z. B. über Computer im Internet oder per E-Mail, usw. angeregt und gefördert werden.

Als eine wichtige Forderung sollte die – jedenfalls anfängliche – Trennung der Förderangebote für Mädchen und Jungen angesehen werden. Mädchen stellen relativ mehr „underachiever", treten in Konkurrenz mit Jungen eher zurück und sollten im Blick auf „Unabhängigkeit und Nonkonformität" besonders gefördert werden (Schober in FBM7/AG4). Die Untersuchung der Realschulabschlussprüfungen in Baden-Württemberg (Lörcher & Maier 2001) hat dies in größerer Breite für den Mathematikunterricht bestätigt.

Erforderlich ist auf längere Sicht, dass jede Grundschule über einige Lehrerinnen/Lehrer mit Spezialausbildung verfügt, damit längere Schulwege vermieden werden und die Zugehörigkeit zu einer regulären Stammklasse problemlos erhalten bleiben kann. Zunächst sollten bekannt gute Grundschulen so ausgestattet werden (Lehrkräfte, Räume, Material), dass sie jeweils für weitere naheliegende Grundschulen als Zentren für verschiedene Förderungsangebote dienen können.

3.2 Eignung und Vorbereitung der Lehrerinnen

Trotz der dort seit langem entwickelten Bemühungen um Hochbegabungen werden in den USA, wie erwähnt, mehr als die Hälfte der später in Einzeltests als hochbegabt ausgewiesenen Kinder von ihren Lehrern nicht erkannt und das, obwohl dort bis 1979 bereits 30 Universitäten spezielle Programme für die Hochbegabtenerziehung angeboten haben.[11] Bei uns gibt es über Dekaden hinweg keine entsprechend ausgebildeten Grundschullehrerinnen – ein allzu lange währendes Versäumnis, das übrigens mehrheitlich auch für die Psychologenausbildung gilt. In Ermangelung eines Reservoirs an Ausgebildeten muss man daher interessierte und möglicherweise geeignete Lehrerinnen erst finden und *längerfristig* ihre Ausbildung und Fortbildung in der Praxis bzw. praxisbegleitend unterstützen, tunlichst verbunden mit einer Beteiligung in der Materialentwicklung und -erprobung.

[11] In den alten Ostblockstaaten gab es etliche Spezialschulen, bevorzugt zur Förderung in Mathematik und Naturwissenschaften, die unmittelbar mit Universitäten zusammenarbeiteten und deren Lehrer von dort kamen (vgl. den NCTM-Bericht von Vogeli 1968)

Nicht minder wichtig ist die Forderung nach der Benennung und Verfügbarkeit von kompetenten Lehrerinnen und Lehrern als Mentoren, die jeweils für wenige der hochbegabten Jungen bzw. Mädchen jederzeit als Ansprechpartner Rat und Unterstützung geben können. Freilich sollten diese Spezialkräfte imstande sein, auch mit den spezifischen Persönlichkeitsproblemen hochgabter Kinder umzugehen. Das verlangt u. a. die Unterstützung gegen eine oft auch ungünstige Umwelt, die Förderung der Beharrlichkeit und Zähigkeit im Verfolgen des als wichtig Angesehenen und Bearbeiteten, wie auch den Abbau von Verweigerungen gegen Einreden und Hilfen sowie der Vernachlässigung anderer, ungeliebter Möglichkeiten und Pflichten. Diese Ansprüche an die Lehrerqualitäten gelten mit besonderem Gewicht für die fachbezogene Förderung, weil Persönlichkeiten sich nur über die Auseinandersetzung mit Sachen und Personen entwickeln. Das heißt eine Trennung von Fachunterricht und psychologischer Beratung ist als wenig effektiv anzusehen.

Auch weil Gruppentests bei Hochbegabten als problematisch gelten und Einzel-Intelligenztests erst eingesetzt werden können, wenn ein Kind bereits auffällig geworden ist, muss eine längerfristige und praxisbezogene Fortbildung eingerichtet werden, die interessierten Lehrerinnen charakteristische Merkmale des Denkens und Verhaltens Hochbegabter sowie informelle Wege des Erkennens in alltäglichen Situationen vermittelt und ihnen Materialhilfen dazu an die Hand gibt. Unabdingbar ist dabei die effektive Verbindung der Förderung von fachlicher Hochleistung *und* Persönlichkeitsentwicklung der Hochbegabten, was weder psychologische Hilfen noch übliche fachdidaktische Unterweisungen allein leisten können. Vorgängig eingerichtete Interessengruppen für hochleistende Kinder können darüber hinaus das Erkennen Hochbegabter erleichtern und den Testaufwand reduzieren. Dazu ist auch eine entsprechende Öffentlichkeitsarbeit zum Abbau bestehender Vorurteile erforderlich.

Literatur

Arbeitsstab Forum Bildung (2001): Materialien des Forum Bildung Band 7 – Fachtagung Finden und Fördern von Begabungen. Bonn: Bund-Länder-Kommission für Bildungsplanung und Forschungsförderung (im Text kurz als FBM7 zitiert).

Bauersfeld, H. (2001): Theorien zum Denken von Hochbegabten – Bemerkungen zu einigen neueren Ansätzen und Einsichten. In: mathematica didactica 24, Heft 2.

Bauersfeld, H. & O'Brien, T. (2002): Mathe mit geschlossenen Augen. Mühlheim an der Ruhr: Verlag an der Ruhr (kommentierte Aufgabensammlung).

Bauersfeld, H. (2001): Zum Zusammenhang von empirischer Unterrichtsforschung und Lehrerausbildung. In: C. Kammler & A. Knapp: Empirische Forschung im Deutschunterricht. Baltmansweiler: Schneider Verlag Hohengehren.

Bauersfeld, H. (1978): Kommunikationsmuster im Mathematikunterricht – Eine Analyse am Beispiel der Handlungsverengung durch Antworterwartung. In: H. Bauersfeld: Fallstudien und Analysen zum Mathematikunterricht. Hannover: H. Schroedel Verlag, S. 158–170.

Casey, M. B., Nuttall, R. L. and Pezaris, E. (2001): Spatial-mechanical reasoning skills versus mathematical self-confidence as mediators of gender differences on mathematics subtests using cross-national gender-based items. In: Journal for Research in Mathematics Education, 32, no. 1, S. 28–57.

Colangelo, N. & Davis, G. A. (ed.) (1997): Handbook of Gifted Education. London: Allyn & Bacon, 2. ed.

Edelstein, W. (2000): Lernwelt und Lebenswelt – Überlegungen zur Schulreform. In: Neue Sammlung, 40, Heft 3, S. 369–382.

Ey-Ehlers, C. (2001): Hochbegabte Kinder in der Grundschule – eine Herausforderung für die pädagogische Arbeit unter besonderer Berücksichtigung von Identifikation und Förderung. Stuttgart: ibidem-Verlag.

Fielker, D. (1997): Extending Mathematical Ability Through whole Class Teaching. London: Hodder & Stoughton (Aufgabensammlung).

Fox, L. H. (1981): Identification of the academically gifted. In: American Psychologist, 36, No.10, 1103–1111.

Gardner, H. (1994): Abschied vom IQ. Die Rahmentheorie der vielfachen Intelligenz. Stuttgart: Klett-Cotta.

Hany, E. A. (2001): Muß man unterschiedlich hochbegabte Kinder unterschiedlich fördern? Mskr., München: Max-Planck-Institut für Psychologische Forschung.

Hany, E. A. (1998): Gifted Children in the Classroom: Which Diagnostic Skills do Teachers need? Oxford/UK: European Council for High Ability.

Hany, E. A. (1998): Begabtenförderung in der Grundschule: Theoretische Konzepte – praktische Maßnahmen. Vortrag in Stuttgart (Hearing). München: MPI für Psycholog. Forschung.

Hany, E. A. & Nickel, H. (ed.) (1992): Begabung und Hochbegabung. Theoretische Konzepte, empirische Befunde und praktische Konsequenzen. Bern: Huber.

Hollenbach, M. (2001): Die unbeachteten Genies – Das Schicksal hochbegabter Kinder. Fischer Taschenbuch 50460. Frankfurt/Main: Fischer.

Holling, H.; Vock, M. & Preckel, F. (2001): Schulische Begabtenförderung in den Ländern der Bundesrepublik Deutschland. In: FBM7 (Hauptvortrag).

Howe, M. J. A. (1999): Genius explained. Cambridge/UK: Cambridge University Press.

Howe, M. J. A., Davidson, J. W. and Sloboda, J. A. (1998): Innate talents: Reality or myth? In: Behavioral and Brain Sciences, 21, 399–442.

Howe, M. J. A. (1999): Genius explained. Cambridge/UK: Cambridge University Press.

Jacobs, J. (1971): Effectiveness of teacher and parent idenfication of gifted children as a function of school level. In: Psychology in the Schools, 8, 140–142.

Jacobson, R. (1980): Einstein und die Wissenschaft der Sprache. In: Holenstein, E. (1980): Von der Hintergehbarkeit der Sprache. stw 316. Frankfurt/Main: Suhrkamp, S. 159–170.

Käpnick, F. (1998): Mathematisch begabte Kinder. Frankfurt/Main: Peter Lang.

Käpnick, F. (2001): Mathe für kleine Asse – Empfehlungen zur Förderung mathematisch interessierter und begabter Kinder im 3. und 4. Schuljahr. Berlin: Volk und Wissen (kommentierte Aufgabensammlung).

Kießwetter, K. & Nolte, M. (1996): Können und sollen mathematisch besonders befähigte Schüler schon in der Grundschule identifiziert und gefördert werden? Ein Bericht über einschlägige Überlegungen und erste Erfahrungen. In: Zentralblatt für Didaktik der Mathematik, 5, S. 143–157.

Kießwetter, K. (2002): Unzulänglich vermessen und vermessen unzulänglich: PISA & Co. In: DMV-Mitteilungen Nr. 4, S. 49–58.

Krutezkij, V. A. (1976): The Psychology of Mathematical Abilities in School-Children. Chicago: University of Chicago Press.

La Paro, K. M. & Pianta, R. C. (2000): Predicting children's competence in the early school years: A meta-analytic review. In: Reviews of Educational Research, 70, No. 4 Winter, S. 443–484.

Lörcher, G. A. & Maier, P. (2001/2): Erfolg und Misserfolg im Mathematikunterricht – Ein Vergleich von Lehrerinnen mit Lehrern. Freiburg: Pädagogische Hochschule (Volltext über: www.freidok.uni-freiburg.de/volltexte/120/).

Ma, L. (1999): Knowing and Teaching Elementary Mathematics – Teachers Understanding of Fundamental Mathematics in China and the United States. Mahwah, NJ: Lawrence Erlbaum.

Perleth, Ch. (2001): Möglichkeiten und Grenzen der Begabungsdiagnose bei Vor- und Grundschulkindern. In: FBM7/AG1.
Roth, G. (2001): Fühlen, Denken, Handeln – Wie das Gehirn unser Verhalten steuert. Frankfurt/Main: Suhrkamp.
Rost, D. H. (ed.) (2000): Hochbegabte und hochleistende Jugendliche – Neue Ergebnisse aus dem Marburger Hochbegabtenprojekt. Münster: Waxmann.
Rost, D. H. & Freund-Braier, I. (2001): Familienprobleme bei hochbegabten Underachievern? Abstracts der 8. Fachtagung Pädagogische Psychologie 17.–19. 9. 2001 in Landau (internet: http://paeps2001.uni-landau.de).
Schober, B. (2001): Warum begabte Mädchen in manchen Fächern als Underachieverinnen gelten und was Lehrkräfte dagegen tun können. In. FBM 7/AG4.
Singer, W. (1999): „In der Bildung gilt: Je früher, desto besser". In: Psychologie Heute, Dezember, S. 60–65.
Sternberg, R. J. & Berg, C. A. (ed.) (1992): Intellectual Development. Cambridge/UK: Cambridge University Press.
Vogeli, B. R. (1968): Soviet Secondary Schools for the Mathematically Talented. Washington/DC: NCTM – National Council of Teachers of Mathematics.
Webb, J. T., Meckstroth, E. A. and Tolan, S. S. (1998): Hochbegabte Kinder, ihre Eltern, ihre Lehrer. Bern: Hans Huber, 2. Aufl., überarbeitet und ergänzt von Zimet, Nadine D. und Preckel, Franzis.
Weinert, F. E. (ed.) (2001): Leistungsmessung in Schulen. Weinheim: Beltz Pädagogik.
Weinert, F. E. (2000): Begabung und Lernen. In: Neue Sammlung, 40, Heft 3, 353–368.
Weinert, F. E. (1998): Psychologische Theoriebildung auf dem pädagogischen Prüfstand. In: Zeitschrift für Pädagogische Psychologie, 12, Nr. 4, 205–209.
Weis, H. (1965): Spiel mit Worten. Deutsche Sprachspielereien. Bonn: Dümmler 4. Aufl.
Wieczerkowski, W. (1998): Vier hochbegabte Grundschüler in beratungspsychologischer Perspektive. In: Psychologie in Erziehung und Unterricht, 45, 143–159.
Winner, E. (1998): Hochbegabt. Mythen und Realitäten von außergewöhnlichen Kindern. Stuttgart: Klett
Ziegler, A. (2001): (Hoch)Begabtenförderung in der Schule unter besonderer Berücksichtigung der Motivation. In: FBM7/AG4.

Anhang – unterrichtspraktische Vorschläge

Ein sehr komplettes und erprobtes Angebot an Aufgaben zur Förderung (mit Lösungen) samt einem speziellen Aufgabensatz zur Diagnose („Indikatoraufgaben") findet man bei Käpnick (2001) für die Klassen 3 und 4; Ergänzungen unter Erweiterung auf die beanspruchten Sinne und für alle Kinder geeignet bei Bauersfeld (2002). Eine sehr anregende Sammlung von Geometrieaufgaben, geeignet zur inneren Differenzierung mit der ganzen Klasse, gibt es leider nur in Englisch (Fielker 1997).

Nachstehend soll an zehn Aufgaben die Andersartigkeit der Lösungsprozesse von besonders befähigten Kindern demonstriert werden. Zugleich werden damit die Ansprüche deutlicher, denen sich die Tutoren von Förderstunden ausgesetzt sehen. Alle Aufgaben eignen sich für den Einsatz in Fördergruppen für an Mathematik besonders interessierte oder für Mathematik besonders befähigte Grundschüler. Die Unterschiede in der Bearbeitung können dann als diagnostische Hinweise interpretiert werden. Eine kleine Liste allgemeiner Voraussetzungen beschließt diesen Anhang.

(1) Zum 1. Advent brennt man 1 Kerze, zum zweiten 2 usw. Lässt man die Kerzen jedesmal nur halb abbrennen, so reicht eine Kerze für zwei Adventstage. Wie viele Kerzen werden gebraucht und wie muss das Kerzenbrennen geplant werden?

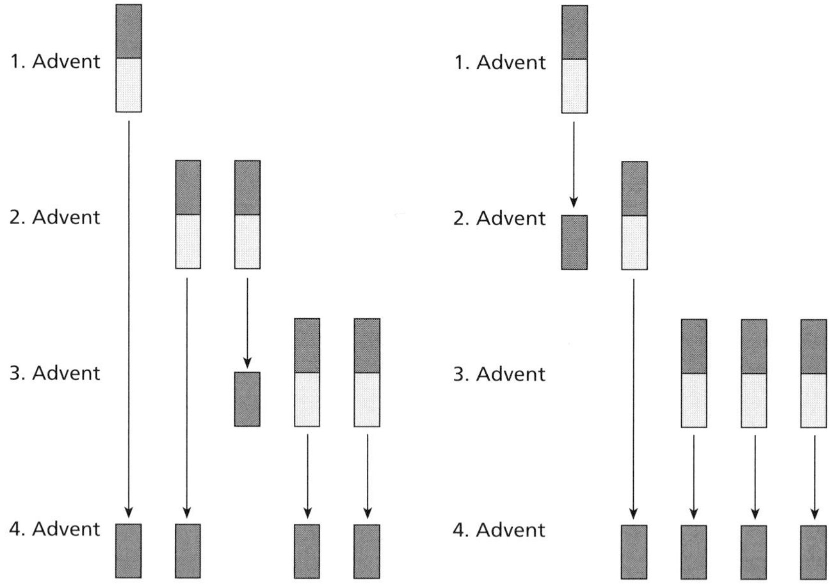

Abb. 1

Eine Lösung wird einfach beim Rückwärtsarbeiten, d. h. wenn man vom Ende her denkt: Zum 4. Advent müssen 4 halbe Kerzen da sein. Also genügt es nicht, am 3. Advent mit drei frischen Kerzen zu beginnen. Mindestens eine weitere halbe Kerze muss vom 1. oder 2. Advent übrig bleiben. Es gibt daher genau zwei mögliche Lösungen (s. Abb. 1).

Der Nutzen von Zeichnungen und Diagrammen ist hier sinnfällig. Sie können sich mit den Versuchen entwickeln, d. h. beim Lösen allmählich geschickter und übersichtlicher gestaltet werden. Sie ermöglichen damit das Experimentieren mit den eigenen Vorstellungen und Gedanken und stützen so die Entwicklung der Selbstreflexion. Bloßes Probieren dauert länger und führt nicht immer zum Ziel.

(2) Wenn ein Vogel auf jedem Stängel sitzt, dann ist für einen Vogel kein Platz. Wenn zwei Vögel auf jedem Stängel sitzen, dann bleibt ein Stängel übrig. Wie viele Vögel und wie viele Stängel sind da?

Die Aufgabe ist ein Klassiker aus Krutezkij (1976, S. 251), der bereits vor 40 Jahren mathematisch Hochbegabte in der damaligen Sowjetunion untersucht und ihre Lösungsprozesse mit denen von normalen und schwachen Schülern verglichen hat.

Die neunjährige Sonja löste die Aufgabe so (die Punkte markieren kleine Pausen):

„Hier ist eine verschiedene Verteilung. Alles in allem sind da zwei unbekannte Zahlen … Wenn man die erste durch die zweite teilt, gibt es einen Rest, und wenn man die andere zum Divisor … nein, nein, nicht so … Wenn die erste Zahl durch die zweite geteilt wird, kriegen wir entweder irgendeine Zahl mit einem Rest oder eine um 1 größere Zahl mit einem Defizit. Wie löst man solche Probleme? … Ah, ich habs … Das bedeutet, dass der Rest plus dem Defizit gleich ist der zweiten Zahl!" – (Beobachter fordert eine Erklärung) – „Na, das ist so: Nach der zweiten Division hatten wir 1 mehr, und das ist so, weil der Rest plus das Defizit genau die zweite Zahl ausmacht. Jetzt weiß ich, wie man solche Probleme löst!" – (Beobachter sagt: „Halt, Du hast diese Aufgabe noch nicht gelöst! Wie viel Pfosten und wieviel Vögelchen?") – „Oh, ich vergaß … erst bleibt 1 Vogel übrig, dann fehlen 2 Vögel. Also 3 Stängel und 4 Vögel."

Vor dem Weiterlesen sollte versucht werden, die Äußerungen zu verstehen und mögliche Reaktionen darauf zu überlegen!

Zunächst ist bemerkenswert, dass Sonja nur auf die Beziehungen, die Struktur achtet und diese zudem mit allgemeinen Begriffen beschreibt. „Vögel" oder „Stängel" kommen dabei überhaupt nicht vor. Sie sieht eine Aufgabenklasse vor sich („solche Probleme") und löst diese allgemein, so dass die Lösung der konkreten Aufgabe nachträglich vom Beobachter eingefordert werden muss. Es kommt nur auf die Beziehungen in allgemeinen Formulierungen an. Auch Gedanken an ein Probieren oder schrittweises konkretes Entwickeln tauchen erst gar nicht auf.

Offenbar sieht Sonja zwei verschiedene Verteilungen von Vögeln auf Stängel. Sie lässt sich also nicht von den Mitteilungen „bleibt 1 Vogel übrig … bleibt 1 Stängel übrig" verwirren. Verteilt man die Vögel einzeln auf die Stängel, so bleibt 1 Vogel übrig; verteilt man immer 2 auf einen Stängel, so fehlen 2 Vögel. Also muss Rest plus Defizit (1 + 2 = 3) gleich der Anzahl der Stängel sein.

Selbstverständlich kann die Aufgabe auch probierend gelöst werden (s. Abb. 2).
Man setzt den übrigen Vogel zum letzten auf den Stängel und die beiden vorletzten Vögel auf den vorletzten Stängel. Dann kann man unmittelbar sehen, es können nur 3 Stängel und 4 Vögel sein. Diese Methode des Probierens oder Bastelns ist jedoch nicht verallgemeinerungsfähig und entspricht auch kaum dem Denken Hochbegabter.

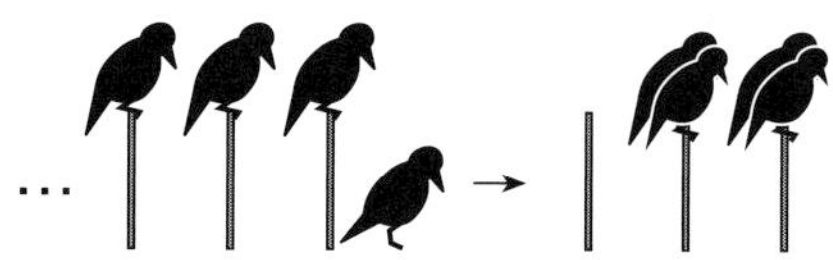

Abb. 2

Selbstverständlich sind auch algebraische Lösungen möglich: Die erste Sitzordnung zeigt, die Anzahl der Vögel v ist um 1 größer als die Anzahl der Stängel $s = v - 1$, also folgt für die zweite Anordnung $v/2 = s - 1 = v - 2$.

Eine Variante dazu: Opa verteilt Überraschungseier an seine Enkel. Wenn er jedem Enkel 3 gibt, geht ein Enkel leer aus, d.h. es fehlen 3 Eier. Gibt er jedem nur 2, bleiben 2 Eier übrig. Wieviel Enkel sind es?

Nach Sonja müssen es 3 Enkel sein und 12 Eier. Oder algebraisch: Sei x die Anzahl der Enkel, dann ist $E = 3(x - 1) = 2x + 2$ die Anzahl der Eier.

(3) Wie viele Zahlen zwischen 100 und 999 gibt es, in denen weder 7 noch 9 vorkommen?

Nicht wenige Kinder werden die Aufgabe durch Aufschreiben der Zahlen und Ausstreichen zu lösen versuchen, zumindest teilweise. Auch fangen sie oft mit den Einerziffern an. Geschicktere Kinder ziehen von den 900 Zahlen sogleich 200 ab für den vollen Sieben- und Neunhunderter. Von den verbleibenden 700 Zahlen gehen in jedem Hunderter die vollen Siebziger und Neunziger ab, also weitere 140. Von den verbleibenden 560 sind in jedem Zehner die Zahlen mit den Einerziffern 7 und 9 zu streichen, also je 2 von 10, das sind 112. Mithin bleiben 448 Zahlen.

Eine einfachere Variante kann zur Einführung dienen, z. B.: „Wie oft kommt die Ziffer 1 in den Zahlen von 1 bis 100 vor?" An einer vorgestellten Hundertertafel können manche das Ergebnis unmittelbar ‚sehen'.

(4) Eine Tochter ist 8 Jahre alt und ihre Mutter ist 38. In wie viel Jahren wird die Mutter dreimal älter als die Tochter sein?

Sonya sagt dazu (Krutezkij 1976, S. 251):
„Das heißt, die Mutter wird älter und die Tochter auch. Ihre Jahre ändern sich … Aber die Differenz zwischen ihnen ändert sich nicht; die Mutter wird immer um dieselbe Zahl älter sein … Warum, das ist klar: In der Mutter stecken mehrere Töchter, und in der Differenz sollte es 1 weniger sein … Ja, so ist es – dreimal? Dann sind in der Mutter 3 Töchter, und in der Differenz sind 2 Töchter. Die Differenz ist 30, und die Tochter ist 15. In 7 Jahren also."

Sonja sieht sofort die Altersdifferenz als das wichtigste Stück in den Beziehungen an (und nicht etwa die mitgeteilten Altersangaben, wie viele andere). Denn die Mehrfachjahre der Mutter müssen vor allem in der Differenz stecken; es kommt nur der immer gleichbleibende Anteil der Tochterjahre hinzu (daher sind es „in der Differenz … 1 weniger"). Damit übersieht man den Zusammenhang sehr einfach:

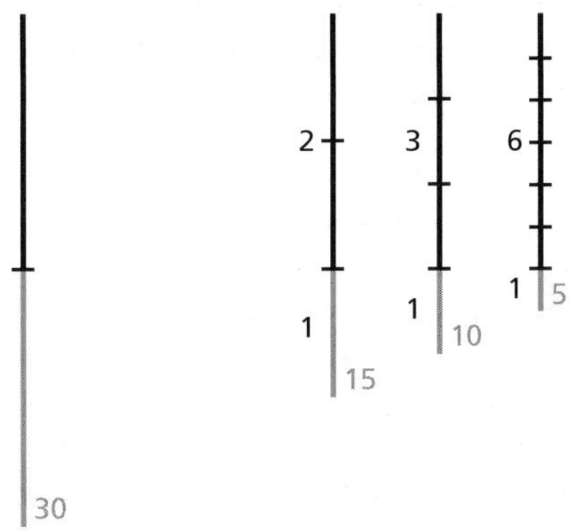

Abb. 3

Man kann auch probierend von Jahr zu Jahr weiterrechnen. Dabei lässt sich durch systematisches Probieren die Anzahl der Schritte erheblich abkürzen. Algebraisch mag man das Alter der Tochter x nennen, dann ist die Mutter x + 30 Jahre alt, und aus $x + 30 = 3x$ folgt die Lösung.

(5) In einem Parkhaus stehen dreimal so viele Motorräder wie Autos. Man kann aber nur die 120 Räder sehen. Wie viele Motorräder sind abgestellt?

Eine Variante der bekannten Polya-Aufgabe mit Kaninchen und Hühnern, von denen man die Zahl der Tiere und ihrer Beine kennt oder die Verteilung von Einbett- und Doppelbettzimmern auf ein Hotel. Hier helfen Superzeichen, die für einen Komplex von Gemeintem stehen – ein typisches Denkmittel der Hochbegabten; hier die Musterkonstruktion: Man stellt ein Auto und drei Motorräder zu einer „Einheit" zusammen, die hat 10 Räder. Also müssen 12 solcher „Einheiten" da stehen.

(6) Wie viele Quadrate gibt es in der Figur?

Gefragt sind Musterbildung (Umstrukturieren, Quadrate in Quadraten sehen) und systematische Suche. Manche sehen nur 5 Quadrate (die kleinen), andere sehen auch die 5 mittleren Quadrate. Leicht übersehen wird das große.

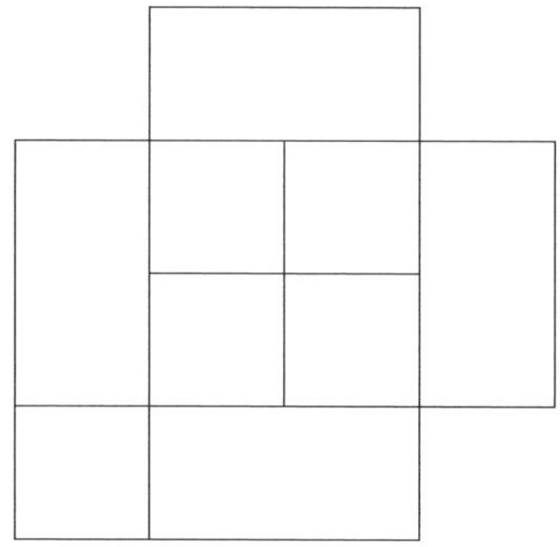

Abb. 4

(7a) Bei geschlossenen Augen ein Quadrat vorstellen mit seinen beiden Diagonalen. Wie viele Dreiecke gibt es in der Figur?

(7b) Zeichne ein möglichst gleichmäßiges Fünfeck und trage alle geraden Verbindungen von Ecke zu Ecke darin ein. Wie viele Dreiecke kann man in der Figur finden?

Gefordert werden Operieren am vorgestellten geometrischen Objekt, vollständiges Zeichnen nach Angabe und Mustererkennen.

(8) Im ersten Würfelnetz (Abwicklung) ist ein Schnitt eingetragen. Kannst du den in das Würfelbild und in die beiden anderen Würfelnetze eintragen?

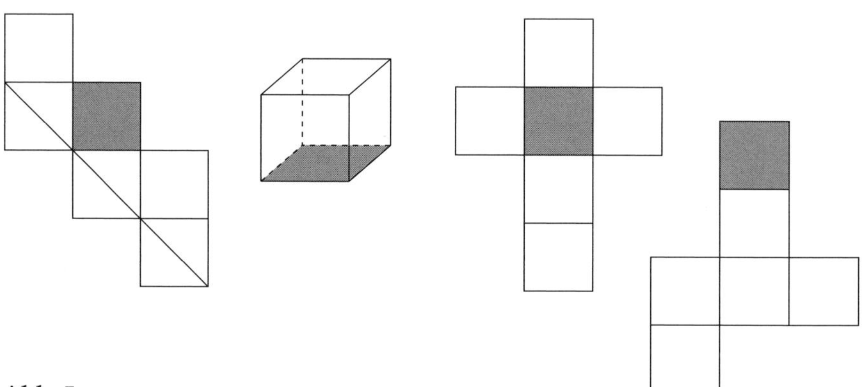

Abb. 5

(9) Drei Turmuhren zeigen 6 Uhr. Wie spät ist es?

Die häufige Antwort zu dieser Scherzaufgabe „18 Uhr" hat einen gewissen Sinn. Daran schließt die Erweiterung an: Gibt es weitere Uhrzeiten, die einen entsprechenden Doppelsinn haben? Es sollten alle möglichen

Fälle dieser hintersinnigen Art aufgesucht werden und ggf. auch eine Begründung dafür, dass man alle gefunden hat (13x1; 7x2; 5x3; 4x4; 3x6; 2x12).

Zwischenbemerkung:
Die vorstehenden Aufgaben eignen sich für gemischte Fördergruppen und als diagnostische Hilfen. Für mathematisch Hochbegabte bieten sie deshalb zu wenig, weil sie zu enge Vorgaben mit begrenzten Antworten verbinden und daher der selbst gesteuerten Vertiefung und Weiterentwicklung zu wenig Möglichkeiten bieten. Die letzte Aufgabe soll wenigstens in die Richtung der offenen Problemfelder weisen.

(10) Eine Zahlenpyramide:

- **a) Setze die Pyramide ein Stück weiter fort!**
- **b) Gibt es Regeln für die Zahlenfolgen, die schräg nach links unten laufen (oder schräg nach rechts unten)?**
- **c) Kann man ohne vollständiges Ausfüllen sagen, welche Zahl in der 12. Reihe auf dem 10. Platz steht (oder in der 20. Reihe auf dem 3. Platz)? Gibt es eine allgemeine Regel?**
- **d) Gibt es innerhalb der Pyramide Beziehungen zwischen Zahlen, die benachbart sind oder in einer bestimmten Anordnung zueinander stehen? Gilt das bei allen diesen Figuren? Lassen sich noch weitere Regelmäßigkeiten finden?**
- **e) Welche Eigenschaften finden sich bei der Pyramide, die nur aus den ungeraden Zahlen (oder den geraden) aufgebaut ist?**

a)

1
2 3
4 5 6
7 8 9 10
11 12 13 ...

d)

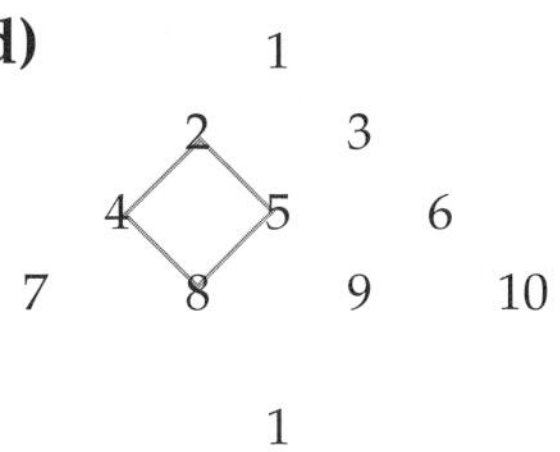

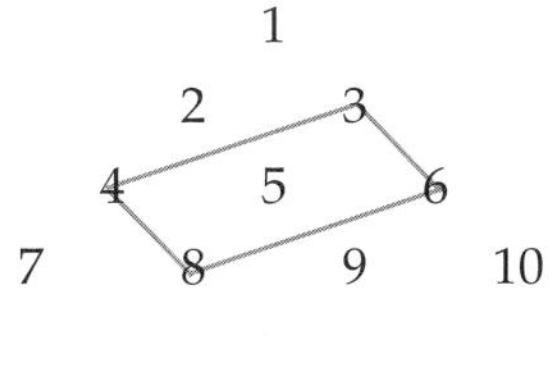

Die nachstehenden Beispiele sollten nicht gleich mitgeteilt werden:

Zahlenpaare an den gegenüberliegenden Ecken bestimmter Vierecke (Rauten), wie z.B. 4; 5 und 2; 8, unterscheiden sich in der Summe um 1.

Zahlenpaare an den gegenüberliegenden Ecken bestimmter Rechtecke haben dasselbe Produkt, wie z.B. 4 x 6 = 3 x 8.

Kleine Tipps zur Aufgabenbearbeitung für die Tutoren:

- Keine Lösung und keine Strategie direkt lehren wollen, sondern jeweils anschließend an die Bearbeitungsperiode Vergleiche der benutzten Wege und Einfälle durch die Kinder anleiten und Erweiterungen anregen.
- Genau zuhören und ggf. nachfragen (siehe die Aufgaben 2. und 4.!), also geduldig zu verstehen suchen und Verbesserungen sowie Kritik jeder Art – insbesondere an der sprachlichen Darstellung – zurückhalten.
- Versuchen Sie nicht nur zu ertragen, dass Kinder manchmal besser sein können als Sie selbst, sondern halten Sie auch nicht mit dem Lob dafür zurück. Auch hochbegabte Kinder brauchen Lob und Bestätigung.
- Zurückhaltung hingegen mit Denkanstößen (auch mit gut gemeinten). Sie könnten ablenkend oder verwirrend wirken. Die Kinder sollen selbstständig und kreativ arbeiten können und lernen, sich weitgehend selbst zu prüfen und zu korrigieren.
- Zur Anregung von ergänzenden Diskussionen können die Tutoren bereits gelöste Aufgaben (auch konstruierte) einbringen, insbesondere ungeschickt gelöste, wenn es um die Anregung von Strategiebildungen, ergänzende sprachliche Darstellungen oder um den Abbau einseitiger Denkgewohnheiten geht.
- Wichtig sind nicht zuletzt nachträgliche Vergleiche des Nutzens der benutzten Strategien und Hilfsmittel (zeichnerische Darstellungen und Graphiken, Beschreibungen usw.), die sonst leicht als Nebensachen angesehen werden.
- Das Loben sollte nicht vergessen werden, beim Hervorheben besonders geschickter Abkürzungen, Strategien und Ideen, aber auch von gelungenen graphischen Darstellungen und Hilfen. Als eingeschobene kleine Belohnungen eignen sich kurze Sprachspiele (Weis 1965).
- Bei aller möglichen Konzentration und Zähigkeit beim Verfolgen von Aufgaben sollte man nicht vergessen, dass Grundschulkinder häufiger Bewegung und Auflockerung brauchen. Hilfreich sind kleine, kurze Spiele, z. B. vor der gemeinsamen Besprechung oder auch nur ein kurzes Lied oder ein paar gesungene Akkorde – alsbald mit Anregung zur selbstständigen Variation.

PETRA SCHERER

Professionalisierung im Umgang mit Lernschwächen im Mathematikunterricht

Lernschwierigkeiten, insbesondere im Bereich der *Mathematik*, stellen in den verschiedensten Ausprägungen und aus vielfältigen Gründen ein zunehmendes Problem für alle Schulstufen dar. In diesem Zusammenhang spielen die Kompetenzen der Lehrerinnen und Lehrer eine bedeutende Rolle. Diese umfassen u. a. diagnostisches Wissen (Methoden & Inhalte), fachliches und fachdidaktisches Wissen, welches in Unterricht und Förderung umgesetzt werden muss, daneben aber auch pädagogisches und psychologisches Wissen. Diese Bereiche sind nicht getrennt voneinander zu sehen, sondern sollten möglichst integrativ mit wechselnden Schwerpunktsetzungen zur Anwendung kommen.

1 Lernschwierigkeiten, Lernschwächen, Lernbehinderungen

Im vorliegenden Beitrag geht es sowohl um Kinder, die Lernschwierigkeiten (bereichsspezifisch oder temporär), Lernschwächen oder auch Lernbehinderungen haben (etwa bei der Überprüfung des sonderpädagogischen Förderbedarfs festgestellt). Diese verschiedenen Ausprägungen sind i. d. R. durch fließende Übergänge gekennzeichnet, und es gestaltet sich mitunter sehr schwierig, ein Kind einer bestimmten Kategorie zuzuordnen. Dennoch unterscheidet sich der Umgang mit Lernschwierigkeiten einerseits und Lernschwächen oder Lernbehinderungen andererseits z. T. erheblich, bspw. bezogen auf das zugrunde liegende Verständnis von Lehren und Lernen: Ab einem bestimmten Grad der Lernschwierigkeit werden ansonsten selbstverständliche fachdidaktische Prinzipien und Standards zunehmend verlassen und nicht selten ufert diese Sonderstellung lernschwacher Kinder in pure Beliebigkeit aus: „Einfach gesagt, geht es darum, die entsprechenden Lernprobleme einzelner Schüler so individuell und kreativ wie möglich anzugehen und sich dabei aller verfügbaren Vergegenständlichungsmittel, Spiele, Übungsformen usw. zu bedienen. Hier ist Einfallsreichtum gefordert, um neue Zugänge zu alten Inhalten zu erschließen. In dieser konsequenten Suche und im Ausprobieren anderer Mittel und Wege (vor dem Hintergrund des Wissens um Lernvorgänge und -störungen) findet sonderpädagogische Methodik ihren Ausdruck" (Erath 1989, S. 34; vgl. auch Punkt 3).

Sicherlich verdient der Umgang mit Lernschwierigkeiten und Lernschwächen eine besondere Aufmerksamkeit. Allerdings sollte dabei verdeutlicht werden, dass es sich nicht um *besonderen* im Sinne eines völlig anderen Unterrichts handelt: Auch lernschwache Kinder lernen nicht prinzipiell anders als normalbegabte Kinder (vgl. hierzu bspw. Ahmed 1987; Moser/Opitz 2000; Scherer 1995).

Der vorliegende Beitrag plädiert für einen professionellen Umgang mit Lernschwächen aus fachdidaktischer Sicht. Dies bedeutet keineswegs, die anderen Disziplinen zu ignorieren; diese können und sollen an verschiedenen Stellen immer wieder mit einbezogen werden. Die Lehrerin sollte sich aber vorrangig auf ihre Profession als Expertin für das Lernen und Lehren von Mathematik stützen. Beleuchtet werden hierzu die beiden zentralen Bereiche Diagnostik und Förderung.

2 Diagnostik

2.1 Fachliches und fachdidaktisches Wissen

Diagnostische Kompetenzen stellen neben Fachwissen, den didaktisch-methodischen Fähigkeiten und der Fähigkeit zur Klassenführung einen von vier Kompetenzbereichen dar, die erfolgreiche Lehrerinnen und Lehrer auszeichnet (vgl. Schrader/Helmke 2001, S. 49 und die dort angegeb. Lit.), und dies gilt eben nicht nur bezogen auf lernschwache Kinder, sondern für jedes Leistungsniveau und jede Art von Lehr- und Lernsituation.

Die diagnostische Kompetenz von Lehrerinnen und Lehrern ist bspw. für den Bereich „Lesen" in der PISA-Studie infrage gestellt worden: „Die von den Lehrkräften vorab als ‚schwache Leser' benannten Schülerinnen und Schüler bilden nur einen kleinen Teil der Risikogruppe. Der größte Teil der Schülerinnen und Schüler der Risikogruppe [Schülerinnen und Schüler, die der niedrigsten Kompetenzstufe nicht gewachsen sind; PS] wird von den Lehrkräften nicht erkannt" (Baumert et al. 2001, S. 120).

Die Diagnose mathematischer (Minder-)Leistungen ist sicherlich differenzierter zu betrachten.[1] Vielleicht existiert vielerorts das Bild, dass im Mathematikunterricht Schwierigkeiten selbstverständlicher identifiziert werden können. Tatsächlich hat es aber nur vordergründig diesen Anschein, denn es geht um weitaus mehr als um das Entscheiden über ‚richtig' oder ‚falsch'. Die diagnostischen Methoden sind auch im Mathematikunterricht kritisch zu reflektieren. Die Kompetenzen von Lehrerinnen und Lehrern sind zunächst abhängig von den Inhalten. So kann möglicherweise eine Fehleranalyse bei schriftlichen Algorithmen noch recht schnell durchgeführt werden. Hierbei handelt es sich aber um ein festgelegtes Verfahren mit festgelegten Schritten in einer festgelegten Reihenfolge, die in vielen Fällen relativ leicht überprüfbar, aber auch nicht immer trivial sind (vgl. Radatz 1980). Bei einer auf den ersten Blick möglicherweise einfach aussehenden Aufgabe wie $3 - 10 = 7$ kann sich das Diagnostizieren zugrunde liegender Fehler aber schon weitaus schwieriger gestalten.

... ein Beispiel zur Fehleranalyse

Verdeutlicht werden soll die diagnostische Vielschichtigkeit anhand einer *offenen Aufgabe*, einem Aufgabentyp, der sich sowohl zur individuellen Förderung als auch für die Diagnostik eignet (vgl. Scherer 1999, S. 236 ff.). Der Arbeitsauftrag lautete wie folgt: *„Finde Plus- und Minusaufgaben mit den Zahlen 3, 6, 12 und 20!"*

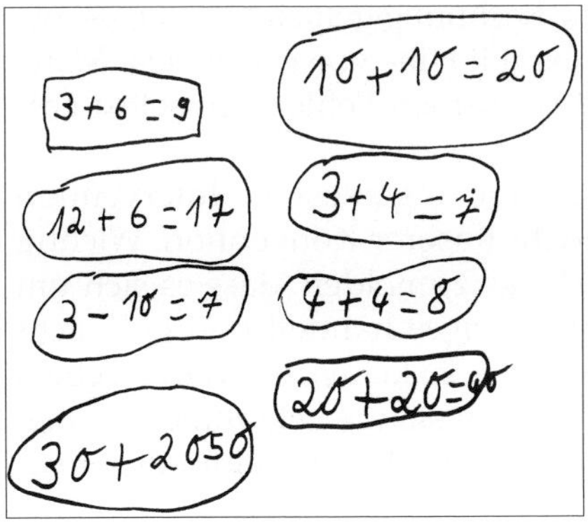

Abb. 1: Kais Bearbeitung einer offenen Aufgabe

Kai, ein Drittklässler der Schule für Lernbehinderte, für den im Unterricht seit einigen Wochen der Hunderterraum eröffnet ist, notiert insgesamt acht Aufgaben (Abb. 1). Welche Schwierigkeiten und welche Fehler lassen sich identifizieren?

Einige der Aufgaben passen nicht ganz zum Arbeitsauftrag, denn es war vorab geklärt worden, dass die vorgegebenen Zahlen in der *Aufgabe*, nicht im *Ergebnis* vorkommen sollen. Für Kai war vermutlich das Finden von Verdopplungsaufgaben, die häufig sehr früh automatisiert sind, sehr reizvoll.

Des Weiteren unterläuft ihm ein Notationsfehler (Auslassen des Gleichheitszeichens bei der Aufgabe *30 + 20*), vermutlich aus Flüchtigkeit, denn dieser ‚Fehler' zeigt sich lediglich einmal.

Die Lehrerin sollte diese Art von ‚Fehlern' in ihrer Rückmeldung deutlich unterscheiden von *Rechen*fehlern und an dieser Stelle in jedem Fall auch positiv rückmelden, dass die *Rechnungen* dieser (nicht ganz passenden und notationsgerechten) Aufgaben korrekt sind.

Kai macht einen Rechenfehler bei der Aufgabe *12 + 6*, möglicherweise auf zählendes Rechnen (vielleicht mit Hilfe der Finger) zurückzuführen.

Auffällig ist, dass Kai lediglich eine Subtraktion notiert, möglicherweise ein Anzeichen dafür, dass er diese Operation nicht besonders gern oder nicht besonders gut ausführt. Man erkennt auch den falschen Zahlensatz *3 – 10 = 7*.

Ein unterschiedlicher fachlicher und fachdidaktischer Hintergrund der Lehrerin kann nun zu unterschiedlichen Interpretationen führen:

- Kai hat *kein Verständnis* von der Subtraktion; es könnte eine Übergeneralisierung seiner Kenntnisse bezogen auf die Addition vorliegen.
- Kai hat lediglich ein *Notationsproblem*; er rechnet möglicherweise korrekt und würde die Rechnung vielleicht verbal auch korrekt ausdrücken.
- Kai hat lediglich einen *Flüchtigkeitsfehler* gemacht (erst das Notieren weiterer Subtraktionen würde diese Hypothese bestätigen oder widerlegen.)
- Kai hat vielleicht nur ein *eingeschränktes* Verständnis der Subtraktion: Subtraktion bedeutet auch, den *Unterschied zweier Zahlen* zu bestimmen:

In diesem Verständnis wäre sowohl die Notation *10 – 3* als auch *3 – 10* korrekt. Subtraktion bedeutet auch *Ergänzen:* Vielleicht liegt Kais Rechnung die Überlegung *„von 3 bis 10 sind es 7"* zugrunde.

Natürlich muss bei dieser Aufgabe genauer geklärt werden, welche Interpretation zutrifft und wie dieser Fehlertyp entstanden ist. Falls möglich, sollte Kai selbst erklären, wie er seine Rechnung gemeint hat. Er könnte auch aufgefordert werden, seine Rechnung mit Hilfe von geeignetem Material zu veranschaulichen. Dabei könnte er seinen Fehler ggf. selbst entdecken und auch korrigieren.

Natürlich muss an derartigen Stellen eine angemessene Intervention erfolgen, denn Kais Notation widerspricht unserer Konvention. Wichtig ist es prinzipiell, Schülern differenziert rückzumelden, dass es sich um einen Verstoß gegen *Konventionen/Verabredungen* handelt und ggf. nicht um einen *Rechen-* oder *Denkfehler*. Zudem wäre zu klären, wie die einzelnen Aufgaben und insbesondere die Subtraktion zustande gekommen ist. Liegen bei Kai möglicherweise Konzentrations- oder Wahrnehmungsschwächen vor?

Insgesamt muss die diagnostische Kompetenz von Lehrerinnen im Hinblick auf mathematische Leistungen hinreichende fachliche und fachdidaktische Kompetenzen beinhalten, um differenziert und detailliert Schwierigkeiten von Kindern zu erkennen.

2.2 Diagnostische Methoden

Um individuelle Schwierigkeiten zu diagnostizieren, müssen die gewählten Methoden und Instrumentarien gewisse Kriterien erfüllen. Diese betreffen die Pole kompetenzorientiert vs. defizitorientiert, prozessorientiert vs. produktorientiert sowie qualitativ vs. quantitativ.

- *kompetenzorientiert vs. defizitorientiert*

Natürlich ist bei diagnostischen Untersuchungen das Analysieren der Defizite und Schwierigkeiten wichtig. Die differenzierte Interpretation, das Aufstellen verschiedener Hypothesen, das Suchen nach möglichen rationalen Ursachen für einen Fehler – also eine kompetenzorientierte Sichtweise – darf dabei aber nicht fehlen. Das Ausblenden vorhandenen Wissens der Kinder wäre mehr als schädlich im Hinblick auf weitere Lernprozesse und auf eine angemessene Förderung.

Offene Aufgaben wie die oben Genannte liefern viele Erkenntnisse über Leistungsstände der Schülerinnen und Schüler. Einerseits können die Kinder ihr vorhandenes Wissen zeigen, andererseits werden auch existierende Probleme offensichtlich: So wird die schon angesprochene Auffälligkeit bei der Subtraktion i. d. R. nicht identifiziert, wenn die Schüler nur vorgegebene Zahlensätze und Aufgaben aus dem Buch ins Heft übertragen. Erst das eigenständige Notieren von Aufgaben offenbart dieses Problem (vgl. Scherer 1999, S. 237).

Insgesamt kommt der Auswahl diagnostischer Aufgaben eine besondere Bedeutung zu (vgl. hierzu etwa Schipper 1998, S. 21; van den Heuvel-Panhuizen 1997), bei der eine kritische Analyse unter verschiedenen Gesichtspunkten wünschenswert ist: Ist die Aufgabe bspw. zu sprachlastig, so dass Kinder möglicherweise auf Grund von sprachlichen Defiziten gar nicht erst zu den mathematischen Anforderungen gelangen, d. h. wird durch eine solche Aufgabe eher das Sprachverständnis als die mathematische Leistung überprüft? Inwieweit sind Aufgabenstellungen und Arbeitsaufträge mehrdeutig, d. h. können sie von Kindern anders als intendiert interpretiert werden? Welche Konsequenzen hätte dies für die Auswertung? etc.

• *prozessorientiert vs. produktorientiert*
Im Idealzustand beleuchtet eine prozessorientierte Diagnostik den konkreten Lern- oder Lösungsprozess bspw. durch ein Interview oder eine Beobachtung (vgl. hierzu auch Schipper 1998, S. 22). Prozessorientierte Diagnostik ist aber auch durch Analyse von Produkten möglich, wie das obige Beispiel der offenen Aufgabe zeigt, natürlich behaftet mit einer größeren Vagheit. Detailliertere Informationen liefert sicherlich die Beleuchtung des Lern- oder Lösungsprozesses, so dass Vorgehensweisen, Lösungsstrategien und Rechenwege deutlich werden können. Dies kann realisiert werden durch Beobachtung bzw. Interaktion *während* der Bearbeitung (sehr zeitaufwendig) oder aber *im Nachhinein,* wenn Schülerinnen und Schüler ihre Überlegungen und Vorgehensweisen selbst erklären. Auch diese Methode kann mit einer gewissen Unsicherheit behaftet sein, denn zum einen müssen die im Nachhinein geäußerten Überlegungen nicht mit den vorab real durchgeführten übereinstimmen. Zum anderen verlangt diese Reflexion den Schülerinnen und Schülern hinreichende sprachliche Kompetenzen ab (vgl. hierzu auch Lorenz/Radatz 1993, S. 60 ff.; auch Radatz 1980), wobei es sich aber um durchaus erstrebenswerte Fähigkeiten handelt, die es unabhängig von diagnostischen Interessen zu entwickeln gilt.

Eine weitere Realisierungsmöglichkeit besteht darin, dass die Schülerinnen und Schüler während ihrer Bearbeitungen Vorgehensweisen und Lösungswege *selbst* notieren. Dies ist nicht bei jedem Aufgabentyp möglich (bspw. dann, wenn es um Faktenwissen geht); darüber hinaus muss diese Kompetenz der selbstständigen schriftlichen Dokumentation erst im Unterricht entwickelt werden. Zur Illustration sei ein Beispiel zum halbschriftlichen Rechnen im Hunderterraum gegeben: Andi rechnete die Aufgabe *35 + 23* mit Hilfe des 100er-Rechenrahmens nach der Strategie ‚Stellenwerte extra', d. h. er verarbeitete die Zehner und Einer beider Summanden getrennt. Das Notieren seiner durchgeführten Handlung bereitete ihm Probleme (Abb. 2), denn er war unsicher, ob er das ermittelte Ergebnis der Addition der Zehner sofort notieren darf und ob die gesamte Rechnung innerhalb einer Summe notiert werden muss. Das Erlernen individueller

Notationen sollte auch lernschwachen Schülerinnen und Schülern von Beginn an im Mathematikunterricht ermöglicht, aber auch explizit von ihnen gefordert werden.

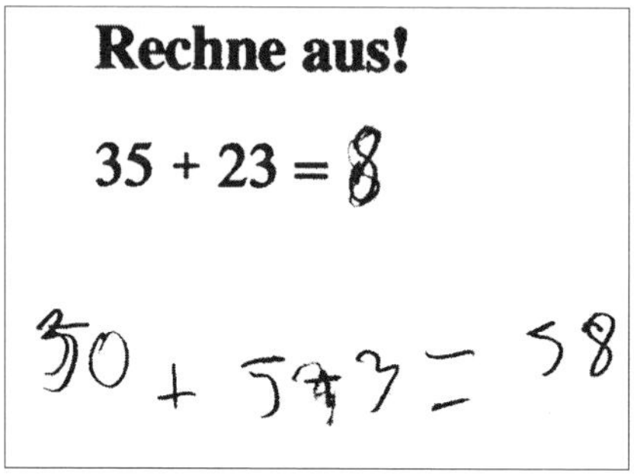

Abb. 2: Andis Strategie zur Addition 35 + 23

Mit Bezug zu Punkt 2.1 sei Folgendes angemerkt: Um Schülerinnen und Schülern überhaupt die Freiheit zur Verwendung dieser Strategie zu lassen, ist fachliches und fachdidaktisches Hintergrundwissen der Lehrerin bzw. des Lehrers absolut erforderlich.

- *qualitativ vs. quantitativ*

Dieser Aspekt überschneidet sich mit der Frage nach Prozessen und Produkten. Das Zusammenspiel von qualitativen und quantitativen Erkenntnissen kann an vielen Stellen die Schwächen der jeweils anderen Methode kompensieren (vgl. auch Scherer 1996). Exemplarisch soll hier das Zusammenspiel eines schriftlichen Tests (mit vorrangig quantitativen Aussagen) und eines Interviews (mit vorrangig qualitativen Aussagen) verdeutlicht werden: Bei einem kontextbezogenen Größenvergleich im Zwanzigerraum sollte das teurere Objekt benannt/gezeigt werden (abgebildet ist auf dem Testblatt oben eine Brille mit dem Preisschild 17 DM[2], unten eine Brille mit dem Preisschild 11 DM; vgl. Scherer 1999, S. 58). Britta, eine lernbehinderte Schülerin, nennt zunächst die gegebenen Beträge:

Britta: *Mh, siebzehn und elf Mark.*
I: *Ja. Und welche Brille ist teurer?*
Britta: *Die hier.* [zeigt auf die obere Brille]
I: *Mhm. Woran hast du das jetzt erkannt?*
Britta: *Weil da eins, sieben … siebzehn und das elf Mark. Weil die billiger ist als die* [deutet erst auf die untere, dann auf die obere Brille].

Viele Kinder beantworten diese Aufgabe korrekt, ohne eine *wirkliche* Begründung zu liefern. Auch Britta versucht ansatzweise eine Erklärung anhand der Zahlen bzw. deren Zusammensetzung abzugeben, was jedoch nicht gelingt. Man könnte nun unsicher sein, ob Britta über die Kompetenz des Größenvergleichs im Zwanzigerraum verfügt oder ob ihre korrekte Lösung eher einen ‚Zufallstreffer' darstellt, was bei einer hier vorliegenden Ratewahrscheinlichkeit von 50 % durchaus der Fall sein könnte. Britta hat jedoch bei einem vorab durchgeführten schriftlichen Test mit insgesamt zehn Aufgaben dieses Typs alle Aufgaben sehr sicher bearbeitet. In diesem Fall können sich also quantitative und qualitative Methoden ergänzen und möglicherweise geben hier eher die Testergebnisse Aufschluss über vorhandene Kompetenzen und mögliche Schwierigkeiten.

Festgehalten werden kann das Folgende: Um Schülerleistungen und im Besonderen auch ihre Schwierigkeiten angemessen beurteilen zu können, sind vielfältige Kompetenzen erforderlich. Andernfalls läuft man Gefahr, lediglich auf der Ebene der Ergebnisse ausschließlich nach richtig oder falsch beurteilen zu können. Zudem sollte eine ausschließliche Defizitorientierung vermieden werden. Sowohl für die Rückmeldung an die Schülerinnen und Schüler als auch in Bezug auf die eigenen Schlussfolgerungen der Lehrerin für die anschließende Förderung ist eine kompetenzorientierte Sichtweise erforderlich.

3 Förderung

3.1 Verständnis von Lernen und Lehren

Während Eigentätigkeit und allgemein die Förderung zur Selbstständigkeit für viele Lehrerinnen und Lehrer wichtige Unterrichtsprinzipien darstellen, kehren sie bei auftretenden Schwierigkeiten häufig zu tradierten Prinzipien zurück. In wohlgemeinter Absicht wird Hilfe nicht als „Hilfe zum Selbstfinden“ (Winter 1984) eingesetzt, sondern in bedenkenswerter Form: „Beim Helfen wird zwar vieles gut gemeint und trotzdem schlecht gemacht. Unsere Hilfe bewirkt oft gerade das Gegenteil von Selbständigkeit. Sie macht abhängig, schwächt die Initiative und das Neugierverhalten, sie entmündigt den Menschen – ohne dass er es merkt. Denn es ist bequem, sich helfen zu lassen – aber auch gefährlich“ (Beeler 1999, S. 111; vgl. auch die „erlernte Hilflosigkeit“ bei Seligmann 1999).

Anzutreffen ist des Weiteren ein Rückgang zu veralteten und unangemessenen Methoden, die einem zeitgemäßen Verständnis von Mathematiklernen widersprechen.

... ein Beispiel zum Erlernen des Einmaleins

Das Erlernen und Automatisieren des Einmaleins stellt immer noch einen zentralen Inhalt der Primarstufenmathematik dar. Hierbei handelt es sich um einen Bereich, der für lernschwache Kinder häufig eine große Klippe darstellt (vgl. hierzu Ezawa 2002, S. 98; auch Lorenz 1992, S. 118 ff.): Viele Kinder müssen sich eine Aufgabe wie 6 · 8 immer wieder neu berechnen, häufig durch Aufsagen der gesamten 1x1-Reihe (8, 16, 24, 32, 40, 48). Als Hilfe für Schülerinnen und Schüler, die mit diesem Inhalt Schwierigkeiten haben, wird auf dem Arbeitsmittel-Markt bspw. „Die 1x1 Hitparade für Kids“ (Heist 2001) angeboten. Die Werbung hierzu lautet wie folgt: „Kindgemäß und richtig mit Schwung werden hier die fiesen Wissenslücken im Einmaleins geschlossen. Die Songs garantieren den Lernerfolg gleich mit: Als Lernhilfe dienen originell-witzige Reime und die leichte, groovige Musik. Die Rechenaufgabe selbst wird sogleich mit der Umkehraufgabe verknüpft und prägt sich ein wie eine Telefonnummer“ (NN 2001) oder an anderer Stelle, empfohlen für alle, die Probleme mit dem Einmaleins haben: „Wenn das Einmaleins aber cool verpackt wird, lernt es sich viel leichter. [...] Zur Freude der Eltern, denn die ständige Wiederholung garantiert den Lerneffekt.“ (Schübel 2002)

Insbesondere, wenn es um lernschwache Kinder geht, wird solchen „Hilfen“ verstärkt die allheilbringende Wirkung zugesprochen. Fachdidaktisch mehr als fragwürdig sind dabei die zugrunde liegenden Annahmen zum Mathematiklernen. Das Einmaleins wird verglichen mit einer Telefonnummer, die man sich nur einprägen muss. Dass es in der Mathematik und auch bei einem Inhalt wie dem Einmaleins um weit mehr, bspw. um Zahlbeziehungen geht (vgl. z. B. Scherer 2002), wird hier konsequent ignoriert. Dass das flexible Ausnutzen vielfältiger Zahlbeziehungen (Tauschaufgabe, Nachbaraufgabe etc.) und dies auf verschiedenen Repräsentationsebenen zwingend für ein verständnisvolles Lernen gerade lernschwacher Kinder erforderlich ist, bleibt dabei völlig auf der Strecke. Wenn Kinder lediglich (ohne Verständnis) auswendig gelernt haben, werden sie nur schwer Analogien und Erweiterungen nutzen können ($7 \cdot 8 = 56$ auf $7 \cdot 80$ oder $70 \cdot 8$ oder $70 \cdot 80$, ...), nur schwer halbschriftliche Strategien verstehen können und kaum in der Lage sein, ihr Wissen flexibel anzuwenden (vgl. auch Scherer 2002). Angemerkt seien daneben als weitere kritische Aspekte der in der Werbung falsch verwendete fachdidaktische Terminus *Umkehraufgabe* an Stelle von *Tauschaufgabe*, die sachfremde Verpackungs-Metapher oder die auch sprachdidaktisch fragwürdigen „originell-witzigen Reime“.

Unberücksichtigt bleibt bei derartigen Hilfen auch die Tatsache, dass eigenständiges Lernen allgemein zur Stärkung des Selbstvertrauens und der Leistungen beiträgt, wobei die Kontinuität eine wesentliche Voraussetzung darstellt (vgl. Fulton 2002).

3.2 Auswahl der Inhalte und Formulieren von Anforderungen

Bei der Arbeit mit lernschwachen bzw. lernbehinderten Schülerinnen und Schülern handelt es sich um Kinder, die im normalen Unterricht der Grundschule nicht ausreichend gefördert werden können. Ihre Probleme liegen überwiegend gerade in den Lernbereichen Sprache und Mathematik. Die Feststellung, dass der Grundschulstoff zu einem bestimmten Zeitpunkt nicht erreicht wird, darf nicht dazu führen, jegliche Anforderungen zu vermeiden und Ziele des Grundschulunterrichts völlig zu ignorieren. Natürlich würde eine ständige Überforderung negative Konsequenzen haben, aber *An*forderungen zu stellen muss nicht gleichbedeutend sein mit *Über*forderung. Gerade das aktuelle Verständnis von Mathematiklernen und Mathematikunterricht, wie es in der Grundschule umgesetzt werden soll und auch wird, kommt auch lernbehinderten Schülerinnen und Schülern entgegen.

Genannt seien hier nur Stichworte wie aktive Aneignung von Wissen (entdeckendes Lernen), was sich am natürlichen Lernen orientiert, oder produktives Üben im Gegensatz zur Reproduktion, wo es bspw. um offene Aufgaben oder das Üben in Zusammenhängen geht und nicht um das Wiederholen isolierter Einzelfakten. Solche Einzelfakten würden gerade von lernschwachen Kindern auf Grund ihrer häufig geringen Gedächtnisleistungen sehr schnell vergessen (vgl. das Negativbeispiel in 3.1 zum Einmaleins).

Fazit: Um inhaltlicher Beliebigkeit vorzubeugen, ist sowohl für lernschwache als auch für lernbehinderte Schülerinnen und Schüler eine Orientierung an den Inhalten der Grundschule sinnvoll. Damit ist noch keine Aussage getroffen, wann und in welchem Umfang die dortigen Ziele erreicht werden. Es kann nicht darum gehen, bspw. den gesamten Grundschulstoff lediglich mit zeitlicher Verzögerung in die Schule für Lernbehinderte zu transportieren, sondern es ist eine adäquate Auswahl zu treffen. Eine Orientierung stellen bspw. die fundamentalen Ideen der Arithmetik und Geometrie dar (vgl. z. B. Wittmann et al. 2000).

3.3 Schlüsselqualifikationen

Bei der Frage, welche Inhaltsbereiche und Kompetenzen sinnvoll und notwendig gerade für lernschwache Schülerinnen und Schüler sind, sollten sich Lehrerinnen und Lehrer insbesondere Klarheit über sog. *Basisfertigkeiten* oder *Schlüsselqualifikationen* verschaffen, die für weitere Lernprozesse notwendig sind. Bei aller Individualität bzgl. der Auswahl und des Bearbeitungszeitpunktes dürfen gewisse Schlüsselqualifikationen nicht aus dem Blick geraten; auch hierzu zwei Beispiele:

- Ein Kind, das das Einspluseins oder Einmaleins nicht automatisiert zur Verfügung hat, wird bspw. bei schriftlichen Additionen, bei Sachaufgaben oder allgemein bei komplexeren Problemstellungen, die genau diese arithmetische Basisfertigkeit verlangen, erhebliche Schwierigkeiten haben. Die entscheidende Frage ist dabei aber natürlich, wie diese grundlegenden Inhalte gelernt wurden (vgl. hierzu 3.1).
- Ein Kind, das keine Strukturen bei Veranschaulichungen erkennen und nutzen kann (Abb. 3: 8 Punkte werden erfasst als 5 und 3 oder als 6 und 2 etc.), wird keine inneren Bilder von Anzahlen aufbauen können und langfristig dem zählenden Rechnen verhaftet bleiben. Zählendes Rechnen führt jedoch in eine Sackgasse, spätestens beim Rechnen im Hunderterraum und ähnlich wie im ersten Beispiel zu Folgeschwierigkeiten.

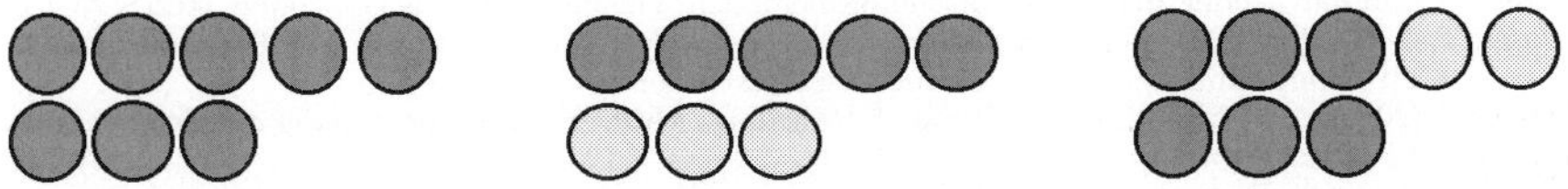

Abb. 3: Strukturierungen eines Punktmusters zur Anzahlerfassung

Es liegt auf der Hand, dass eine angemessene Förderung dieser Basisfertigkeiten nur dann realisiert werden kann, wenn die Lehrerin selbst über das notwendige fachliche und fachdidaktische Hintergrundwissen verfügt.

4 Abschließende Bemerkungen

An den ausgewählten Aspekten „Diagnostik" und „Förderung" wurden Postulate für einen professionellen Umgang mit Lernschwächen aus mathematikdidaktischer Sicht thematisiert und konkretisiert. Unabdingbare Voraussetzung für eine Förderung bei mathematischen Lernschwierigkeiten sind Kenntnisse der Lehrpersonen im Bereich der Mathematik und Mathematikdidaktik (vgl. auch Woodward/Baxter 1997, 386). Die hier thematisierten Aspekte und konkreten Beispiele können nur Anstöße sein und keine endgültigen Problemlösungen, möglicherweise jedoch Ansätze zu einer besseren Problembewältigung.

Anmerkungen

[1] Bei der PISA-Studie wurden die Mathematikleistungen nicht so direkt von den Lehrerinnen und Lehrern eingeschätzt. Im Rahmen von PISA durchgeführte Lehrerbefragungen deuten jedoch an, dass die Schwierigkeiten im mathematischen Bereich besser eingeschätzt werden können (persönliche Mitteilung von Michael Neubrand).

[2] Diese Untersuchung wurde vor Einführung des Euro durchgeführt, so dass hier noch die Einheit DM auftritt.

Literatur

Ahmed, A. (1987): Better Mathematics. A Curriculum Development Study. London: HMSO.
Baumert, J. et al. (Hg., 2001): PISA 2000. Basiskompetenzen von Schülerinnen und Schülern im internationalen Vergleich. Opladen: Leske + Budrich.
Beeler, A. (1999): Wir helfen zu viel. Lernen lernen in der Volksschule als Erziehung zur Selbständigkeit. Zug: Klett & Balmer.
Erath, P. (1989): Kooperation zwischen Grund- und Sonderschullehrern. Grundschule, H. 1, S. 32–34.
Ezawa, B. (2002): Mathematische Ideen statt mechanischer Rechenfertigkeiten im Unterricht mit lernschwachen Schülern! Zeitschrift für Heilpädagogik, H. 3, S. 98–103.
Fulton Robert, M. (2002): Problem Solving and At-Risk Students: Making „Mathematics for All" a Classroom Reality. Teaching Children Mathematics, H. 5, S. 290–295.
Heist, U. (2001): Die 1x1 Hitparade für Kids. Ebringen: Contenti music.
Lorenz, J. H. (1992): Anschauung und Veranschaulichungsmittel im Mathematikunterricht. Mentales visuelles Operieren und Rechenleistung. Göttingen: Hogrefe.
Lorenz, J. H./H. Radatz (1993): Handbuch des Förderns im Mathematikunterricht. Hannover: Schroedel.
Moser Opitz, E. (2000): „Zählen – Zahlbegriff – Rechnen". Theoretische Grundlagen und eine empirische Untersuchung zum mathematischen Erstunterricht in Sonderklassen. Bern: Haupt.
NN (2001): Musik macht Mathe leichter. WAZ v. 19. 10. 01.
Radatz, H. (1980): Fehleranalysen im Mathematikunterricht. Braunschweig: Vieweg.
Scherer, P. (1995): Entdeckendes Lernen im Mathematikunterricht der Schule für Lernbehinderte – Theoretische Grundlegung und evaluierte unterrichtspraktische Erprobung. Heidelberg: Schindele (2. Auflage 1999).
Scherer, P. (1996): Evaluation entdeckenden Lernens im Mathematikunterricht der Schule für Lernbehinderte: Quantitative oder qualitative Forschungsmethoden? Heilpädagogische Forschung, H. 2, S. 76–88.
Scherer, P. (1999): Produktives Lernen für Kinder mit Lernschwächen: Fördern durch Fordern. Band 1. Leipzig: Klett Grundschulverlag (jetzt: Horneburg: Persen Verlag).
Scherer, P. (2002): „10 plus 10 ist auch 5 mal 4" – Flexibles Multiplizieren von Anfang an. Grundschulunterricht, H. 10, S. 37–39.
Schipper, W. (1998): Prozessorientierte Leistungsbewertung im Mathematikunterricht. Grundschulunterricht, H. 11, S. 21–24.

Schrader, F.-W. / A. Helmke (2001): Alltägliche Leistungsbeurteilung durch Lehrer. In: Weinert, F. E. (Hg.): Leistungsmessungen in Schulen. Weinheim: Beltz, S. 45–58.
Schübel, S. (2002): Die Hex mag gern die Sechs. Mit fetziger Musik das Einmaleins lernen. WAZ. v. 08. 06. 02.
Seligman, M. E. (1999): Erlernte Hilflosigkeit. Weinheim: Beltz.
Van den Heuvel-Panhuizen, M. (1997): Assessment in Realistic Mathematics Education. In: Glumpler, E. / S. Luchtenberg (Hg.): Jahrbuch Grundschulforschung. Band 1. Weinheim: Deutscher Studienverlag. S. 297–310.
Winter, H. (1984): Entdeckendes Lernen im Mathematikunterricht. Grundschule, H. 4, S. 26–29.
Wittmann, E. Ch. et al. (2000): Das Zahlenbuch. Mathematik im 1. Schuljahr. Schülerbuch & Lehrerband. Leipzig: Klett Grundschulverlag.
Woodward, J. / J. Baxter (1997): The Effects of an Innovative Approach to Mathematics on Academically Low-Achieving Students in Inclusive Settings. Exceptional Children, H. 3, S. 373–388.

JENS HOLGER LORENZ

Rechenschwäche – ein Problem der Schul- und Unterrichtsentwicklung

Durch die internationalen Vergleichsstudien (TIMSS, PISA) aufgeschreckt, in denen deutsche Schülerinnen und Schüler unterdurchschnittliche Leistungen u. a. auch in Mathematik aufwiesen, rückt das Problem rechenschwacher Kinder zunehmend in das pädagogische Blickfeld. Dass das Rechnen, das bedeutungshaltige Umgehen mit Zahlen und Zahloperationen ebenso tief greifend die zukünftige Alltagsbewältigung unserer Kinder bestimmen wird wie ihr Schriftspracherwerb, steht außer Frage. Das Versagen im Mathematikunterricht als schulisches Problem anzusehen hingegen (noch) nicht. Im Gegenteil, es scheint eine Tendenz zu geben, diese genuin schulische Aufgabe nach außen zu delegieren, an private, kommerzielle „Institute für Dyskalkulie", „Zentren für Arithmasthenie" oder andere Einrichtungen mit fantasievoller Namensgebung.

Zweierlei wird so versucht zu erreichen: Schule wird zum einen durch die Ausgliederung moralisch freigesprochen, die Schuld am Versagen dem Kind (und seinen Defekten) zugesprochen und der Unterricht exkulpiert. Zum anderen gestalten sich Regelunterricht und Förderstunden einfacher, da schwierige Problemfälle wegdefiniert sind.

Allerdings sollte der gegenteilige Standpunkt realisiert werden, dass nämlich Schule die Aufgabe hat, auch rechenschwache Kinder zu fördern, die lernhemmenden Ursachen aufzudecken und ihnen durch ein abgestimmtes Maßnahmenbündel entgegenzuwirken. Und damit sind wir beim eigentlichen Problem: der schulischen Qualitätsentwicklung für rechenschwache Kinder. Im Folgenden sollen daher einige Anregungen gegeben werden, in welcher Weise Schule ihre Kompetenzen in dieser Frage erhöhen kann. Zuvor ist es aber angebracht, Rechenschwäche einzugrenzen (Kap. 1), bevor auf die Fördermöglichkeiten im Unterricht (Kap. 2), die Maßnahmen der Schule bzw. des Kollegiums und schließlich kooperierender Schulen im Verbund (Kap. 3) eingegangen wird. Einige Veröffentlichungen zur Rechenschwäche, die eine Lehrerbibliothek zieren könnten, werden am Ende des Beitrags zusammengestellt (und deshalb nicht im Text zitiert).

1 Rechenschwäche, ihre Abgrenzung und ihre Symptome

Die Begriffsvielfalt, etwa Rechenstörung, Rechenschwäche, Dyskalkulie, Arithmasthenie, Anarithmie u. Ä., steht im Kontrast zur geringen Kenntnis über das Phänomen, seine Ursachen und seine Fördermöglichkeiten. Das lateinisch-griechische Vokabular wird vor allem von Privatinstituten verwendet, die damit das heterogene Erscheinungsbild in die Nähe der Medizin rücken und ihm einen Krankheitswert zubilligen, der entsprechend spezielle, d. h. insbesondere außerschulische Behandlungsmethoden nahe legt. Rechenstörung und Rechenschwäche sind eher der pädagogischen und mathematikdidaktischen Diskussion entlehnt. Nicht nur, weil dieser Beitrag sich auf Unterricht und Schule bezieht, wird hier der Begriff „Rechenschwäche" verwendet, sondern weil die medizinnahe Begrifflichkeit eine notwendige Behandlungsmethode jenseits des Unterrichts suggeriert, die nicht existiert.

Damit ist aber nicht das Definitionsproblem gelöst, die Abgrenzung zu Lernschwierigkeiten nicht hinreichend klar. Genau diese Unklarheit kennzeichnet aber (leider?) den aktuellen wissenschaftlichen Diskussionsstand. Auch hier gibt es babylonische Begriffsmannigfaltigkeit und unterschiedliche Definitionsversuche. Gängig und in die therapeutische Praxis aufgenommen ist die Charakterisierung der Weltgesundheitsorganisation (WHO), die in der Internationalen Klassifikation der Krankheiten (sic!) auch die Rechenschwäche auflistet:

„Diese Störung besteht in einer umschriebenen Beeinträchtigung von Rechenfertigkeiten, die nicht allein durch eine allgemeine Intelligenzminderung oder eine unangemessene Beschulung erklärbar ist. Das Defizit betrifft vor allem die Beherrschung grundlegender Rechenfertigkeiten, wie Addition, Subtraktion, Multiplikation und Division, weniger die höheren mathematischen Fertigkeiten, die für Algebra, Trigonometrie, Geometrie oder Differential- und Integralrechnungen benötigt werden."

Teilen dieser Charakterisierung wird man zustimmen können, andere haben ungewünschte praktische Auswirkungen. So ist sicher richtig, dass sich Rechenschwäche in Störungen der basalen Fähigkeiten im Umgang mit Zahlen und Rechenoperationen manifestiert. Diese sind keineswegs auf Grundschulkinder beschränkt, sondern treten auch in weiterführenden Schulen und bis in das Erwachsenenalter auf. Sie hätten aber in der Grundschule entdeckt und abgewendet werden können (und müssen). Hingegen ist die Bindung an die Intelligenz und die „angemessene Beschulung", was immer dies sein mag, äußerst fraglich. Sie führt in der Praxis dazu, dass sehr willkürliche Schnitte gezogen werden, wann ein Kind eine Rechenschwäche hat und wann nicht. Ist ein IQ von 87 ausreichend, ungenügende Rechenleistung unterstellt, und ist es ein IQ von 83 nicht mehr? Bei Jugendämtern, die zur Finanzierung außerschulischer Fördermaßnahmen nach §39 BSHG herangezogen werden, sind bestimmte Diskrepanzen zwischen Intelligenz und Rechenleistung („z-Wert-Differenzen") vorgeschrieben. Allerdings hat sich eingebürgert, diese Differenzmaße willkürlich zu erhöhen, um dadurch die Anzahl der rechenschwachen Kinder zu verringern und den Etat zu schonen.

Nun hat Schule die Möglichkeit, und dies wird hier empfohlen, jenseits von Diskrepanz-Diskussionen selbst zu entscheiden, welche Kinder einen

Förderbedarf besitzen. Und diese zugegebenermaßen weiche Fassung von Rechenschwäche zielt darauf ab, zu bestimmen, ob das vom Kind gezeigte Verhalten, seine fehlerhaften Lösungsversuche und Leistungsbemühungen das zukünftige Rechnenlernen nachhaltig zu behindern drohen. Dann sind die Lehrpersonen gefordert. Zuerst gilt es aber abzuklären, wie die Rechenschwäche sich zeigt und auf welchen Ursachen sie beruht.

1.1 Symptome

Ohne auf alle verschiedenartigen Symptome im Einzelnen eingehen zu wollen, so lassen sich doch die häufigsten benennen:

- Zuerst natürlich: Das Kind macht Fehler. Das scheint banal, denn ein Kind, das keine Rechenfehler macht, wird wohl kaum als rechenschwach klassifiziert. Es sind aber die immer wiederkehrenden Fehler, die Fehlermuster, die auch einer inständigen Belehrung standhalten. Sie zeigen, dass das Verständnis des Zahlaufbaus und der Operationen nicht oder nur rudimentär vorhanden ist. Sie weisen auf tiefer liegende Schwierigkeiten in kognitiven Bereichen hin, die als Lernvoraussetzungen zu fördern sind.
- Die Kinder bleiben über den üblichen Zeitraum hinweg zählende Rechner. Zwar ist zählendes Rechnen eine notwendige Phase im Lernprozess jeden Kindes, keines kann diese Phase überspringen. Aber Kinder, die am Ende der ersten Klasse noch zählend Aufgaben lösen, sind auffällig. Es hätten sich bereits elaboriertere Strategien ausbilden müssen. Meist verfügen auch zählende Rechner über bessere Lösungsstrategien, setzen diese aber nicht ein. Das Zählen führt dazu, dass Kinder auch die mit guter Absicht im Unterricht zur Verfügung gestellten Arbeitsmittel nicht nutzen und ihre Struktur erkennen können. Damit entwickeln sich in der Folge keine Stellenwertvorstellung und Zahlrepräsentationen.
- Rechenschwache Kinder fallen durch ihr Versagen vor allem im Verlauf der zweiten Klasse auf, scheinen sich aber gegen Ende des Schuljahres zu bessern und sind in den Klassen 3 und 4 häufig knapp durchschnittlich. Lediglich bei Sachaufgaben müssen sie passen.
  Eine genauere Diagnose zeigt dann in der Regel schnell, dass die Kinder immer noch zählende Rechner sind, dies aber bei den schriftlichen Verfahren nicht auffällt, da sie praktisch genauso fix wie die Klassenkameraden sind. Und das kleine Einmaleins am Ende von Klasse 2 fordert lediglich das Gedächtnis, das rechenschwache Kinder kompensatorisch gut entwickelt haben. Es fehlt aber am Grundverständnis der Rechenoperationen, weshalb Text- und Sachaufgaben nicht gelöst werden können: Was bedeutet eigentlich die Multiplikation? Warum muss hier erst subtrahiert und dann dividiert werden?
- Damit zusammenhängend ist für sie Rechnen ein Regelspiel, das nach den von der Lehrperson vorgegebenen Gesetzen abzulaufen hat und

in dem merkwürdige Symbole mit anderen geheimen Zeichen verknüpft werden. Irgendein Bezug zur Alltagswelt existiert für diese Kinder nicht, Mathematik ist für sie bedeutungsfrei.
Es wäre zu schlicht, nach einfachen Ursachen für die Rechenschwäche zu fahnden, das Geflecht möglicher, negativ zusammenwirkender Faktoren ist breit. In diesem Sinne ist es angebracht, von Risikofaktoren zu sprechen und nicht von Ursachen, die eine monokausale Sichtweise nahe legen. Einige dieser Faktoren sollen kurz angesprochen werden, an dieser Stelle verbietet sich aber eine ausführliche Darstellung.

1.1 Risikofaktoren im Unterricht

- Die *Unterrichtsmethode* ist sicher eine maßgebliche Größe des Unterrichtserfolgs und des Lernzuwachses einzelner Kinder. Kleinschrittig-gängelnder Unterricht mit hohen Anteilen frontaler, belehrender Lehreraktivitäten sind auch bei leistungsschwachen Kindern kontraproduktiv. Lernen ist ein individueller Vorgang im Kopf des individuellen Kindes, der aus konstruktiven Akten besteht, die neue Inhalte mit bisherigem Wissen verknüpfen. Instruierend, belehrend lässt sich dies nicht bewirken. Das Kind bedarf vielmehr herausfordernder Situationen, an denen es seine Überlegungen erproben kann. Die mathematischen Inhalte werden von ihm (re-)konstruiert, subjektiv neu entdeckt. Dies bedeutet, dass die Aktivität im Unterricht von der Lehrkraft auf die Kinder verlagert wird.
- *Fehler* treten in jedem Lernprozess auf, sie sind ihr notwendiger Bestandteil. Gerade der Mathematikunterricht zielt aber zu häufig darauf ab, Fehler zu vermeiden, so dass im Unterricht eine Tendenz zur Abwertung von Fehlern entsteht (sie werden rot angestrichen, dürfen nicht an der Tafel stehen etc.). Eine produktive Auseinandersetzung mit eigenen oder fremden Fehlern kann nicht entstehen, ein Nachdenken über die fehlerhaften Denkwege, was die Lernprozesse erst ermöglicht, wird zugunsten erneuter Belehrung verhindert. Lernfortschritte finden auf diese Weise insbesondere bei rechenschwachen Kindern nicht statt.
- Das *Lehrwerk* korrespondiert häufig mit der kleinschrittigen Vorgehensweise, es unterstützt diese geradezu. *Lehrkräfte* tendieren dazu, das „Altbewährte", Altbekannte weiter zu führen und das ihnen vertraute Lehrwerk zu verwenden, obwohl neuere Ansätze entdeckenden Lernens und auf die Entwicklung von Rechenstrategien und Zahlensinn abzielende Lehrwerke auf dem Markt sind.
- Das *Veranschaulichungsmaterial* wird wenig kritisch hinterfragt in Bezug auf seine Möglichkeiten, Vorstellungen von Zahlen und Rechenoperationen auszubilden. Insbesondere finden die Handlungen der Kinder mit dem Material wenig Beachtung. Gerade Kinder mit Rechenschwäche benutzen Veranschaulichungsmittel häufig als Fingerersatz, sie zählen an ihnen ab. So verwenden sie die Hundertertafel oder das

Rechenbrett als Zählhilfe, indem sie die Felder nacheinander mit den Fingern antippend abgehen oder Perlen einzeln weiterschieben. Eine mathematische Struktur entsteht so nicht im Kopf, jede Aufgabe ist für sie neu und muss mit dem gleichen Vorgehen bestimmt werden. Gerade die rechenschwachen Kinder bedürfen der gezielten Beobachtung, denn Handlungen am Material allein reicht für die Ausbildung von Strukturen, von Zahl- und Operationsbeziehungen nicht aus. Es bedarf der Reflexion über die Handlung, des Nachdenkens über Ähnlichkeiten und Verschiedenheiten von Handlungen und eigenen Denkwegen (Metakognition).

- Die *Sprache des Unterrichts* bestimmt mit, welche Denkprozesse im Kind angeregt werden. Hierbei sind für rechenschwache Kinder die *Gespräche mit den anderen Schülern* wichtiger und lernfördernder als die Hinweise der Lehrperson. Alle Schüler sollten ihre Denkwege versprachlichen, sie den anderen mitteilen. In neueren didaktischen Ansätzen steht die Diskussion der Kinder über ihre Lösungswege, ihr unterschiedliches Vorgehen im Zentrum des Unterrichts und nicht die Frage, ob eine Lösungszahl richtig oder falsch ist, denn diese Mitteilung führt zu keiner Erkenntnis. Hingegen regen die Meta-Gespräche die Korrekturen des Denkens an, das den eigenen Fehllösungen zu Grunde liegt.
- Und schließlich stellt der bereitgestellte oder der nicht bereitgestellte *Förderunterricht* ein wesentliches Moment dar, frühzeitig spezifische Schwierigkeiten des rechenschwachen Kindes zu entdecken. Zu bedenken ist, dass ein Förderunterricht in großen Gruppen kaum mehr bewirken kann, als es der erfolglose Klassenunterricht bisher auch tat. Förderunterricht für Kinder mit Rechenschwäche muss Einzelunterricht sein, der den speziellen Lernvoraussetzungen des Kindes nachgeht, ihre idiosynkratischen Denkwege noch genauer aufspürt, als es der Klassenunterricht vermag, ihre Fehlermuster erkennt und behebt. Strategien und Konzepte hierfür gibt es reichlich, sie lassen sich aber nur realisieren, wenn den Besonderheiten des einzelnen rechenschwachen Kindes Rechnung getragen wird.
- Rechenschwäche äußert sich darin, dass ein Kind für einen arithmetischen Inhalt längere Zeit benötigt als andere Kinder. Das scheint banal, es wird aber oft übersehen, dass dies vor allem den *Zahlenraum bis 20* betrifft, der für diese Kinder zu früh verlassen wird. Damit ist keineswegs dem kleinschrittigen Unterricht das Wort geredet, der langsam und behutsam, über viele Wochen verteilt die Zahlen einzeln einführt, im Gegenteil. Zahlen existieren nur in der Beziehung zu anderen Zahlen, die Zahl „9" lässt sich nicht allein denken, sondern nur als zwischen 8 und 10 liegend, als Dreifaches von 3, zwischen 1 und 10, aber nahe an 10 usw. Gerade das Nacheinander-Einführen der Zahlen verstellt den Blick auf die Beziehungen, die zwischen ihnen herrschen, es verstärkt das sukzessive Vorgehen, das zählende Rechnen.

Bereits im Zahlenraum bis 20 muss aber die Ablösung vom Zählen beginnen, müssen auch die rechenschwachen Kinder überlegene Rechenstrategien entwickeln, die sich in größere Zahlenräume produktiv übertragen lassen. Hier entstehen kraftvolle Strukturen. Überspitzt formuliert scheitern rechenschwache Kinder an der Aufgabe 7 000 000 + 6 000 000 nicht, weil der Zahlenraum unangemessen groß ist, sondern weil sie die Aufgabe 7 + 6 nicht bewältigen können. Ein Verweilen bzw. fortwährendes Zurückkommen in diesen schwierigen Zahlenraum ist für Kinder mit Rechenschwäche unabdingbar, wird aber im Unterricht selten realisiert.

1.2 Risikofaktoren im Kind

– *Rechts-Links-Diskriminationsschwäche* ist eine der häufigsten Beobachtungen, die in Beratungsstellen für Kinder mit Rechenschwäche gemacht werden. Die Unterscheidung rechts vs. links ist dabei nicht sprachlicher Natur, sie kann im Gegenteil oft richtig verwendet werden. Aber diese Kinder haben Schwierigkeiten, die Raumlage orientiert wahrzunehmen, nicht nur an sich und ihrem Körper, sondern v. a. am Gegenüber und am Veranschaulichungsmaterial. Nun sind aber viele Anschauungsmittel rechts-links-orientiert, etwa der Zahlenstrahl, die Hundertertafel, auch der Rechenrahmen, da die Handlungen dort in einer festgelegten Richtung ausgeführt werden und die umgekehrte Richtung die Gegenoperation bedeutet. Da die Kinder diese Richtungen verwechseln, kommt es auch zu Zahleninversionen, etwa 46 statt 64.
  Es wird vermutet, dass diese Störung mit einer noch nicht abgeschlossenen Hemisphärenlateralisation zusammenhängt, die beiden Gehirnhälften also noch nicht ihre Funktionen spezialisiert haben. Häufig werden mit der Rechts-Links-Diskriminationsstörung auch unausgeprägte Dominanzen festgestellt, d. h. dass bei diesen Kindern z. B. die rechte Hand, aber das linke Bein, das linke Auge und das rechte Ohr dominant sind. Rein rechts-dominante oder links-dominante Kinder sind bei Rechenschwachen hingegen seltener anzutreffen.
  Diese Kinder produzieren sehr typische Fehler, die aus verbundenen Zahlendrehern und Umkehroperationen bestehen. So rechnen sie beispielsweise 57 + 42 = 95 oder 33, 91, 73, 19. Den Fehlern ist anzusehen, wie sie entstanden sind. Sie geben so Hinweise auf entsprechende Fördermaßnahmen. Deutlich wird auch, dass für diese Kinder ein zusätzliches Übungsprogramm, dass sich auf arithmetische Aufgabensätze beschränkt, nicht tauglich ist: Der Fehlertyp wird dadurch nicht verringert, im Gegenteil die Frustration für die Kinder nur noch vergrößert. (Es ist dann zu überlegen, arithmetische Übungen auszusetzen und die R-L-Diskriminationsschwäche zu behandeln oder stark richtungsbetonte Handlungen mit sprachlicher Unterstützung am Veranschaulichungsmaterial durchzuführen, Materialien abzuändern, etwa den Zahlenstrahl

vertikal oder geneigt zu verwenden etc. Anderenfalls fallen diese Kinder auf die ehemals erfolgreiche, inzwischen aber ungünstige Strategie des Zählens zurück.)

- *Sprachverständnisstörungen* führen zu unterschiedlichen Schwierigkeiten im Unterricht. Zum einen ist Sprache das Leitmedium der Kommunikation innerhalb der Klasse (auch Veranschaulichungsmittel sind Kommunikationsmedien!), so dass eine Sprachrezeptionsstörung das Verständnis der Inhalte wesentlich beeinträchtigt. Der Mathematikunterricht stellt darüber hinaus sehr hohe Anforderungen an das Sprachverständnis von Kindern – mehr als der muttersprachliche Unterricht. So werden kausale Begriffe (wenn ... dann, immer dann ... wenn, manche, viele, fast alle, alle, wenn ... dann nicht u. v. a. m.), präpositionale Begriffe bei den Handlungsausführungen (unter, über, zwischen, vor, nach, neben, der Mittlere, rechts, links, hinter, an, bei etc.) in sehr präziser Bedeutung und relationale Begriffe (größer als, kleiner als, dicker als, länger als, kürzer als) verwendet. Kinder der Eingangsklassen besitzen zwar auch diese Begriffe und verwenden sie, häufig aber in anderer, nicht erwachsenengemäßer Bedeutung. Die Worte werden in der kindlichen Entwicklung verschieden gebraucht, ihr Bedeutungsgehalt ändert sich.
  Rechenschwäche kann in diesem Sinne falsch diagnostiziert werden bzw. sich aufgrund einer vermeintlichen Diagnose erst entwickeln, weil die Sprachdefizite die kommunikativen Schwierigkeiten im Unterricht mit bedingen und das Lernen arithmetischer Inhalte verhindern. Auch hier ist die Förderung an die Feindiagnose gebunden, will sie erfolgreich sein. Sprachverständnisschwierigkeiten treffen zwar Kinder nicht-deutscher Muttersprache häufiger, aber keineswegs nur diese.
- Eine sensorische Beeinträchtigung hat in jedem Unterrichtsfach negative Auswirkungen. Im Mathematikunterricht sind v. a. visuelle Störungen relevant, weil der Aufbau des Zahlenraumes als internes Vorstellungsbild an die Fähigkeit gebunden ist, in der Anschauung geometrische Beziehungen konstruieren zu können, Bewegungen auszuführen und Wege gehen zu können. Arithmetische Operationen werden als vorgestellte Handlungen prototypisch repräsentiert: Die Addition ist ein Hinzufügen (Ankleben, Gewinnen, Hinzutun etc.), die Subtraktion ein Wegnehmen (Verlieren, Absägen, Abschneiden, Verbrennen, ...), die Multiplikation ein wiederholtes Tun (nochmal und nochmal und ...), die Division ein Auf- oder Verteilen. Diese Prototypen stellen im Kopf des Menschen die arithmetischen Operationen dar und werden in Sachkontexten aktualisiert, anderenfalls sind Sach- und Textaufgaben nicht lösbar.
  Kinder mit Störungen im visuellen Bereich und insbesondere in der Anschauung haben Schwierigkeiten, einen vorstellungsmäßigen Zahlenraum zu entwickeln und sich bei (Kopf-)Rechnungen darin zu bewe-

gen, sowie Sachaufgaben zu lösen. Eine Förderung hat dementsprechende Lernvoraussetzungen erst zu schaffen.

- Das *Gedächtnis* spielt in jeder Form des Lernens eine Rolle. Die im Grundschulunterricht zu memorisierenden Inhalte sind allerdings beschränkt (kleines Einspluseins, kleines Einmaleins, die Verfahren der schriftlichen Rechnungen, Umrechnungsregeln von Größen). Beeinträchtigungen des Gedächtnisses führen zu sehr typischen Lernproblemen, sie treten aber (zum Glück) sehr selten auf. Die Fördermöglichkeiten sind in diesen (klinischen) Fällen sehr beschränkt und prognostisch ungünstig.
  Allerdings stellen die Fälle von vermeintlichen Gedächtnisschwierigkeiten das Gros der so diagnostizierten Fälle dar, in denen sich zwar kein klinisches Bild nachweisen lässt, aber die Lerninhalte deshalb nicht (hinreichend) behalten werden, weil sie nicht verstanden wurden. Gerade rezeptives Lernen führt zu Memorisierungsbemühungen mit mäßigem Erfolg. Der Lerninhalt mutet wie ein chinesisches Gedicht an, das zwar kurzfristig behalten werden kann, aber da es nicht an bisheriges Wissen angebunden ist, auch schnell dem Vergessen anheim fällt. (Wir alle kennen dieses Phänomen aus der eigenen Schulzeit: War es nun Zähler mal Nenner und Nenner mal Zähler oder umgekehrt? Sind keine Grundvorstellungen, ist kein Verständnis damit verknüpft, dann kommt es zu gedächtnisbeeinträchtigenden Interferenzen.)
- Stützfunktionen wie *Aufmerksamkeit, Konzentration, Anstrengungsbereitschaft* können zu einem gewissen Teil Lernschwierigkeiten beheben oder auch verstärken. Allerdings ist in diesen Fällen bei der Zuschreibung Vorsicht geboten. Zu leicht werden diese Faktoren zu Eigenschaften des Individuums erklärt, ohne dass situative Bedingungen mit bedacht sind. Aufmerksamkeits- bzw. Konzentrationsmangel oder -unfähigkeit wird dem Kind zugeschrieben (und damit vorschnell die Diagnose ADS nahe gelegt). Aber wir alle sind unkonzentriert, nachdem wir erfolglos versuchen, drei Seiten Kants „Kritik der reinen Vernunft" zu lesen, eine ähnliche Unkonzentriertheit befällt uns hingegen nach drei Seiten FAZ-Lesens selten. Mangelnde Konzentration ist dann keine negative Personeneigenschaft, sondern ein Zeichen dafür, dass die Aufgabe für das Individuum zu schwierig und mit zu hoher Anstrengung verbunden war.
  Anstrengungsbereitschaft entstammt der Einschätzung der eigenen Fähigkeit: Ich strenge mich an, wenn ich Aussicht auf Erfolg habe, weil meine Fähigkeit für die Aufgabe hinreichend ist. Aber genauso ist Anstrengung sinnlos, wenn auch hohe Anstrengung notwendig scheitern muss (der Autor wird sich nicht anstrengen, 2 m hoch zu springen). In ähnlicher Weise kalkulieren Schüler ihre Anstrengung in Mathematik, denn ihre bisher wahrgenommene Leistungsfähigkeit, die durch das Lehrerurteil und dessen Rückmeldung beeinflusst ist, bestimmt den zukünftigen Anstrengungserfolg. (Vermeintlich) rechenschwache Kin-

der strengen sich daher nicht mehr an, so dass sich permanenter Misserfolg einstellt.
Die Wahrnehmung eigener Fähigkeit ist durch Förderung und entsprechende Rückmeldungen veränderbar, so dass Anstrengung sich wieder lohnt. Ein Teufelskreis wird aufgebrochen.

- Wird hingegen dieser Kreis nicht aufgebrochen, wozu es Hilfe von außen bedarf, dann stellen sich negativ verstärkende *sekundäre emotionale Beeinträchtigungen wie Angst, Vermeidung, Schulphobie* ein. Die entsprechenden Hilfsmaßnahmen werden immer dringender, aber auch prognostisch immer ungünstiger, weil die Bereitschaft zu lernen, sich mit mathematischen Problemen zu befassen und sich auch bei schwierigen, komplexen Aufgaben anzustrengen, nicht mehr vorhanden ist. Auch aus diesem Grund ist eine frühzeitige Wahrnehmung der kindlichen Lernschwierigkeiten angezeigt, um einer drohenden Rechenschwäche vorzubeugen (Prophylaxe).

1.3 Risikofaktoren im sozialen Umfeld

- *Familiäre Belastung* wie Scheidung, finanzielle Probleme können zumindest vorübergehend die Leistungsfähigkeit des Kindes einschränken. Da es sich um passagere Beeinträchtigungen handelt, scheinen diese Faktoren vernachlässigbar. Aufgrund des hierarchischen Aufbaus der Mathematik als Lernfach ziehen aber auch kurzzeitige Beeinträchtigungen langfristige Störungen nach sich. Das Fundament, auf dem weitere Lerninhalte aufbauen, ist brüchig, unverstanden und nicht erweiterbar.
  Diese Faktoren sind zwar in der Förderung und durch schulische Maßnahmen nicht angehbar, sie können aber in der Kooperation mit dem Elternhaus gemildert und in ihren negativen Auswirkungen abgeschwächt werden.
- Der *elterliche Erziehungsstil,* wie Überbehütung oder Vernachlässigung, wird eher mit Verhaltensauffälligkeiten oder gar neurotischer Erlebnisweise des Kindes in Verbindung gebracht. Er vermag aber auch das Mathematiklernen zu beeinflussen. So wirkt die Überbehütung, das Abnehmen von Verantwortung neuen Ansätzen der Didaktik entgegen, Kinder auf ihren eigenen Lösungswegen Versuche machen zu lassen, Misserfolge wie Erfolge zu erleben und über sie nachzudenken. Überbehütete Kinder ziehen es hingegen vor, die anderen für sich aktiv werden zu lassen. Der eigenständige Lernweg ist mit Risiken behaftet, Fehler werden in Kauf genommen und wollen überwunden sein. Dies zu scheuen bedeutet, sich selbst von wesentlichen Teilen des Lernprozesses auszuschließen.
  Die Rollenvorgaben, insbesondere bei Mädchen, beeinflusst ihre Tendenz, sich mit der Mathematik auseinander zu setzen. Wird in der Familie ein Bild vorgelebt, das Frauen in schlechter Mathematikfähigkeit

nicht nur toleriert, sondern gar als normal bis wünschenswert erblicken lässt (Mutter: „Ich war auch nie gut in Mathe"), dann wächst ein Selbstklischee heran, das nicht zur Anstrengungsbereitschaft taugt. Das Risiko der misserfolgsorientierten Schülerin steigt.

- Die sonstige häusliche und außerhäusliche Situation, wie Zwillings- oder Geschwisterstellung, das Freizeitangebot und -verhalten, beeinflusst die Bereitschaft des Kindes und die Vielfalt, Erfahrungen aufzunehmen, auf denen Handlungen im Unterricht fußen. Aktivitäten im Alltag sind der Boden, auf dem die Prototypen arithmetischer Operationen und der Zahlvorstellungen wachsen. Allerdings ist dieser Zusammenhang kein direkter, er ist vermittelt und somit nicht immer nachweisbar. Die häusliche und außerhäusliche Situation stellt eher das Klima dar, in dem Erfahrungen gemacht, verarbeitet und reflektiert werden können.

2 Fördermöglichkeiten im Unterricht

Das vorangehende Ursachengeflecht für mögliches Auftreten von Rechenschwäche ist breit und man ist eher geneigt, es einen Ursachensumpf zu nennen. Wenn so viele Faktoren in ihrem Zusammenwirken die gravierende Minderleistung in Mathematik hervorrufen können, wie soll sie dann verhindert oder, wenn dies nicht gelingen kann, reduziert werden? Es gibt wiederum eine Reihe von Maßnahmen inhaltlicher und organisatorischer Art, die in ihrem Zusammenwirken eine Verbesserung für das einzelne Kind darstellen. Aber, überfordern wir die Lehrerinnen und Lehrer nicht, nicht jede, nicht jeder kann neben seinen sonstigen Aufgaben auch Spezialist/in für Rechenschwäche sein. Es ist daher notwendig, in einer Klassenstufe, in einem Kollegium und in einem Schulverbund bestimmte Kolleginnen bzw. Kollegen mit dieser Aufgabe zu betrauen und ihnen entsprechende Fortbildungsmöglichkeiten und Freiräume zur Verfügung zu stellen.

2.1 Verbesserung des Unterrichts

Der Unterricht für Kinder mit Rechenschwäche ist in seiner Zielsetzung nicht anders als für andere Kinder. Er soll

- Zahlensinn
- ein Verständnis der Rechenoperationen
- einen flexiblen Einsatz der Rechenstrategien
- ein Problemlöseverhalten
- ein Anwenden von mathematischen Kenntnissen in Alltagssituationen

u. Ä. entwickeln. Die Zielsetzung kann und sollte für rechenschwache Kinder nicht anders aussehen, der Unterricht sollte nicht zieldifferent gestaltet sein.

Unklarheit herrscht darüber, ob das methodische Vorgehen für rechenschwache Kinder unterschiedlich ist. Nun ist belehrender Unterricht, der auf bloße Rezeption des Vorgebrachten aus ist und eigenständiges, konstruierendes aktives Vorgehen unterbindet, auch für leistungsstarke Schüler nicht optimal, im Gegenteil. Diese können aber die Nachteile des Unterrichts kompensieren, sie lernen trotz des Unterrichts. Nicht so die Rechenschwachen. Sie sind in hohem Maße von der Qualität des Unterrichts abhängig. Ihnen muss Gelegenheit zum Verstehen gegeben werden. Sie benötigen Zeit, die Handlungen, die den arithmetischen Operationen unterliegen, durchzuführen und vor allem über sie nachzudenken. Um dies an einem Beispiel zu erläutern:

- Die Kinder führen die Handlung an einem Veranschaulichungsmittel durch. (Üblicherweise wiederholen sie diese Handlungen beliebig oft, ohne dass ein Lernfortschritt zu beobachten ist, und die große Ratlosigkeit tritt auf.)
- Die Handlung wird nur teilweise ausgeführt, den Fortgang der Handlung muss das Kind beschreiben. Dies dient dazu, sich die Handlung vorzustellen, und erst hierüber entstehen Strukturen im Kopf.
- Das Kind malt die Handlung, die es nicht ausführt, auf, den Handlungsverlauf und das Handlungsprodukt.
- Ersatzweise kann die Handlung noch unter einem Tuch erfühlt werden, was eine Erleichterung und deshalb die letzte Hilfe darstellt.

In Untersuchungen zeigt sich immer wieder, dass die leistungsstarken Kinder die Veranschaulichungsmittel nicht mehr benötigen und die Übersetzung ihrer Lösungswege in diese Materialien eher als lästig und als zusätzliche Aufgabe ansehen, und dass die leistungsschwachen Schüler vom Umgang mit den Materialien auch nach häufigem Gebrauch nicht profitieren.

Unterricht wird für die rechenschwachen Kinder dadurch besser, dass

- er sie in ihren individuellen, auch fehlerbehafteten Lösungsversuchen unterstützt, auch ihre Lösungsversuche ernst nimmt und nicht nur die leistungsstarken Kinder bevorzugt;
- er die vorurteilsfreie Kommunikation zwischen den Kindern über die individuellen Lösungswege und Lösungsstrategien anregt, sie sogar zum Hauptthema des Unterrichts macht; denn hierdurch werden die Kinder angeregt, über die Denkwege anderer nachzudenken, schon allein, indem sie diese zu verstehen versuchen;
- die belehrende, einseitig von der Lehrperson in die Kinderköpfe gerichtete Kommunikation abnimmt zugunsten einer beobachtenden, diagnostischen Lehrerrolle: Beobachten und Verstehen anstelle des Instruierens;
- aufgrund der individuellen Denk- und Rechenwege den (rechenschwachen) Kindern andere Aufgaben zur Verfügung gestellt werden (z. B. Aufgaben, die bei ihren fehlerbesetzten Lösungswegen zu offensichtlichen Konflikten führen und daher von den Kindern selbst korrigiert werden können: Es kommt zu Aha-Effekten mit sprunghaftem Lernanstieg).

Auch wenn dies nach neuen didaktischen Ansätzen die Qualität des Mathematikunterrichts prinzipiell kennzeichnet, so sind es doch die rechenschwachen Kinder, die hiervon am meisten profitieren.

2.2 Die „diagnostische Kompetenz"

Es muss leider angeführt werden, dass der Umgang mit Rechenschwäche in der Grundschule zu häufig drei Charakteristika aufweist:

- Das Problem wird zu spät erkannt, manchmal gar nicht. Obwohl es inzwischen Ansätze zu einer Früherkennung gibt (so lassen sich mit dem OTZ Risikokinder identifizieren; in Ludwigsburg wird zz. ein Früherkennungsdiagnostikum für das Vorschulalter entwickelt), wird ein spezielles Augenmerk auf Problemschüler selten gelenkt. Die medizinische Schuleingangsdiagnostik ist aber nicht geeignet, die zukünftigen Problemkinder zu identifizieren, da die Fragestellung eine andere ist. So wird die Rechenschwäche als Problem umgangen, nicht angegangen.
- Es lässt sich eine Tendenz beobachten, aus wohlgemeinten pädagogischen Gründen die Kinder einen sehr langen Zeitraum sich selbst zu überlassen und ihre individuelle Entwicklung lediglich wohlwollend zu begleiten. Lernschwierigkeiten, die sich im Laufe der ersten beiden Schuljahre zur Rechenschwäche ausweiten können, werden zwar nicht ignoriert, aber geflissentlich verniedlicht, „das gibt sich ja noch, nur nichts dramatisieren".

  Diese Einstellung ist nicht mit der vorangehenden zu verwechseln, die den Kinder eigene, auch lehrbuchferne Lösungsversuche gestattet, ja diese sogar animiert. Was hier gemeint ist, kennzeichnet eine kindertümelnde Haltung, die eher aus der erlebten Hilflosigkeit gegenüber diesen Problemkindern erwächst. Ihr fehlt der diagnostische Blick und die Möglichkeit, auf diese Kinder angemessen zu reagieren, ihre Fehler zu interpretieren und mit evtl. vorhandenen kognitiven Schwierigkeiten in Verbindung zu bringen, die als Lernvoraussetzungen vorab entwickelt und daher gefördert werden müssen.
- Lernschwierigkeiten werden zwar erkannt, aber erste Hinweise auf eine Verbesserung vorschnell als Entwicklungsfortschritt fehlinterpretiert und die Rechenschwäche wieder bagatellisiert. So erleben die Kinder (und manchmal die Eltern) zwar die Lernschwierigkeit bereits in der ersten Klasse, z. B. erhöhten Zeitbedarf, Fehler in Überzahl, aber die Lehrperson registriert diese erst in der zweiten Klasse. Wenn jedoch gegen Ende der zweiten Klasse das Kind einen unerwarteten Aufschwung zeigt, wird dies als Verschwinden der Lernschwierigkeit gedeutet, die sich damit als entwicklungsbedingt und somit nur als vorübergehend erwiesen hat. Das hier andere Anforderungen vorlagen, etwa lediglich an das Gedächtnis, wird übersehen. Und dass das Kind in Klasse 3 die schriftlichen Verfahren lösen kann, besagt meist nur, dass es weiterhin

ein hervorragender Zähler ist, aber nicht dass es ein Verständnis für die verwendeten Zahlen ausgebildet hat.

Es bedarf daher dringend einer Erhöhung der diagnostischen Kompetenz, um Rechenschwäche frühzeitig und damit prognostisch günstig zu erfassen. Im Zusammenwirken mit einer veränderten Unterrichtskultur (s. o.) lässt sich die eigene Rolle dahingehend verändern und die Zeit nutzen, einzelne Kinder gezielter zu beobachten. Liegen dann Verdachtsmomente vor, die darauf hinweisen, dass das Kind Defizite oder Förderbedarf in spezifischen kognitiven Bereichen (Anschauung, Raumwahrnehmung, Gedächtnis, Sprachverständnis) aufweist, dann lässt sich eine Kooperation mit Beratungslehrerin, Schulpsychologin, Sonderschullehrerin oder Kollegin unter dieser Fragestellung initiieren, es lassen sich spezielle Tests durchführen, ein Gesamtbild des Kindes erstellen und eine gezielte Förderung anregen oder selbst durchführen.

Aber die Erstdiagnose bleibt genuine Aufgabe der Mathematiklehrerin!

2.3 Konzepte der Fördermaßnahmen

Konzepte der Förderung im inhaltlichen Sinne sind in einer ganzen Reihe von Veröffentlichungen beschrieben worden, sie werden an dieser Stelle nicht alle wiederholt. Auch die Verbindung von bestimmten Fehlertypen zu kognitiven Schwierigkeiten im Sinne von (Früh-)Hinweisen ist bekannt. Es scheint eher notwendig, allgemeine Prinzipien darzulegen.

- Förderung bei rechenschwachen Kindern sollte idealiter nur als Einzelförderung stattfinden. Dies zu realisieren ist im Schulalltag erfahrungsgemäß schwierig, die organisatorischen Rahmenbedingungen stehen meist dagegen, die Zeit- und Finanzrahmen lassen dies nicht zu. Es scheinen aber trotz ungünstiger äußerer Bedingungen nicht alle Möglichkeiten ausgeschöpft.

  Es ist auch Einzelförderung im Klassenverband möglich. Hierzu muss die Unterrichtsform offen sein und Arbeiten an unterschiedlichen Problemen zulassen. Dies ist in jedem Unterricht phasenweise möglich, und eine permanente Einzelarbeit wäre auch bei Rechenschwäche aufgrund dann fehlender Kommunikation, mangelnden Austauschs mit den Klassenkameraden über Lösungswege nicht angezeigt. Es sind selbst gezielte Fördermaßnahmen für kognitive Fähigkeiten (Raumvorstellung, sprachliche Arbeit an Texten etc.) durchführbar, ohne die sonstige Klassenatmosphäre zu belasten.
- In speziell bereitgestellten Förderstunden wird häufig ein Gruppenunterricht durchgeführt. Dies wurde bereits für rechenschwache Kinder als ungünstig charakterisiert. Darüber hinaus bestehen diese Förderstunden aber auch meist aus einer Wiederholung jener Unterrichtsentwürfe, die bereits einmal schon wenig erfolgreich durchlaufen wurden. Die Notwendigkeit, die Darstellung, die Problemstellung, die Arbeit mit dem Material oder Ähnliches abzuändern, wird nicht ge-

sehen. *Erfolgloser Unterricht wird aber auch durch Wiederholung nicht erfolgreich.* Rechenschwache Kinder benötigen Probleme und Hinweise, die es ihnen ermöglichen, in die Zone ihrer nächsten Entwicklung vorzustoßen. So besitzen sie (fast immer) Fähigkeiten, die es ihnen erlauben, sich vom zählenden Rechnen fortzubewegen, sie nutzen sie aber nicht. Die Aufgabe in den Förderstunden besteht nun darin, nicht Rechenstrategien zu unterrichten, sondern die vorhandenen Fähigkeiten zu identifizieren und von diesen weitergehend die Kinder selbst neue entwickeln zu lassen.

So gelingt es z. B., den Kindern bewusst zu machen, dass sie die Lösung von 7 + 10 wissen. Was ist dann 7 + 9? Beginnen die Kinder wieder mit dem Zählen, dann muss dies unterbunden werden. Die Kinder sollen sich überlegen, ob die Lösung mehr oder weniger ist als 7 + 10, und um wie viel weniger. Die Kinder müssen erleben, direkt erfahren, dass sie selbst es schneller und besser beherrschen, als wenn sie zählen. Dieses Erleben der eigenen Kompetenz führt neben einer Ich-Stärkung und Risikobereitschaft zur Ausbildung neuer Strategien. Dies ist so direkt und schnell nur in einer Einzelförderung möglich, auch wenn ähnliche methodische „Tricks" bereits im Unterricht angewendet wurden.

2.4 Mitarbeit der Eltern

Die Beziehung zwischen Eltern und Schule reduziert sich bei rechenschwachen Kindern schnell auf das bekannte Spiel „Wer hat den Schwarzen Peter?". Die Eltern werfen der Schule Versagen vor, die Schule erwartet von dem Kind solcher Eltern nicht viel, so dass sich der aktuelle Zustand zu versteinern droht. Hinzu kommt, dass die besorgten Eltern von sich aus Anstrengungen unternehmen, dem Kind die notwendigen Lerninhalte selbst beizubringen oder dies außerschulischen Einrichtungen übertragen. In beiden Fällen erweisen sich die Bemühungen aber oft als erfolglos.

So ist bei den Kindern die Vielfalt didaktischer Erklärungen (morgens die Lehrerin, nachmittags der Großvater, abends die Mutter) kontraproduktiv. Die Verwirrung über die unterschiedlichen Erklärungen ist größer als der seltene Lerngewinn. Bei außerschulischen Einrichtungen ist immer das Problem der Qualität gegeben. In seltenen Fällen nur liegen der Schule aufgrund von Kooperationen Erfahrungen vor, die ein „Institut für Dyskalkulie" empfehlenswert erscheinen lassen. Die Krux besteht darin, dass es eine Ausbildung zum Dyskalkulietherapeuten (noch) nicht gibt, auch wenn dazu in jüngster Zeit Ansätze bestehen. Der Titel „Dyskalkulietherapeut" ist darüber hinaus nicht geschützt, so dass jeder, ob mit oder ohne Ausbildung, sich so nennen darf. Häufig fehlen Kenntnisse in Mathematikdidaktik oder in Psychologie oder in beiden Bereichen. Es ist dann an der Schule, im Sinne ihrer Kinder diese Einrichtungen gründlich zu überprüfen.

Aus diesem Grund ist immer die Mitarbeit der Eltern notwendig. Sollten außerschulische Fördermaßnahmen notwendig werden, so sind diese mit der Schule abzusprechen und zu planen. Auch die Entscheidung, wann eine Therapie als erfolgreich abgeschlossen gilt, kann nur in Übereinstimmung zwischen Eltern und Schule getroffen werden.

Sollten Eltern selbst häusliches Üben unterstützen wollen, dann sind entsprechende Prinzipien zu verabreden, die peinlichst eingehalten werden sollten, um den schulischen Fördereffekt nicht zu gefährden:

- Die Eltern dürfen keine didaktischen Erklärungen versuchen, sie müssen sich jeder curricularen Arbeit enthalten.
- Sie werden in bestimmte Übungsformen eingeführt, die sich auf die Unterstützung bei Automatisierungen (kleines Einspluseins, Einmaleins) beschränken.
- Sie dürfen die Hausaufgaben nicht überwachen, denn diese sind für die Lehrperson diagnostisch wesentliche Informationen; keine Lehrerin möchte wissen, wie gut die Mutter rechen kann. Die hervorragenden Hausarbeiten verleiten im Gegenteil dazu im Stoff fortzufahren, obwohl viele Kinder der Klasse nicht auf dem Stand ihrer eigenen Hausaufgaben sind.

Eine erfolgreiche Förderung bei Rechenschwäche ist nur in gutem Klima mit den Eltern und enger Kooperation erreichbar. Die Schule hat hierbei die Expertenrolle und damit auch die Verantwortung inne.

3 Kompetenzerweiterung der Schule

Nicht alle Schulen fühlen sich für das Problem rechenschwacher Kinder hinreichend gerüstet. Es besteht fraglos ein enormer Nachholbedarf an schulinterner und schulexterner Fortbildung. Hier sind die Schulämter in die Pflicht zu nehmen. Trotzdem gelingt es inzwischen einer Reihe von Schulen, selbst initiativ tätig zu werden, ihre Kompetenz zu erhöhen und ein eigenständiges Schulprofil zu entwickeln. Nicht alle Ressourcen scheinen ausgeschöpft.

3.1 Die Fachkonferenz

Die Vorgaben der Schulaufsicht sind in den einzelnen Bundesländern unterschiedlich ausformuliert, aber meist existiert ein breiterer Spielraum als bereits ausgeschöpft. Die Fachkonferenz könnte im Falle eines rechenschwachen Kindes beschließen, vorübergehend die Benotung auszusetzen. Hiermit könnte erreicht werden, dass die emotionale Belastung, die schlechte Noten nun mal mit sich bringen, reduziert wird und in der Förderung wie im Unterricht eine entspannte Atmosphäre herrscht. Permanente negative Rückmeldungen wirken motivationshemmend. Hierfür ist es allerdings unerlässlich, dass sich die Fachkonferenz selbst so organisiert, dass die interne Berichterstattung und wechselseitige Beratung über rechenschwache Kinder zur Selbstverständlichkeit wird. Dies würde, so weiß der Autor, in einigen Kollegien durchaus auf Widerstand treffen, denn es verändert die Kommunikation zwischen KollegInnen. Man muss sich öffnen, Kritik am eigenen Unterricht aushalten bzw. ihn rechtfertigen. Inhaltliche Themen, die auch den eigenen Unterricht betreffen, zu Vergleichen und zur Reflexion über die eigene Tätigkeit herausfordern, werden gern vermieden. Eine Qualitäts- und Kompetenzsteigerung erscheint aber nur hierüber möglich.

Es soll aber auch nicht übersehen werden, dass der motivationale Schub, den eine Notenaussetzung mit sich bringen soll, häufig weniger stark ausfällt als erhofft. Die Kinder können i. d. R. sehr gut einschätzen, wie ihre Fähigkeiten im Vergleich zu den Klassenkameraden sind. Eine Rückmeldung ist nicht notwendig, sie erleben ihre Fehlerhäufung und ihre Langsamkeit.

3.2 Schulinterne Lehrerfortbildung

Da der Kenntnisstand zum Thema Rechenschwäche in vielen Kollegien zumindest entwicklungbedürftig ist, sollten schulinterne Fortbildungen angeboten werden. Sie lassen sich hausintern durchführen, wenn sich KollegInnen bereit erklären, sich selbst kundig zu machen oder schulexterne Lehrerfortbildungsveranstaltungen zu besuchen und den gewonnen Informationsgewinn weiterzugeben. In dieser Weise gelingt es, dass sich einzelne Lehrkräfte als

3.3 Schulinterne Berater für Rechenschwäche

qualifizieren. Ihre Aufgabe ist es,
- innerhalb der Schule jene Kinder zu überprüfen, bei denen (hoffentlich frühzeitig) eine Rechenschwäche vermutet wird,
- für sie einen Förderplan auszuarbeiten,
- die Fortschritte der Förderung zu überwachen.

Es versteht sich von selbst, dass die Qualifizierung keine punktuelle sein kann, sondern durch eine ständige Weiterbildung gestützt wird. Ebenso selbstverständlich ist, der mit dem Themenbereich Rechenschwäche betrauten Lehrkraft in Absprache mit der Schulaufsicht eine Reduzierung der Unterrichtsverpflichtung zu gestatten.

3.4 Möglichkeiten im Schulverbund

Inzwischen haben sich Versuche etabliert, die Kompetenzen für das Problem Rechenschwäche zu bündeln. Bei enger Kooperation erscheint es möglich, dass sich eine Schule als Förderzentrum formiert. Sie muss über geeignet qualifizierte Lehrkräfte verfügen und nicht nur schulintern die Beratung, Weiterbildung und Förderplanung durchführen, sondern für einen lokalen Schulbezirk verantwortlich zeichnen (m. W. wird dies aktuell im Schulamtsbezirk Heilbronn versucht).

Die Schulen bilden einen Schulverbund, in dem die Lehrkräfte sich zu „Spezialistinnen" für bestimmte Fragestellungen entwickeln und die gewonnene Kompetenz anderen Schulen zur Verfügung stellen. Jede Schule gewinnt so ein eigenes Profil, das im Verbund mit den kooperierenden Schulen die Gesamtqualität steigert.

Literatur

Dehaene, S. (1999): Der Zahlensinn – oder: Warum wir rechnen können. Basel: Birkhäuser.

Fritz, A., Ricken, G. & Schmidt, S. (Hg., 2003): Rechenschwäche. Lernwege, Schwierigkeiten und Hilfen bei Dyskalkulie. Weinheim, Basel, Berlin: Beltz.

Ganser, B. (1997): Rechenstörungen. Diagnose – Förderung – Materialien. Donauwörth: Auer.

Gerster, H.-D. (1982): Schülerfehler bei schriftlichen Rechenverfahren. Freiburg: Herder.

Grissemann, H. & Weber, A. (1982): Spezielle Rechenstörungen – Ursachen und Therapie. Bern: Huber.

Grissemann, H. (1996): Dyskalkulie heute. Bern: Huber.

Hitzler, W. & Keller, G. (1995): Rechenschwäche – Formen, Ursachen, Förderung. Donauwörth: Auer.

Klewitz, G. & Köhnke, A. (1997): Fördern im Mathematikunterricht (IV). Gezielte Förderung – Was kann man tun? Grundschulunterricht, 44(1), 39–41.

Krüll, K. E. (1994): Rechenschwäche – was tun? München: Reinhardt.

Lobeck, A. (1996): Rechenschwäche – Geschichtlicher Rückblick, Theorie und Therapie. Luzern: SHZ.

Lorenz, J. H. (1987): Lernschwierigkeiten und Einzelfallhilfe. Göttingen: Hogrefe.

Lorenz, J. H. (1990): Lernschwierigkeiten: Forschung und Praxis. Köln: Aulis.

Lorenz, J. H. (1991): Störungen beim Mathematiklernen: Schüler, Stoff und Unterricht. Köln: Aulis.

Lorenz, J. H. (1992): Anschauung und Veranschaulichungsmittel im Mathematikunterricht. Göttingen: Hogrefe.

Lorenz, J. H. & Radatz, H. (1993): Handbuch des Förderns im Mathematikunterricht. Hannover: Schroedel.

Lorenz, J. H. (2003): Lernschwache Rechner fördern. Berlin: Cornelsen

Milz, I. (1997): Rechenschwäche erkennen und behandeln. Dortmund: Reinhardt.

Nolte, M. (2000): Rechenschwächen und gestörte Sprachrezeption. Bad Heilbrunn: Klinkhardt.

Peter-Koop, A. (1998): Das besondere Kind im Mathematikunterricht der Grundschule. Offenburg: Mildenberger.

Rottmann, T. & Schipper, W. (2001): Das Hunderter-Feld – Hilfe oder Hindernis beim Rechnen im Zahlenraum bis 100? Journal für Mathematikdidaktik, 33(3), 51–74.

Schilling, S. & Prochinig, T. (1988): Dyskalkulie. Winterthur: Schubiger.

Schulz, A. (1995): Lernschwierigkeiten im Mathematikunterricht der Grundschule. Berlin: paetec.

BEATE SUNDERMANN UND CHRISTOPH SELTER

Leistung im Mathematikunterricht

Die Konzeption des entdeckenden Lernens wird sich vermutlich in der Unterrichtsrealität nur dann auf breiter Basis durchsetzen können, wenn hierzu stimmige Formen des Umgangs mit dem Thema Leistung etabliert werden. Als einen orientierenden Rahmen wollen wir im Folgenden fünf Leitideen formulieren, durch fachbezogene Beispiele illustrieren und durch Hinweise auf mathematikspezifische Literatur ergänzen.

Die erste Leitidee stellt gewissermaßen die Grundvoraussetzung für das u. E. anzustrebende Verständnis von Leistung im Mathematikunterricht dar.

Kompetenzorientiert wahrnehmen

Lehrerinnen und Lehrer richten ihre Beobachtungen sensibel darauf, was das einzelne Kind kann und welche Aufgabenstellungen oder Lösungswege es wählt – selbst dann, wenn seine Äußerungen oder Handlungen auf den ersten Blick unverständlich oder unzusammenhängend erscheinen. Fehler und Schwierigkeiten können erfolgreich überwunden werden, wenn ihre Ursachen aus solcher kompetenzorientierter Perspektive erkannt werden und eine gezielte Förderung erfolgt.

Den Grundgedanken der Kompetenzorientierung wollen wir zunächst anhand eines Beispiels diskutieren. In verschiedenen Untersuchungen wurden Kindergartenkindern und Schulanfängern geschriebene Zahlen vorgelegt (vgl. Spiegel & Selter 2003, S. 12 f.). Sie sollten das zugehörige Zahlwort benennen. Viele von ihnen konnten dieses schon erstaunlich gut. Andere gaben unerwartete Antworten.

vorgelegt	gesagt
10	Einzig
10	Nullzehn
12	Zehnzwei
12	Zweizehn
20	Zweizig
86	Achtundsechzig
110	Elfzig
110	Zehnhundert
125	Fünfundzwanzighundert

Diese Äußerungen können ganz unterschiedlich wahrgenommen, interpretiert und bewertet werden. Wie, das hängt wesentlich von der eigenen Einstellung gegenüber den Kindern ab. So kann man ihr Denken und Lernen vorwiegend *defizitorientiert* sehen. Dabei orientiert man sich hauptsächlich an dem, was richtig ist, und daran, was die Kinder noch lernen müssen. Abweichungen von dieser Norm bewertet man als Defizite. Solche Fehler müssen verbessert oder besser noch: verhindert werden.

Im Gegensatz dazu kann man auch versuchen, das Denken und Lernen der Kinder bewusst *kompetenzorientiert* wahrzunehmen. Dann interessiert man sich im Besonderen für das, was die Kinder schon können. Man bemüht sich, ihre Denkweisen grundsätzlich als sinnvolles Vorgehen zu verstehen und den Kindern dieses wohlwollende Interesse auch zu signalisieren (vgl. Selter & Spiegel 2001; Spiegel & Selter, in diesem Band). Die Kinder erfahren so, dass das, was sie sich gedacht haben, Ernst genommen wird. Sie können die Erfahrung sammeln, dass sie selbst Dinge herausfinden können, sei es mit oder ohne die Hilfe von Erwachsenen.

Die von den Kindern genannten Zahlwörter sind keine Zufallsprodukte. Ihnen liegen vernünftige Überlegungen zugrunde. Denn sie versuchen, Regeln, die sie bereits kennen, auf weitere Bereiche auszudehnen. Wortschöpfungen wie ‚ein-zig' erklären sich aus der Analogie zu ‚fünf-zig' oder ‚sieb-zig'. Wenn es Zahlwörter wie ‚drei-zehn' oder ‚vier-zehn' gibt, warum soll es dann kein ‚null-zehn' oder ‚zwei-zehn' geben? Im Zahlenraum bis 100 nennt man zuerst die Einer-, dann die Zehnerzahl (‚acht-und-vierzig'). Ein Schulanfänger muss noch nicht wissen, dass diese Konvention bei größeren Zahlen nicht mehr gilt (‚zehn-hundert').

Der kompetenzorientierte Blick zieht keineswegs kontinuierliche Beschönigung und den völligen Verzicht auf die Einnahme der defizitorientierten Perspektive oder auf das Erklären nach sich. Aber man sollte getreu der Devise ‚Erst verstehen, dann verstanden werden' handeln (Wielpütz 1998), wie es auch die Lehrerin in der folgenden Episode beherzigt.

Vor den Zweitklässlern liegt eine Hundertertafel, in der von links oben nach rechts unten die Zahlen von 1 bis 100 eingetragen worden sind. Die Lehrerin zeigt auf die 41, die 51, die 61 und die 71 und fragt, was daran besonders sei. Lina meldet sich und sagt: „Die haben alle dieselbe Vorderzahl!"

41		
51		
61		
71		

Im ersten Moment ist die Lehrerin überrascht. Hat Lina den Aufbau der Zahlen aus Zehnern und Einern noch nicht richtig verstanden? Ist ihr die Struktur der Hundertertafel unklar? Hat sie eine Wahrnehmungsstörung, so dass sie zunächst die Einer und dann die Zehner sieht? Oder hat sie nicht aufgepasst? Vielleicht hat sich Lina aber auch etwas Vernünftiges überlegt. Daher fragt die Lehrerin: „Wie meinst du das?" „Na, erst kommt ein-undvierzig, dann ein-undfünfzig, dann ein-undsechzig, dann ein-undsiebzig. Immer die Eins vorne!" sagt Lina ganz selbstverständlich. Und die Lehrerin versteht.

Wenn es beim Lernen Probleme gibt, kann der kompetenzorientierte Blick helfen, die defizitorientierte Sichtweise zu relativieren. Denn häufig machen Kinder vieles richtig, auf dem man aufbauen und sie dann zielgerichtet fördern kann. Könnenserfahrungen sind für das Lernen unverzichtbar. Werden hingegen nur – durchaus in guter Absicht – die Defizite gesehen und benannt, kann das die Selbst- wie auch die Fremdwahrnehmung des Kindes in ungünstiger Weise verändern. Den Kindern wird wenig zugetraut, sie trauen sich selbst wenig zu, leisten weniger, als sie könnten. Die Konsequenz daraus ist, dass ihnen noch weniger zugetraut wird – ein Teufelskreis.

Auch aus diesem Grund denken wir, dass es wichtig ist, dass Lehrerinnen wissen wollen, was Kinder können. Ebenso notwendig ist es u. E., dass Kinder wissen müssen, was Lehrerinnen wollen. Somit formulieren wir die zweite Leitidee.

Zieltransparent herausfordern

Im Dialog mit den Kindern werden Aufgaben, Zielsetzungen und Beurteilungskriterien transparent. Kinder müssen – natürlich auf altersabhängig unterschiedlichem Reflexionsniveau – zunehmend Klarheit darüber gewinnen können, was sie aus welchen Gründen, auf welchen Wegen und mit welchen Hilfen lernen.

Hausheer (2001) beschreibt am Beispiel des Themas ‚Orientierung im Tausenderraum', wie sie den Kindern Gelegenheiten einräumt, solche Transparenz zu erlangen. Zunächst führt sie eine Eingangs-Standortbestimmung durch, in der die grundlegenden Aktivitäten, die den Unterricht der nächsten Wochen bestimmen werden, durch Beispiele vertreten sind. Mit Hilfe einer Tabelle nehmen die Schülerinnen und Schüler eine Selbsteinschätzung vor: ‚Was kann ich? Daran muss ich noch üben. Das muss ich noch lernen.' Wir drucken einen Ausschnitt dieser Standortbestimmung ab.

9. Ergänze zum nächsten Hunderter!

317 + 83 ✓. = 400
470 + 30 ✓. = 500
653 + 47 ✓. = 700
525 + 75 ✓. = 600

110 + 33 • = 143 •
340 + 4 • = 344 -
386 + 10 • = 544 -
498 + 2 ✓. = 500 ✓.

10. Immer 1000

799 + 201 ✓. = 1000
697 + 303 ✓. = 1000

720 + 280 ✓. = 1000
595 + 305 • = 1000

So habe ich gearbeitet

Nr.	Aufgabe	Das muss ich noch lernen	Daran muss ich noch üben	Das kann ich schon
1	Zahlendiktat			X
2	Schreibe in Ziffern			X
3	Schreibe mit Buchstaben			X
4	Orientierung am Tausenderstrahl			X
5	Nachbarzahlen			X
6	Vergleichen			X
7	Stellentafel	X		
8	Symbole erkennen	X		
9	Ergänzen zum nächsten Hunderter			X
10	Immer 1000			X

- Diese Aufgaben kann ich schon
- Diese Aufgaben sind neu für mich
- Das ist mein Vorsatz für den Arbeitsplan Orientierung im Tausender

Zahlenbegriff Kann ich.
Tausenderstrahl Kann ich.
Nachbar zahlen Kann ich
Zahlen der grösse nach ordnen Kann ich
Stellentafel Diese Aufgaben sind für mich neu.
Symbole erkennen Kann ich.
Rechne muss ich noch üben

Fehleranalyse

Die Analyse der Schülerarbeiten ergibt das keinesfalls überraschende Ergebnis, dass einige Kinder alle Aufgaben ohne Fehler lösen, während für andere noch einiges fremd ist. Nach Rückgabe der von der Lehrerin durchgesehenen Standortbestimmung stellen die Lernenden zusammen mit der Lehrerin fest, wo sie stehen und wie sie weiterarbeiten wollen.

Für die anschließende individualisierende Arbeitsphase stellt die Lehrerin dann verschiedene Übungsangebote zur Verfügung. Dabei unterstützt sie die Lernenden als Beraterin. Jedes Übungsangebot gibt an, auf welches Lernziel es sich bezieht, ob damit also beispielsweise das Ergänzen zum nächsten Hunderter oder das Darstellen von Zahlen in der Stellentafel geübt wird. Viele Kinder haben gelernt, ihren Arbeitsplan auf der Grundlage dieser Angebote weitgehend selbst zusammenzustellen. Für Leistungsstarke stehen weiterführende Angebote und Anregungen bereit (vgl. auch Geering & Kunath 2001).

Nach drei Wochen beendet die Lehrerin die Unterrichtseinheit mit einer Lernkontrolle. Auch dieses Leistungsergebnis wird von und mit den Kindern reflektiert und mit der Eingangs-Standortbestimmung verglichen. Die einzelnen Lernschritte werden schriftlich festgehalten und anschließend mit den Kindern besprochen.

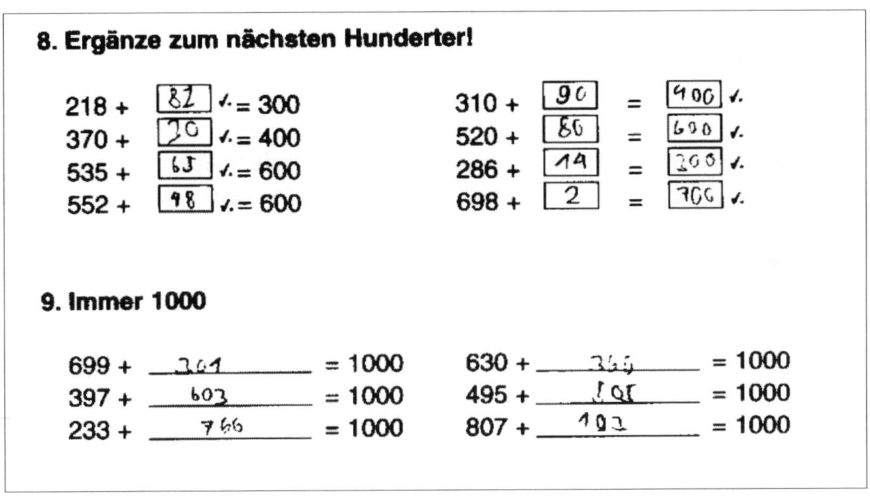

8. Ergänze zum nächsten Hunderter!

218 + 82 ✓ = 300　　310 + 90 = 400 ✓
370 + 30 ✓ = 400　　520 + 80 = 600 ✓
535 + 65 ✓ = 600　　286 + 14 = 300 ✓
552 + 48 ✓ = 600　　698 + 2 = 700 ✓

9. Immer 1000

699 + 301 = 1000　　630 + 366 = 1000
397 + 603 = 1000　　495 + 505 = 1000
233 + 766 = 1000　　807 + 193 = 1000

Hausheer (2001) merkt an, dass sie bei diesen Lerngesprächen besonders auf die Reflexion der Lernstrategien achte. Alle Kinder hätten dazu gelernt und staunten über ihre Lernfortschritte: „Ich habe das Ergänzen zum nächsten Hunderter gelernt." – „Ich habe den anderen beim Lernen geholfen." – „Ich kann jetzt selber die richtigen Aufgaben auswählen."

Wir denken, dass es bereits für Grundschülerinnen und Grundschüler wichtig ist, über ein gewisses Maß an Bewusstheit über das eigene Lernen zu verfügen. Wenn die Kinder etwas leisten sollen, müssen sie wissen, was die Erwartungen und die Rahmenbedingungen sind. An diesen Maßstäben können die Kinder dann auch das orientieren, was sie in Zukunft lernen wollen bzw. das, was sie in der Vergangenheit (nicht) getan haben.

Solches Nachdenken über das eigene Lernen und Leisten – sei es mündlich oder schriftlich – und die damit verbundenen zielgerichteten und transparenten Anregungen zum Weiterlernen sind für die individuelle Leistungs*förderung* unverzichtbar. Im kommenden Abschnitt wollen wir andeuten, wie eine individuelle Leistungs*feststellung* aussehen kann.

Differenziert feststellen

Individuelle Kompetenzen und Defizite sollen kontinuierlich und differenziert festgestellt werden. Hierbei sind nicht allein korrekte Ergebnisse, sondern auch Lö-

sungsprozesse maßgebend. Flexible Zeitvorgaben bei Leistungsfeststellungen unterstützen das Kind dabei, seine Kompetenzen zu zeigen. Bei manchen Inhalten allerdings ist das Einhalten von Zeitbeschränkungen Teil der Leistung.

Es ist offenkundig, dass individualisierender Unterricht auch regelmäßiger und individualisierender Formen der Leistungsfeststellung bedarf. Dazu müssen Lernwege auf vielfältige Weise dokumentiert werden, etwa indem die Lehrerin wichtige Ereignisse des Schultages in einem Heft notiert oder indem sie die Arbeitsprodukte der Kinder analysiert. Fragestellungen, um die eigenen Beobachtungen in der Komplexität des Unterrichtsalltags zu fokussieren, geben Kurhofer und Szacknys-Kurhofer (2001; vgl. auch Radatz u. a. 1998, S. 164–167) beispielsweise

- Welche eigenen Aufgaben, Zahlenmauern, Rechendreiecke, … erfindet das Kind selbst (Komplexitätsgrad?, Zahlenraum?)?
- Welche Rechenstrategien werden in den Aufgabenbearbeitungen sichtbar?
- Inwieweit kann das Kind mathematische Zusammenhänge oder eigene Vorgehensweisen sachangemessen und verständlich erklären?
- Kann das Kind Überschlagsrechnungen durchführen und zur Kontrolle von Ergebnissen sinnvoll nutzen?

Bei Leistungsfeststellungen sollte nicht nur auf die Resultate, sondern auch auf die Vorgehensweisen geachtet werden: Die Lern*prozesse* sind genauso wichtig wie die Lern*produkte.* Da schriftliche Aufgabenbearbeitungen – selbst wenn sie offen gestaltet sind – nur eine beschränkte Aussagekraft haben, stellen auch Gespräche mit Kindern oder Kindergruppen eine keineswegs zu unterschätzende Möglichkeit dar, mehr über ihr Denken zu erfahren.

Und wenn Mathematikarbeiten und -tests geschrieben werden sollten, dann nicht vorrangig, um Fehler zu zählen und deren Anzahl in einen Notenspiegel einzuordnen, sondern um weitere Hinweise auf individuelle Kompetenzen und Defizite zu erhalten. Diese gilt es mit dem Kind zu besprechen und darauf mit geeigneten Anregungen zu reagieren. Nicht *wie viele* Fehler gemacht werden, ist also die zentrale Frage, sondern *welche* Fehler und *welche* Fähigkeiten sich beobachten lassen.

Eine Alternative zu den herkömmlichen stellen die sog. *differenzierten Mathematikarbeiten* dar (vgl. Ebeling 2001 oder Radatz u. a. 1999, 19–25). Diese enthalten ein differenziertes Aufgabenangebot, das sich sowohl auf Mindestanforderungen (linke Spalte) als auch auf weiterführende Angebote (rechte Spalte) bezieht. Die Kinder sind nicht auf einen bestimmten Schwierigkeitsgrad festgelegt, sondern können sich bei jeder Aufgabe neu entscheiden (vgl. Wolk 1996). Steht genügend Zeit zur Verfügung, können die Kinder auch beide Varianten einer Aufgabe bearbeiten und anschließend selbst entscheiden – oder dieses der Lehrperson überlassen –, ob die Bearbeitung der Grund- oder der weiterführenden Anforderungen bewertet werden soll.

Jedes Kind kann die Aufgaben auswählen, die seinem Leistungsstand entsprechen. So wird es unterstützt, eine positive Einstellung zur eigenen Leistung zu entwickeln, da seine individuelle Leistungsfähigkeit besser wahrgenommen werden kann als es in herkömmlichen Mathematikarbeiten der Fall ist, bei denen alle Kinder dieselben Aufgaben bearbeiten.

5. Rechne die Aufgaben aus.

700 : 70 = ____	480 : 80 = ____
720 : 90 = ____	630 : 90 = ____
270 : 30 = ____	280 : 70 = ____
500 : 50 = ____	360 : 40 = ____

5. Fülle die Lücken aus.

630 : ___ = 9	___ : 80 = 7
810 : 90 = ___	540 : ___ = 6
___ : 30 = 9	490 : 70 = ___
350 : ___ = 7	___ : 40 = 6

6. Peter will sich eine Inliner-Ausrüstung kaufen.

Frage: Wie viel Geld braucht er?

Rechnung:

Antwort: ____________________

6. Paul hat 240 € gespart.
Er will sich eine Inliner-Ausrüstung kaufen.
Die Skates kosten 149,85 €, der Helm kostet 35,75 € und das Schutz-Set kostet 49,95 €.

Frage: Hat er genug Geld?
Wie viel Geld fehlt ihm oder wie viel hat er übrig?

Rechnung:

Antwort: ____________________

Wenn Ziffernnoten zu erteilen sind, entspricht die fehlerlose Bearbeitung der kompletten linken Spalte einem ‚befriedigend'. Es versteht sich unseres Erachtens von selbst, dass den Kindern vorher nicht nur diese Information, sondern auch das Prinzip der differenzierten Mathematikarbeiten, die Bewertungskriterien und die Art der Aufgabenstellungen transparent sein müssen. Denkbar ist es auch, die Kinder in die Bewertung der beiden Modelle mit einzubeziehen, um im Anschluss daran festzulegen, welches Modell zukünftig genutzt werden soll.

> Es ist gut das Kinder Mahtearbeiten scheiben wenn die Kinder darunter die Rechnung schreiben können. Dann können die Lehrer/in sehen wie du gerechnet hast. Ich fand es gut das man sich ein eigeren Rechenweg aussuchen durften. Es ist gut das es leichte und schwirige Aufgaben gibt.

Neben der Berücksichtigung von Aspekten der Individualisierung und der Prozessorientierung scheint uns für eine differenzierte Leistungsfeststellung noch ein dritter Punkt wichtig zu sein: Kinder weisen naturgemäß nicht nur unterschiedliche Lerngeschwindigkeiten, sondern auch differierende Arbeitstempi auf. Das führt bei Leistungsfeststellungen mit strikten Zeitvorgaben dazu, dass die langsamer – nicht selten bedächtiger oder sorgfältiger abwägend – vorgehenden Kinder nicht das gesamte Pensum absolvieren können. Sie haben dann nicht die Möglichkeit, das zu zeigen, was sie wirklich können.

Natürlich gibt es manche Inhalte – wie etwa das blitzartig verfügbare Rechnen –, bei denen das Einhalten von Zeitbegrenzungen Teil der Leistung ist. Wir plädieren aber dafür, in den meisten Fällen variabel zu handhabende Zeitvorgaben zu machen. Das schließt unseres Erachtens auch ein, dass sich nicht notwendiger Weise alle Kinder zur gleichen Zeit derselben Leistungsfeststellung unterziehen müssen.

Im nächsten Abschnitt skizzieren wir Aspekte einer Leistungs*beurteilung*, die mit einer differenzierten Leistungs*feststellung* vereinbar ist.

Angemessen beurteilen

Prozess- und produktorientierte Leistungsfeststellungen fließen gleichwertig in die Beurteilung ein. Gespräche mit den Kindern, Unterrichtsbeobachtungen, Analysen von schriftlichen Schülerdokumenten sowie differenziert angelegte Lernstandskontrollen und informative Aufgaben tragen hierzu bei. So lange wie möglich sollte die individuelle Bezugsnorm Berücksichtigung finden. Sie wird ergänzt durch die anforderungsbezogene Beurteilung, die sich an den inhaltlichen Vorgaben der Lehrpläne orientiert.

Die im letzten Abschnitt gegebenen Beispielaufgaben erlauben zwar eine differenzierte Leistungsfeststellung, aber wie herkömmliche Aufgaben-Arrangements sind sie vorwiegend produktorientiert. Vor allem richtige Lösungen sind gefragt. Damit gehen zwei große Nachteile einher.

Erstens werden lediglich Resultate erhoben, und es wird kaum etwas über die Lösungsstrategien ausgesagt, so dass es vielfach nicht möglich ist, Stärken und Schwächen der einzelnen Kinder zu beurteilen. Zweitens sind das Einsatzgebiet und die Aussagekraft solcher Aufgaben stark eingeschränkt, denn sie sind begrenzt auf solche Inhalte, die leicht abgeprüft werden können, und daher nicht geeignet, um viele Kompetenzen zu erheben, die die Kinder auch erwerben sollen – wie etwa kreativ sein, argumentieren, mathematisieren.

Ausgehend von dieser Kritik haben wir andernorts Kriterien für andere, informative Aufgaben formuliert (vgl. Sundermann & Selter 2001; Selter 2000; auf der Grundlage von van den Heuvel-Panhuizen 1995; 1996). Wir geben sie an dieser Stelle nochmals an und illustrieren einige von ihnen anhand von Beispielaufgaben.

1 Es sollte explizit Platz für **Nebenrechnungen** oder sonstige Notizen zur Verfügung stehen, den die Kinder nutzen können oder sollen.
2 Bei geeigneten Aufgaben sollten die Kinder gebeten werden, ihre Vorgehensweise schriftlich oder mündlich zu **erklären**.
3 Einzelne oder auch sämtliche Aufgaben sollten **Wahlaufgaben** sein, bei denen die Kinder zwischen zwei ähnlichen, aber unterschiedlich angelegten und durchaus auch unterschiedlich schwierigen Anforderungen wählen können.
4 Es sollten auch **offenere Aufgaben** ausgewählt werden, bei denen es mehr als eine Lösung gibt, und solche, bei denen mehrere sinnvollerweise einzuschlagende Vorgehensweisen existieren.
5 Die Schüler sollten innerhalb eines durch die Aufgabenstellung gegebenen Rahmens selbst Aufgaben **produzieren** können.
6 Eine Aufgabe sollte durchaus auch einmal in **verschiedenen Darstellungen** auftauchen, z. B. als Textaufgabe und als Zahlenaufgabe.
7 Durch **zusammenhängende Rechenaufgaben** kann man feststellen, ob die Kinder sich diese Beziehungen zunutze machen oder fehlerhafte Lösungen vielleicht sogar darauf zurückzuführen sind (z. B. 6 + 9 = 13, weil 5 + 9 = 12).
8 Das Vorgeben einer sog. **Hilfsaufgabe** nebst Lösung kann u. a. dazu beitragen, dass die Schüler die Aufgabenanforderungen besser verstehen (Was genau soll ich tun?, Was schreibe ich wie wohin?).

Das linke Beispiel, bei dem die Kriterien 1, 5 und 8 realisiert sind, zeigt auf, dass das Kind schon über die für das Rechnen wichtigen Zusammenhänge zwischen verschiedenen Aufgaben Bescheid weiß, diese aber noch nicht souverän beherrscht. Für sich allein genommen, wäre eine Rechnung wie 988 – 94 = 906 wohl schwer zu ergründen (da 988 – 88 = 900 und 94 6 mehr sind als 88, muss 988 – 94 um 6 größer sein, also 906). Auch das rechte Beispiel, bei dem die Kriterien 1, 2, 5 und 7 vertreten sind, ist aufschlussreich. Man könnte vermuten, dass das Kind das System erst zum Schluss durchschaut hat, weil es alle Aufgaben ausrechnet. Dagegen spricht aber beispielsweise, dass es bei der Aufgabe 559 – 170 so lange nachrechnet, bis es das passende Resultat erhält und dass es bei den eigenproduzierten Aufgaben an das durch die dritte und die vierte Aufgabe vorgegebene Prinzip anknüpft.

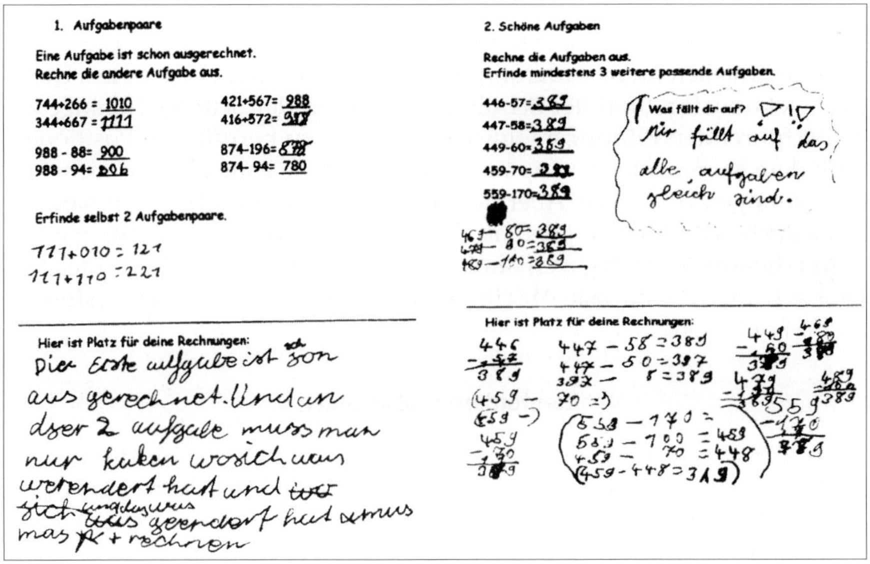
1. Aufgabenpaare

Eine Aufgabe ist schon ausgerechnet.
Rechne die andere Aufgabe aus.

744+266 =
344+667 =

421+567=
416+572=

988 - 88=
988 - 94=

874-196=
874- 94=

Erfinde selbst 2 Aufgabenpaare.

Hier ist Platz für deine Rechnungen:

2. Schöne Aufgaben

Rechne die Aufgaben aus.
Erfinde mindestens 3 weitere passende Aufgaben.

446-57=
447-58=
449-60=
459-70=
559-170=

Was fällt dir auf?

Hier ist Platz für deine Rechnungen:

Bei solchen Aufgaben muss sich die Beurteilung wie im Deutschunterricht eher an der selbst verfasster Texte orientieren als an der eines konventionellen Diktates. Hierzu geben Forthaus und Röhr (2001) einige Anregungen. Bewertet werden könnte natürlich die Richtigkeit der Lösung, aber beispielsweise auch das Aufgabenverständnis, das Einbringen erworbener Fertigkeiten, Kenntnisse und Fähigkeiten bei der Lösung, das Beachten notwendiger Regeln und Schreibweisen oder das Beschreiben und Begründen des Lösungsweges.

Zum Schluss ein paar Worte zu der von uns gewählten Terminologie. Ingenkamp (1995) hat eindrucksvoll nachgewiesen, dass Objektivität in der Leistungsfeststellung und erst recht bei der Leistungsbeurteilung ein Mythos ist. Mit anderen Worten: Wir denken, es gibt keine objektive Beurteilung (vgl. auch Radatz u. a. 1998, S. 7–9). Die jeweils subjektiven Urteile müssen natürlich an zu vereinbarenden Kriterien gemessen werden, um der Willkür zu begegnen. Daher wählen wir den Begriff ‚angemessene Beurteilung'.

Nun steht die Grundschule stets in einem Spannungsverhältnis zwischen Auslesen und Fördern, das sie zwar nicht beseitigen, wohl aber abmildern kann. Ihre Qualifikationsfunktion erfordert eine Bewertung von Leistungen nach der individuellen Anstrengung und Entwicklung, denn sie soll die Kräfte jeder und jedes Einzelnen stärken, die eigenen Möglichkeiten optimal zu entfalten. Die Schülerinnen und Schüler sollten Zutrauen in ihre Lernmöglichkeiten entwickeln und ihre Lernfreude erhalten. Daher sollte – so weit es möglich ist – der individuumsbezogene Beurteilungsmaßstab gelten (vgl. Spiegel & Selter, S. 81 ff.).

Erst wenn eine in diesem Sinne sichere Grundlage erreicht wurde, sollte zur individuellen die anforderungsbezogene Bewertungsnorm treten. Denn die Selektionsfunktion der Schule verlangt von der Schule, Zugänge zu weiterführenden Bildungsmöglichkeiten bzw. zu beruflichen Positionen nach dem Konkurrenzprinzip zu verteilen. Schule kann also gar nicht auf Beurteilungen verzichten. Aber sie sollte nicht den Fehler begehen, sie ausschließlich oder überwiegend an der Auslesefunktion zu orientieren.

Mit diesem Spannungsverhältnis von Unterstützen und Überprüfen befasst sich auch der nächste Abschnitt, in dem es um Formen der Leistungs*rückmeldung* geht.

Lernfördernd rückmelden

Kinder brauchen regelmäßig aussagekräftige, unterstützende Rückmeldungen zur persönlichen Lernentwicklung. So erfahren sie, dass sie in Mathematik etwas leisten können. Schwierigkeiten werden in angemessener Form angesprochen und mit Anregungen zum zielgerichteten Weiterlernen verbunden.

Im Zusammenhang mit der Frage, wie man Kindern ihre Leistungen rückmelden sollte, hält sich ein Vorurteil hartnäckig in der Diskussion – nach unserer Einschätzung zu Unrecht. Nicht selten wird behauptet, eine Schule ohne Noten sei eine Schule ohne Leistung. Eigentlich gemeint ist: Eine Schule mit Noten ist eine Schule mit Leistung. Beides ist zumindest in der Absolutheit falsch.

So hat die PISA-Studie (Baumert u. a. 2001) unter anderem aufgezeigt, dass es die behaupteten Wechselwirkungen zwischen dem Leistungsniveau und der Rückmeldungspraxis nicht gibt. So erzielten Länder wie Schweden überdurchschnittliche Ergebnisse, obwohl sie bis zur Klasse 8 auf Noten verzichten, während Deutschland, wo es in der Regel spätestens ab dem 3. Schuljahr Ziffernoten gibt, keinesfalls zufrieden stellende Ergebnisse erzielte.

Immer wieder wird behauptet, Kinder bräuchten und wollten Noten; nur so wüssten sie und ihre Eltern, wo sie stünden. Diese Einstellung ist u. E. größtenteils aufgrund äußerer Einflüsse erlernt. Natürlich haben Kinder Interesse an einer Rückmeldung zu ihren Leistungen. Wenn sie diese nicht anders erhalten als durch wenig lernförderliche Lernberichte oder durch Noten, verwundert ihre Einstellung nicht. Wenn sie jedoch aussagekräftige Rückmeldungen erhalten, wissen Kinder diese häufig durchaus zu schätzen (siehe nächste Seite, links oben).

Liebe Frau Mayer

Ich bins Valerie, sie wollten von uns wisen
wie Notten sind ich finde Notten so Lalch.
Briefe sind besser. Weil sonst weiß man
ja garnicht wo oder wie man sich
verbessern kann. Du dir würde ich
eine 1 geben in einer Notte und
in einem Brief sagen du bist
Nett, hilfsbereit und sehr sehr gut.
Dir gebe ich ein Tipp der ist
gut du könntest immer nach einen
Zeugnis ein brief an uns
schreiben überlege
es dir.

Deine
Valerie

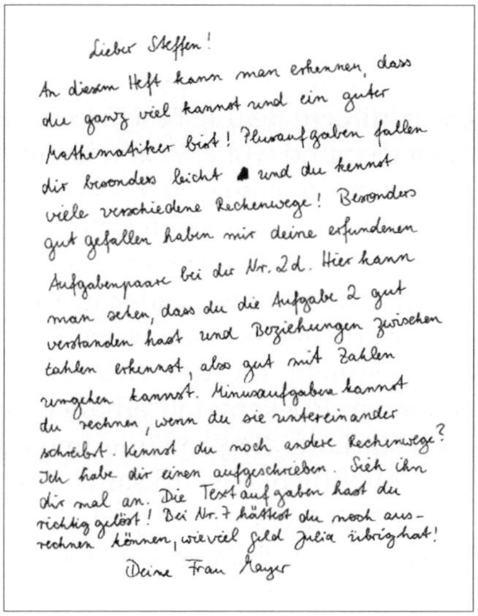

Lieber Steffen!
An diesem Heft kann man erkennen, dass
du ganz viel kannst und ein guter
Mathematiker bist! Plusaufgaben fallen
dir besonders leicht und du kennst
viele verschiedene Rechenwege! Besonders
gut gefallen haben mir deine erfundenen
Aufgabenpaare bei der Nr. 2d. Hier kann
man sehen, dass du die Aufgabe 2 gut
verstanden hast und Beziehungen zwischen
Zahlen erkennst, also gut mit Zahlen
umgehen kannst. Minusaufgaben kannst
du rechnen, wenn du sie untereinander
schreibst. Kennst du noch andere Rechenwege?
Ich habe dir einen aufgeschrieben. Sieh ihn
dir mal an. Die Textaufgaben hast du
richtig gelöst! Bei Nr. 7 hättest du noch aus-
rechnen können, wieviel Geld Julia übrig hat!
Deine Frau Mayer

Noten haben neben anderen Nachteilen (vgl. Bartnitzky 1996) eine geringe Aussagekraft und bieten wenig Unterstützungspotenzial. Ein ‚ausreichend' in Mathematik sagt nichts darüber aus, wo Defizite und Kompetenzen liegen und wie man das weitere Lernen förderlich begleiten kann (vgl. alternativ Glänzel-Zlabinger 2000). Hier muss man anders vorgehen, wie etwa der rechts oben stehende Ausschnitt aus einer schriftlichen Lernrückmeldung zeigt, die im Unterrichtsalltag häufig auch mündlich erfolgt (vgl. Spiegel & Selter 2003, S. 83 ff.; vgl. Bambach 1994 oder Böttcher u. a. 1999).

Die Lernangebote der Schule und die Lernbemühungen und Lernerfolge des Kindes werden hier individuell beschrieben und kritisch aufeinander bezogen. Wir denken, dass auch Selbstbeurteilungen der Kinder (vgl. Benz 2001; Winning 2000) wichtige Informationen für eine realistische Einschätzung derer Kompetenzen und Defizite beitragen können.

Rückmeldungen, die von der Absicht getragen sind, die Lernentwicklung des Kindes positiv zu fördern, sollten sachbezogen erfolgen und nicht die Person des Kindes bewerten. Statt um Lob und Tadel geht es also um Ermutigung und Sachkritik. Natürlich bedeutet die Formulierung solcher Berichte für die Lehrerin mehr Arbeit als das schnelle Festlegen einer Ziffernnote. Doch solche lernförderlichen Rückmeldungen sind unverzichtbar, wenn die Schule die Leistungsentwicklungen der Schülerinnen und Schüler wirklich unterstützen möchte (vgl. auch Bartnitzky 1996, Theiler 2001). Sie sind auch dann hilfreich, wenn die Ziffernnoten in den Unterricht kommen.

Schlussbemerkungen: Leistungsverfall und offener Unterricht

Die in diesem Beitrag beschriebenen Leitideen werden angesichts der momentanen und wohl auf absehbare Zeit herrschenden Diskussionslage vermutlich nicht ohne weiteres zu etablieren sein. Denn die Grundschule und die mit ihr verbundenen Reformkonzepte sind während der letzten Jahre zweifelsohne verstärkt unter Leistungsdruck geraten (vgl. Ramseger 2000): Ziffernnoten wieder in Klasse 2, landesweite standardisierte Vergleichsarbeiten oder die Wiedereinführung von Kopfnoten sind nur drei der Postulate, die der vielerorts geführten sog. Leistungsdebatte entstammen. Rückenwind erhalten solche und vergleichbare Forderungen nach stärkerer Reglementierung durch wenig sachkundig erscheinende, aber öffentlichkeitswirksame Ausführungen etwa zur ‚Kuschelecken-Pädagogik' oder durch die nicht immer sachgerechte Interpretation der Ergebnisse empirischer Untersuchungen wie beispielsweise der PISA-Studie (vgl. Baumert 2001 oder Neubrand 2001).

Nun erheben schriftliche Tests, wie bei PISA verwendet, nur einen Teil dessen, was die Qualität von Unterricht ausmacht (vgl. Müller u. a. 2002, 29). Und die Qualität des Unterrichts ist auch nur ein, wenngleich ein sehr wichtiger Teil dessen, was die Qualität von Schule auszeichnet. Vieles, was Schulen alltäglich als notwendige Bildungs- und Erziehungsarbeit leisten, wird also nicht berücksichtigt, wie etwa Entwicklung von Lernfreude und Kooperationsfähigkeit, Kompetenzen im Aushalten und Überwinden von Konflikten oder die Entwicklung ästhetischer Kompetenzen. Nehmen wir Studien wie die PISA-Studie also ernst, aber seien wir uns auch deren Grenzen bewusst.

Das Hauptergebnis von PISA ist bekanntlich, dass die mathematische Grundbildung der 15-Jährigen in Deutschland als unzureichend bezeichnet werden muss. Im internationalen Vergleich wurde ein Platz im unteren Mittelfeld, deutlich unter den Werten aller übrigen west- und nordeuropäischen Länder belegt. Weniger als die Hälfte der Schüler erfüllte den für 15-Jährige durch die Lehrpläne vorgegebenen Standard, 17 % zeigten nur Grundschul-Niveau, 7 % noch nicht einmal das. Ein deutliches Signal: Mathe in Germany in der Sekundarstufe I hat das Qualitätssiegel Made in Germany nicht verdient.

Die Forderung, als Reaktion auf die bestenfalls durchschnittlichen Leistungen deutscher Schüler in der Grundschule wieder zu sog. althergebrachten Formen des Lernens und Leistens zurückzukehren, ist allerdings nicht haltbar. Erstens hat IGLU (Internationale Grundschul-Leseuntersuchung) aufgezeigt, dass die Mathematikleistungen deutscher Viertklässler im internationalen Vergleich keineswegs so schlecht waren, wie aufgrund der nicht zufriedenstellenden Resultate in den Sekundarstufen vermutet wurde (Bos et al. 2003).

Zweitens haben die internationalen Studien für die weiterführenden Schulen ergeben, dass deutscher Unterricht in der Mittel- und Oberstufe noch weitgehend traditioneller Unterricht ist, in dem der Lehrer Fragen stellt, deren Antwort er kennt, um herauszufinden, ob dieses auch bei den Schülerinnen und Schülern der Fall ist. Die weiterführenden Schulen haben das entdeckende Lernen offensichtlich für sich oft noch nicht entdeckt.

Außerdem war drittens eines auffällig: Deutsche Schülerinnen und Schüler der Sekundarstufe I waren bei Routineaufgaben zwar etwas besser als der internationale Durchschnitt. Bei komplexeren, offenen und insbesondere bei realitätsnahen Aufgaben zeigten sie und damit ihr Unterricht jedoch deutliche Schwächen.

Aus Begleitstudien der TIMS-Studie (Third International Mathematics and Science Study, vgl. Baumert, Lehmann u. a. 1997) und der PISA-Studie haben wir gelernt, dass Bildungserfolge von einer Vielzahl von Faktoren abhängen. Mit einfachen Erklärungsversuchen und daraus abgeleiteten schnellen Reparaturansätzen wird man nicht weit kommen.

Festzuhalten ist aber zumindest, dass in denjenigen Ländern, die bei solchen Vergleichsstudien erfolgreicher waren, häufig ein konzeptionell gerahmter, gleichzeitig fordernder und zielbewusster wie individualisierender und offener Unterricht zu beobachten ist. Für den Unterricht in Deutschland bedeutet das: Nicht die ‚Rückkehr' zum vielerorts Bestehenden, sondern die Unterstützung und Weiterentwicklung der vorhandenen Reformansätze scheint der richtige Weg zu sein. Und hierbei ist das Leistungsthema zweifelsohne eines der wichtigsten.

Literatur

Bambach, Heide (1994): Ermutigungen, nicht Zensuren. Lengwil: Libelle.

Bartnitzky, Horst (1996): Ohne Noten geht es besser. In: Grundschulverband aktuell, Nr. 56, S. 3–7.

Baumert, Jürgen, Rainer Lehmann u. a. (1997): TIMSS – Mathematisch-naturwissenschaftlicher Unterricht im internationalen Vergleich. Deskriptive Befunde. Opladen: Leske & Budrich.

Baumert, Jürgen u. a. (2001; Hg.): PISA 2000: Basiskompetenzen von Schülerinnen und Schülern im internationalen Vergleich. Opladen: Leske + Budrich, vgl. auch www.mpib-berlin.mpg.de/pisa/

Benz, Christiane (2001): „Bei Geteilt-durch habe ich noch große Probleme. Selbstbeurteilung im Mathematikunterricht. In: Die Grundschulzeitschrift. H. 147, S. 44–46.

Böttcher, Wolfgang, Ulrich Brosch & Henricke Schneider-Petri (1999; Hg.): Leistungsbewertung in der Grundschule. Weinheim und Basel: Beltz.

Bos, Wilfried et al. (2003): Erste Ergebnisse aus IGLU. Münster: Waxmann.

Brügelmann, Hans (1999; Hg.): Was leisten unsere Schulen? Seelze: Kallmeyer.

Ebeling, Astrid (2001): Differenzierte Mathematikarbeiten. Eine Alternative zu herkömmlichen Lernkontrollen. In: Die Grundschulzeitschrift H. 147, S. 36–42

Forthaus, Reinhard & Martina Röhr (2001): Qualitätssicherung durch Aufgabenbeispiele und Parallelarbeiten. In: Die Grundschulzeitschrift. H. 147, S. 28–34.

Geering, Peter & Marianne Kunath (2001): Leistungsauffällige Kinder erkennen und fördern. In: Die Grundschulzeitschrift H. 147, S. 14–19.

Glänzel-Zlabinger, Angela (2000): Janas ungewöhnliche Mathematikkarriere. In: Die Grundschulzeitschrift H. 135/136, S. 20.

Hausherr, Cécile (2001): Ressourcen erkennen – nächste Lernschritte planen. In: Die Grundschulzeitschrift. Heft 147, S. 11–13.

Ingenkamp, Karlheinz (1995): Die Fragwürdigkeit der Zensurengebung. Weinheim: Beltz.

Kurhofer, Dirk & Silvia Szacknys-Kurhofer (2001): Differenzierte Leistungsfeststellung. In: Die Grundschulzeitschrift. H. 147, S. 22–25.

Mayer, Insa (2002): Differenzierte Mathematikarbeiten mit offenen Aufgaben? – Erprobung eines Ansatzes als Alternative zu herkömmlichen Mathematikarbeiten in einem dritten Schuljahr. Dortmund: Zweite Staatsarbeit.
Moost, Nele & Pieter Kunstreich (1997): Wenn die Ziege schwimmen lernt. Berlin: Wolfgang Mann (Bilderbuch zum Thema ‚Jeder kann was, was nicht jeder kann')
Müller, Gerhard N., Heinz Steinbring & Erich Ch. Wittmann (2002): Jenseits von PISA: Bildungsreform als Unterrichtsreform. Ein Fünf-Punkte-Programm aus systemischer Sicht. Seelze: Kallmeyer.
Neubrand, Michael (2001): PISA. ‚Mathematische Grundbildung' beschreiben und testen. In: Die Grundschulzeitschrift. H. 147, S. 58–59.
Radatz, Hendrik, Wilhelm Schipper, Rotraut Dröge & Astrid Ebeling (1998): Handbuch für den Mathematikunterricht. 2. Schuljahr. Hannover: Schroedel.
Radatz, Hendrik, Wilhelm Schipper, Rotraut Dröge & Astrid Ebeling (1999): Handbuch für den Mathematikunterricht. 3. Schuljahr. Hannover: Schroedel.
Ramseger, Jörg (2000): Grundschule unter Leistungsdruck. In: Die Grundschulzeitschrift H. 135/136, S. 80–84.
Selter, Christoph & Hartmut Spiegel (2001): Der kompetenzorierte Blick auf Leistungen. In: Die Grundschulzeitschrift 147, S. 20–21.
Selter, Christoph (2000): Informative Aufgaben zur Leistungsfeststellung. In: Die Grundschulzeitschrift H. 135/136, S. 26–29
Spiegel, Hartmut & Christoph Selter (2003): Kinder & Mathematik. Was Erwachsene wissen sollten. Seelze: Kallmeyer.
Sundermann, Beate & Christoph Selter (2001): Informative Aufgabenstellungen. In: Die Grundschulzeitschrift. H. 147, S. 26.
Theiler, Pius (2001): Ganzheitlich beurteilen und fördern. In: Die Grundschulzeitschrift. H. 147, S. 50–51.
van den Heuvel-Panhuizen, Marja (1995): Leistungsmessung im aktiv-entdeckenden Mathematikunterricht. In: Brügelmann, Hans u. a. (Hg.): Am Rande der Schrift. Zwischen Sprachenvielfalt und Analphabetismus. Lengwil: Libelle, S. 87–107.
van den Heuvel-Panhuizen, Marja (1996): Assessment and Realistic Mathematics Education. Utrecht: Freudenthal Institut.
Wendt, Peter (1994): Mathematische Lernentwicklungen von Kindern in Berichtzeugnissen. In: Die Grundschulzeitschrift H. 72, S. 47–49.
Wielpütz, Hans (1998): Erst verstehen, dann verstanden werden. In: Grundschule. H. 3, S. 9–11.
Winning, Anita (2000): Was ist mit den Zeugnissen? In: Die Grundschulzeitschrift. H. 135/136, S. 30–31.
Wolk, Siegfried (1996): Aufgabenangebote. Differenzierte Mathematikarbeiten in der Primarstufe. In: Bambach, Heide et al. (Hg.): Prüfen und Beurteilen. Zwischen Fördern und Zensieren. Friedrich Jahresheft XIV, S. 72–73.

Anmerkung: Für Unterstützung bei der Formulierung der fünf Leitideen danken wir Kathrin Cottmann, Reinhard Forthaus, Daniela Körber, Martina Röhr, Silvia Szacknys-Kurhofer und Hans Wielpütz. Einige der Beispiele verdanken wir Insa Mayer.

GÜNTER KRAUTHAUSEN

Forschende Kinder und forschende Lehrer

Wechselseitiges Reflektieren über gehaltvolle Aufgabenstellungen

Was die Öffnung von Unterricht betrifft, so wird der Mathematikunterricht auf Grund seines Lehrgangs-Charakters häufig als ‚sperriges' Fach gesehen, ist doch hier vermeintlich alles mehr oder weniger festgeschrieben und im Ablauf vorgezeichnet. Öffnung gerade von Mathematikunterricht bleibt daher allzu oft auf methodische oder organisatorische Öffnung beschränkt, ohne die notwendige ‚Öffnung auch vom FACH' (Wittmann 1996), also inhaltlich, konsequent anzugehen.

Es kann aber ein für Lernende wie Lehrende lohnenswertes Unterfangen sein, z. B. im Rahmen eines Schulprogramms, eine zeitgemäße Veränderung des Mathematikunterrichts zu einem gezielten Vorhaben zu erklären. In diesem Beitrag wird an einem so geschehenen Beispiel aus dem Unterrichtsalltag zu konkretisieren versucht, dass und wie Offenheit von Lernumgebungen verträglich ist mit substanziellem Gehalt, d. h. der Wahrung des Sachanspruchs. Zugleich wird deutlich, wie dabei die Ebenen Unterrichtspraxis und Lehrerbildung konstruktiv zusammenwirken können.

Zeitgemäßer Mathematikunterricht

Im Sinne eines Verständnisses der Mathematik als Wissenschaft der Muster (Devlin 1998; vgl. Wittmann in diesem Band) können (u. a.) die folgenden Aspekte als zentral für einen zeitgemäßen Mathematikunterricht der Grundschule gelten:

1. Er soll die Lernenden dazu befähigen (d. h. sie durch substanzielle Lernangebote fördern *und* fordern), einen ‚Zahlenblick', ein Gefühl für Zahlen und Muster zu entwickeln.
   - Das betrifft zum einen die Gewohnheiten beim Rechnen: Statt eines reflexhaften und mechanisch dominierten Ausrechnens soll die Aufmerksamkeit auf ein möglichst geschicktes Vorgehen gerichtet werden, das v. a. auf dem einsichtsvollen Ausnutzen von Rechengesetzen beruht.
   - Zum anderen geht es darum, Regelhaftigkeiten i. S. von Zahlenmustern zu erkennen und zu untersuchen, Hypothesen und Vorhersagen aufzustellen und zu testen, die Muster zu erklären und zu begründen – durchaus auch mit einem Allgemeingültigkeitsanspruch zur Ablösung von exemplarischen Einzelfällen (vgl. Steinbring 2000; Steinweg 2001).

2. Er soll zum sozialen Lernen anleiten, zum mit- und voneinander Lernen.
   - Entdeckendes und soziales Lernen werden nicht umsonst in einem Atemzug genannt. Entdeckendes Lernen findet zwar einerseits individuell statt, es braucht aber auf der anderen Seite auch Publikum, ist angewiesen auf den Austausch in der Lerngruppe sowohl über Produkte wie Prozesse und in gewisser Weise auch auf Präsentation (Stichwörter: Lerntagebücher, Rechenkonferenzen u. Ä.).
   - Dadurch lassen sich sog. ‚Allgemeine Lernziele' des Mathematikunterrichts (vgl. Winter 1975; Krauthausen 1998b) *integrativ* mit inhaltlichen Zielen verfolgen. Denn der soziale Austausch über individuelle und gemeinsame Lernspuren legt es immer wieder nahe zu beschreiben, zu argumentieren, Ideen darzustellen (mündlich, aber auch schriftlich durch Texte, Skizzen, Tabellen oder Diagramme) und kreative Kräfte zu entfalten.

Für Lehrende bedeutet diese Sichtweise von Unterricht auch ein verändertes Rollenverständnis: Sie sind nicht mehr nur die stets (mehr) Wissenden, sondern bis zu einem gewissen Grade auch Mitlernende – und zwar aus echtem und nicht nur didaktisch inszeniertem Sachinteresse an den Denkwegen ihrer Lerngruppe. Das bedeutet u. a., die Lernspuren der Kinder ernst zu nehmen, auf Überraschungen gefasst zu sein und nicht vorschnell unter dem Blickwinkel mathematischer Korrektheit aus Sicht der konventionellen Mathematik zu beurteilen. Es geht in Anlehnung an Freudenthal nicht um fertige, sondern *zu verfertigende* Mathematik. Kennzeichnend für eine solche Rollendefinition der Lehrkräfte sind die „Pole der Unterrichtstätigkeit zwischen unmittelbarer Involviertheit und kritischer Distanz und des mathematischen Wissens zwischen fertigem Produkt und interaktivem Prozess" (Steinbring 2002 und in diesem Band).

Das Ausgangsproblem …

Im Rahmen eines Seminars zum mathematischen Anfangsunterricht bearbeiteten Studierende die u. g. Aufgabe (in Anlehnung an Smith 2000), die in der Quelle als Anregung für Unterricht gedacht war (mit Ausnahme der algebraischen Anforderungen sowie der Teilaufgabe 5). Es wird empfohlen, die Fragestellungen vor dem Weiterlesen erst selbst zu bearbeiten, da sich dann das Folgende tiefer nachempfinden lässt.

1. *Platzieren Sie ein Folien-T wie abgebildet auf der 100er-Tafel und ermitteln Sie die Summe der so bedeckten Zahlen.*

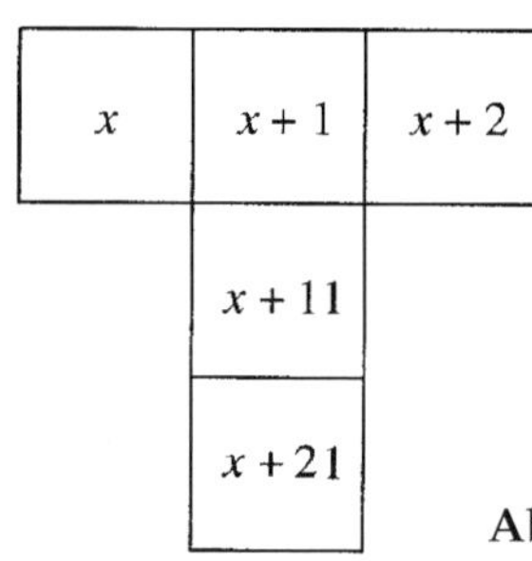

Abb. 1

2. *Wie verändert sich die Summe, wenn das T um ein Feld nach rechts (links, oben, unten, diagonal) verschoben wird? Begründen Sie Ihr Vorgehen.*
3. *Lässt sich das T so platzieren, dass sich die Summe 250 (330) ergibt? Geben Sie einen grundschulgemäßen und einen algebraischen Lösungsweg an.*
4. *Welche Werte darf das linke obere Feld des T annehmen? Begründen Sie.*
5. *Überlegen Sie sinnvolle Variationen der Ausgangsaufgabe.*

Haben Sie für Teilaufgabe 2 eine geschickte Strategie angewandt oder jedes Mal erneut die Summe des verschobenen T durch Addition der fünf Summanden ermittelt? Haben Sie auch, wie einige der Studierenden, die Summe 330 in Teilaufgabe 3 algebraisch verifiziert und zunächst für eine Lösung gehalten? Belegt man das T wie in Abb. 1 gezeigt mit Variablen[1], dann ergibt sich in der Tat – rein rechnerisch – für die Summe: $5x + 35 = 330$ und nach Umformen $x = 59$. Dies ist aber deshalb keine Lösung, weil ein solches T über die 100er-Tafel hinaus ragt. Hier zeigt sich, dass algebraisches Vorgehen zwar ein wichtiges und hilfreiches Werkzeug für die Lehrerin ist (sie braucht es zwar nicht *im* Unterricht[2], aber *für* Unterricht), das aber nicht mechanisch angewendet werden sollte.

... und seine Folgen

Die Bearbeitung und Analyse im Seminar ließ einige Studierende daran zweifeln, dass derartige Fragestellungen in Reichweite von Grundschulkindern lägen. Daher hat der Verfasser spontan die Teilaufgaben 1–3 in leicht abgewandelter, ansonsten aber völlig identischer Form[3] der Klassenlehrerin einer Partnerschule[4] mit der Bitte überlassen, sie doch gelegentlich von ihren Drittklässlern bearbeiten zu lassen und die Ergebnisse dem Seminar rückzumelden[5]. Und um es vorwegzunehmen: Die erhaltenen Schülerdokumente zusammen mit dem Bericht der Lehrerin übertrafen die Erwartungen der Studierenden in mancherlei Hinsicht und lieferten zudem substanzielles Material für die weitere Seminararbeit, wie die folgenden Abschnitte deutlich machen sollen.

Bearbeitungen der Drittklässler

Die Klasse war es gewohnt, per Post oder bei Unterrichtsbesuchen vom Verfasser kleine ‚Forschungsaufträge' zu erhalten. Sie hatte allerdings noch nicht lange Erfahrung mit dem Schreiben von Texten im Mathematikunterricht. Die Klassenlehrerin legt generell Wert auf die Selbstständigkeit des Vorgehens und vermeidet es konsequent, den Kindern vorschnell weiterzuhelfen. Hilfreich für die Bearbeitung der gestellten Aufgaben ist stets die Echtheit der Kommunikationssituation: Die Kinder wissen um die Notwendigkeit des Adressatenbezugs, d. h. in ihrer Korrespondenz oder bei Besuchen im Unterricht müssen Texte so abgefasst sein, dass sie verständlich und nachvollziehbar sind, auch ohne dass der Adressat beim

Prozess der Bearbeitung anwesend war. Hier wirken also fundamentale Ziele des Sprachunterrichts zusammen mit den eingangs erwähnten allgemeinen Zielen des Mathematikunterrichts.

Alle Schülerinnen und Schüler haben sich, wie die Klassenlehrerin bestätigte, mit Ausdauer an die Bearbeitung gemacht (Abb. 2). Die von den Kindern schriftlich fixierten Ergebnisse waren durch folgende typische Phänomene gekennzeichnet:

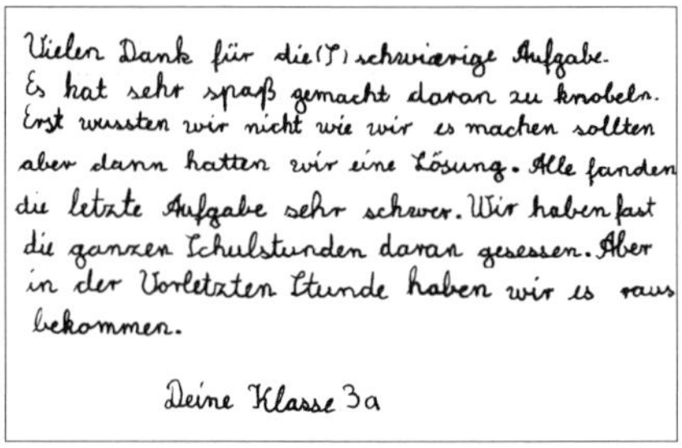
Vielen Dank für die(?) schwierige Aufgabe.
Es hat sehr spaß gemacht daran zu knobeln.
Erst wussten wir nicht wie wir es machen sollten
aber dann hatten wir eine Lösung. Alle fanden
die letzte Aufgabe sehr schwer. Wir haben fast
die ganzen Schulstunden daran gesessen. Aber
in der Vorletzten Stunde haben wir es raus
bekommen.

Deine Klasse 3a

Abb. 2: Anschreiben zu den zurückgesandten Ergebnisberichten

- Die Textumfänge lagen zwischen einer halben und zwei DIN A4-Seiten und waren als Ergebnisberichte sehr übersichtlich verfasst.
- Die Kinder waren sehr bemüht, ihre Gedankengänge im Detail transparent zu machen. Das Verständnis und die Tiefe der Bearbeitung variierten von reinen Beschreibungen der Rechenwege über die Identifizierung von Mustern bis zu ausgefeilten Begründungen für beobachtete Phänomene.

Johanna: *„Ich weiß ja wie groß die Summe ist 168. Ich verschiebe das H zuerst nach rechts. Und die Summe ergibt 175. Da bemerke ich, das sich die Zahl um 7+ verändert hat. Weil wenn man nach rechts geht, wird man immer mehr."* Johanna beschreibt die Veränderung, die sie durch den Vergleich der beiden rechnerisch ermittelten Summen erkannt hat – eine noch lokale, am Beispielfall orientierte Erkenntnis, ohne das allgemeine Muster auszusprechen. Dennoch enthält ihr Text Ansätze generalisierten Wissens: eine Bewegung in der 100er-Tafel nach rechts bewirkt *„immer mehr"*.

Helge: *„Da wo das H abgebildet ist ist alles zusammen 168. Ich verschiebe das H. nach links. Wenn ich das H nach links verschiebe werden die Zahlen um 7 kleiner. Ich hab 161 rausgekriegt der Unterschied zwischen 161 und 168 ist 7. Warum? Weil das H 7 Kästchen hat. Jetzt rechne ich nach oben. Ich hab 98 rausgekriegt. Der Unterschied zwischen 98 und 168 sind 70. Warum? Weil das H 7 Kästchen hat aber dieses Mal ist es mit Zehnern 70."* Helge kombinierte offensichtlich den Abgleich der beiden rechnerisch ermittelten Summen und einen Blick für den Zusammenhang mit den Felderanzahlen.

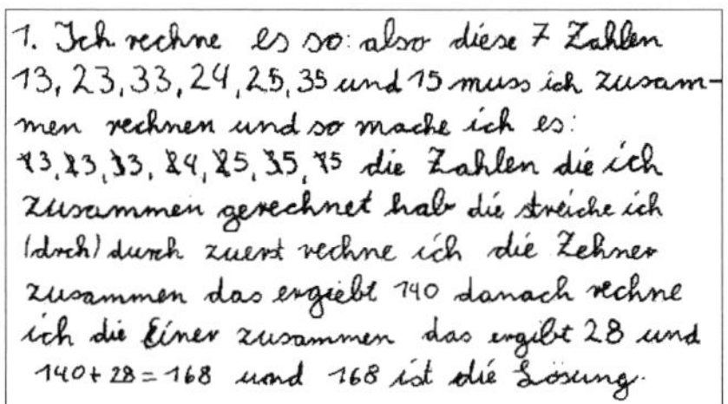
1. Ich rechne es so: also diese 7 Zahlen
13, 23, 33, 24, 25, 35 und 15 muss ich zusam-
men rechnen und so mache ich es:
13, 23, 33, 24, 25, 35, 15 die Zahlen die ich
zusammen gerechnet hab die streiche ich
(drch) durch zuerst rechne ich die Zehner
zusammen das ergiebt 140 danach rechne
ich die Einer zusammen das ergibt 28 und
140+28=168 und 168 ist die Lösung.

2a Die vorige Summe war: 168 und ich hab
das H nach rechts geschoben. Jetzt ist das H
auf diesen Zahlen: 14, 24, 34, 25, 36, 26, 16 und
wenn man man diese Zahlen zusammen
rechnet, ist das Ergebnis: 175. Der Unterschid
von 175 und 168 ist 7

Abb. 3: Hülyas Rechnung und Erklärung

Hülya beschrieb zunächst ihren Rechenweg als solchen detailliert (weil sie vermutlich die Aufgabenstellung so interpretiert hatte; Abb. 3). Ihre anschließende Erklärung der Differenz zieht sie ähnlich wie Johanna aus dem Abgleich der zuvor rechnerisch ermittelten Summenwerte.

Der Text von Tomas (s. u.) enthielt wiederum sprachliche Indizien für verallgemeinerndes Denken *(„immer")* und eine plausible Begründung für ein generelles Muster, die sich nicht nur auf den rechnerischen Abgleich der beiden Summen stützte:

„Wenn ich das H nach links schiebe dann wird es immer 7 weniger. Wenn ich das H nach rechts schiebe dann wird es immer 7 mehr, weil jedes Feld um eins kleiner wird oder größer wird. Also ich verschiebe das H nach oben dann wird es immer 70 weniger, weil jedes Feld 10 kleiner wird."

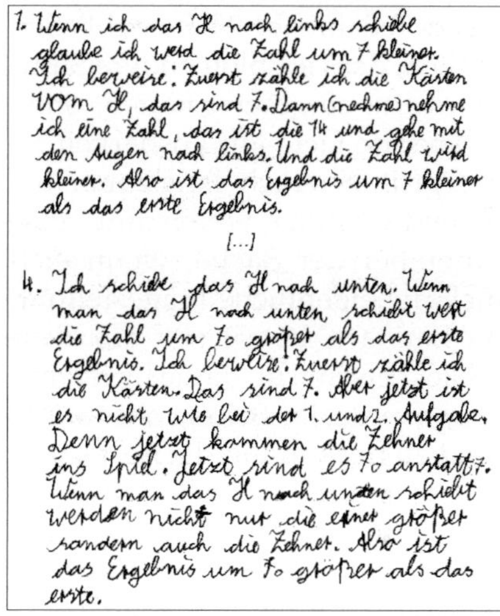
1. Wenn ich das H nach links schiebe glaube ich werd die Zahl um 7 kleiner. Ich beweise: Zuerst zähle ich die Kästen vom H, das sind 7. Dann (rechne) nehme ich eine Zahl, das ist die 14 und gehe mit den Augen nach links. Und die Zahl wird kleiner. Also ist das Ergebnis um 7 kleiner als das erste Ergebnis.

[...]

4. Ich schiebe das H nach unten. Wenn man das H nach unten schiebt wert die Zahl um 70 größer als das erste Ergebnis. Ich beweise: Zuerst zähle ich die Kästen. Das sind 7. Aber jetzt ist es nicht wie bei der 1. und 2. Aufgabe. Denn jetzt kommen die Zehner ins Spiel. Jetzt sind es 70 anstatt 7. Wenn man das H nach unten schiebt werden nicht nur die einer größer sondern auch die Zehner. Also ist das Ergebnis um 70 größer als das erste.

Abb. 4: Auszug aus der Bearbeitung von Markus

Eine nicht nur umfangsmäßig (1,5 DIN A4-Seiten) umfassende, sondern auch sprachlich souveräne Begründung lieferte Markus, die in Abb. 4 nur auszugsweise wiedergegeben ist.

Es kommt übrigens häufiger vor, dass sich in den Texten der Kinder Formulierungen finden wie *„ich bemerke, ich glaube, ich vermute, ich erkläre, ich beweise"* oder *„Jetzt fragst du dich sicher, warum das so ist. Ich erklär dir das mal: …"*. Derartige Ansätze sollten stets verstärkt werden, da sie nicht nur den expliziten Adressatenbezug belegen, sondern dem mathematischen Argumentieren, den metakognitiven Aspekten und der Bewusstheit des Lernens sehr dienlich sein können.

Weitere Entwicklungen

Offensichtlich hatte die Aufgabenstellung die Klasse so motiviert, dass nicht nur alle Kinder ihre schriftlichen Bearbeitungen, sondern unaufgefordert auch eigene, variierte Aufgabenstellungen an unser Seminar zurückschickten.

Deren Analyse zeigte einerseits das erwartbare und verständliche Phänomen, dass die Kinder veränderte Zahlenwerte und andere Buchstaben-/Zahlenformen als Schablonen auf der 100er-Tafel benutzten, das Format der Ursprungs-Aufgabe aber im Grunde übernommen wurde. Die rechnerische Bearbeitung der von den Kindern erfundenen Variationen beinhaltete keinerlei Inkonsistenzen, durch die man etwa bei Teilaufgabe 3 hätte schließen können, dass sie bloß andere Summenwerte eingesetzt hätten, ohne sie aber de facto auf Lösbarkeit zu überprüfen. Auch langsamer arbeitende Kinder waren mit Ausdauer bei der Sache, wenn sich auch die eigentliche Fragestellung bei Emina (Abb. 5) erst aus dem Kontext erschließt, da sie nicht ganz fertig wurde, ihr Beitrag aber auf jeden Fall noch mit in die Post sollte.

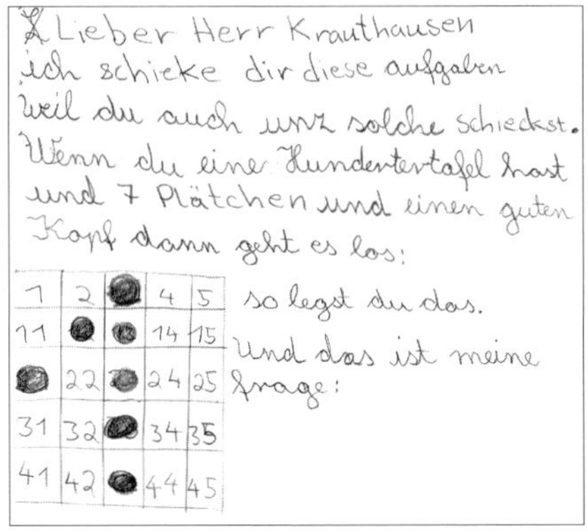

Abb. 5: Eminas variierte Aufgabe

Es gab auch kreative Abwandlungen, deren von den Kindern unbemerkte Mehrdeutigkeit Bearbeitungsmöglichkeiten eröffnete (vgl. Abb. 6), die für die Studierenden des Seminars interessante Ausgangspunkte für eigene Erkundungen darstellten. Im Anschluss wurde der Klasse durch eine Auflistung der alternativen Deutungsmöglichkeiten ihrer Aufgabenformulierung auch Rückmeldung über die Mehrdeutigkeit gegeben. Die differenzierte Bearbeitung aller alternativen Aufgaben schloss auch metakognitive Hinweise an die Kinder ein: *„Wir wussten nicht genau, wie ihr eure Frage gemeint habt. Man kann sie so oder so verstehen: [...] Es ist aber auch wirklich nicht einfach, eine Aufgabe so zu formulieren, dass es keine Missverständnisse mehr geben kann. Wie könnte eine eindeutigere Formulierung für eure Aufgabe aussehen? Vielleicht achtet ihr demnächst bei weiteren Aufgaben einmal besonders darauf ...“.* Der damit bewusst in den Blick genommene Adressatenbezug von ‚Texten für Leser' eröffnet im Mathematikunterricht Lernsituationen zu grundlegenden Zielen und Vorgehensweisen des Sprachunterrichts (bewusste Arbeit an Texten).

Auch eine andere Aufgabenstellung – von Surafet, Marek und Betül gemeinsam entworfen und dem formulierten Wunsch der Kinder entsprechend (wie die Aufgabe aus Abb. 6) den Studierenden zur Bearbeitung vorgelegt (Abb. 7) – führte zu substanziellen Erkundungen, die sich auf den ersten Blick nicht gleich erahnen ließen. Sie stellt einen interessanten Forschungsauftrag von Kindern für (angehende) Lehrer

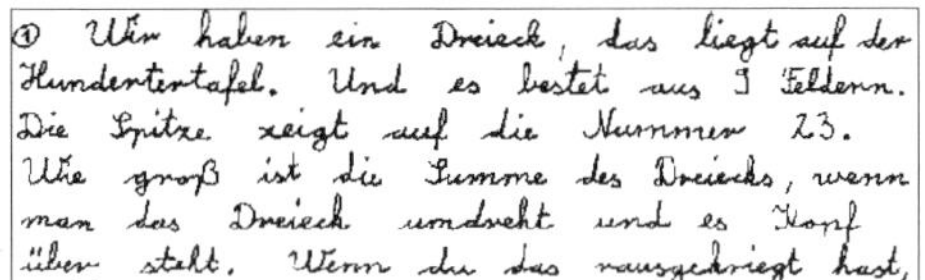

Abb. 6: Welches Dreieck, und was bedeutet „umdrehen“? Anlässe für vielfältige Erkundungen ...

dar, der die Studierenden des Seminars eine ganze Weile beschäftigte.

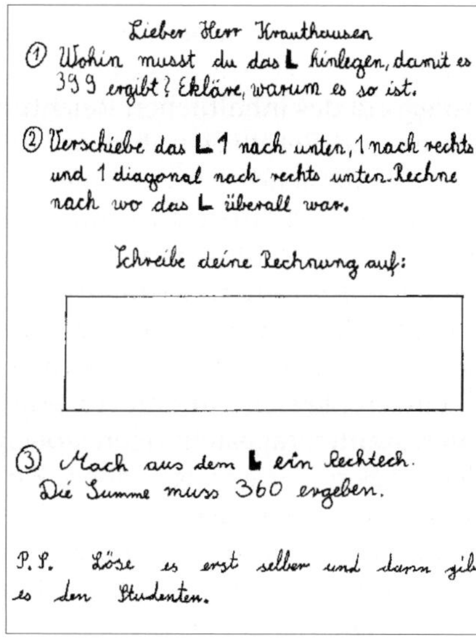
Lieber Herr Krauthausen
① Wohin musst du das L hinlegen, damit es 399 ergibt? Ekläre, warum es so ist.
② Verschiebe das L 1 nach unten, 1 nach rechts und 1 diagonal nach rechts unten. Rechne nach wo das L überall war.
Schreibe deine Rechnung auf:
③ Mach aus dem L ein Rechtech. Die Summe muss 360 ergeben.
P.S. Löse es erst selber und dann gib es den Studenten.

Abb. 7: Ein (nur auf den ersten Blick) harmloses Problem

Vor weiteren Hinweisen zur eigenen Bearbeitung, die nachdrücklich empfohlen wird, soll die Aufmerksamkeit auf einige übergreifende Aspekte gelenkt werden: Im Zuge der Realisierung zeitgemäßer Unterrichtskonzepte wird häufig in relativierender Absicht darauf verwiesen, dass dieses oder jenes zwar zustimmungswürdig sei, aber doch schwierig umzusetzen, da vielfach ganz bestimmte Rahmenbedingungen erforderlich, aber nicht immer gegeben seien (vgl. die Fußnote 4). Das Dokument aus Abb. 7 kann exemplarisch deutlich machen, was auch zum Aufbau einer solchen wünschenswerten Unterrichtskultur beitragen kann: das gute Beispiel der Lehrerin im Hinblick auf die Ausgestaltung und die Konsequenz der Umsetzung der von ihr generierten Lernangebote. In Abwandlung eines Aufsatztitels von Higgins (1988) – *We get what we ask for* – bekommen wir als Lehrende das, was wir akzeptieren. Will heißen: Wer sich bereits mit der bloßen Berechnung von Ergebnissen zufrieden gibt, wird mit der Zeit auch nur solche bekommen; wer aber *gewohnheitsmäßig* auch noch nach dem Warum fragt, nach Erklärungen, nach Begründungen, nach Alternativen (vgl. Kühnel: „Geht es auch anders?"), dem werden die Kinder bald – ebenso gewohnheitsmäßig – auch dieses liefern oder es zumindestens nach Kräften versuchen. Die Kinder lernen hier neben der inhaltlichen auch auf einer Meta-Ebene manches über das Lernen an sich, zunächst noch durch vielfach unbewusstes Nachahmen, was aber bereits in der Grundschule zunehmend in den Bewusstseinshorizont gehoben werden kann und sollte.

Konkretisieren lässt sich dieses an der Notation in Abb. 7: Die den Kindern vom Verfasser bis dato angebotenen Problemstellungen enthielten stets die Aufforderung zum Erklären, und so schreiben nun auch die Kinder ganz selbstverständlich: *„Erkläre, warum das so ist."* Aus gestalterischen Gründen waren die Aufgabenzettel stets mit einem Kasten versehen, innerhalb dessen die Bearbeitung erfolgen sollte. Die Kinder haben auch dieses Prinzip übernommen. Und nicht zuletzt hinterlässt die Philosophie des (erst) Selber-Tuns, die von der Klassenlehrerin konsequent verfochten wird, bei den Kindern Spuren, wenn sie schreiben: „Löse es erst selber und dann gib es den Studenten."

Eine Anregung zu eigenen Aktivitäten

Aufgrund des inhaltlichen Reichtums der Aufgabenstellung von Surafet, Marek und Betül seien ihre Teilaufgaben 1 und 3 der Leserin und dem Leser mit Nachdruck zur eigenen Erkundung empfohlen. Dabei kann glaubhaft, weil durch Nachfrage bei der Lehrerin und den Kindern sichergestellt, ausgeschlossen werden, dass die Kinder die Zahlenwerte ihrer Aufgabenformulierung nur zufällig gewonnen hätten; in der Tat sind sie von überprüften Bedingungen ausgegangen, d. h. es hat ihnen ein konkretes *L* und ein konkretes Rechteck vorgelegen.

Lassen Sie sich auf den Auftrag der drei Kinder ein – Sie werden auf interessante Fragestellungen stoßen. Wie die Erfahrungen der Studierenden im Seminar gezeigt haben, kann eine gemeinsame Bearbeitung und Kommunikation darüber besonders ertragreich sein. Diese Aufgabe kann in mancherlei Hinsicht exemplarisch verstanden werden: Die vertiefte Auseinandersetzung mit konkreten Bearbeitungen von Kindern, d. h. dokumentierten Lösungswegen, die ja im Unterricht tagtäglich generiert werden, bietet reichhaltige Lernanlässe nicht nur für die Kinder und den Unterricht selbst, sondern auch für die Lehrerbildung, z. B. im Rahmen eines kollegiumsinternen Austauschs über zeitgemäßen Mathematikunterricht (vgl. auch das vielfältige Material hierzu bei Selter/Spiegel 1997). Es lässt sich nicht nur Inhaltliches im engeren Sinne der jeweiligen Aufgabe erfahren, sondern auch vieles über das Denken der Kinder, das Verständnis von Lehren und (Mathematik-)Lernen. „Und es erscheint nahe liegend, dass beide, Lernende und Lehrende, Gewinn ziehen aus dem Wechselspiel von ‚Spuren legen und Spuren lesen', von ‚Produktion und Rezeption' sowie aus Rückmeldungen, die nicht auf vorgefasste Antworten beschränkt sind" (Wielpütz 2001, 208).

Folgende Impulse oder Leitfragen seien in orientierender Absicht und als Anregung für eine eigene Erkundung genannt:

- Teilaufgabe 1 führt nicht zu einer eindeutigen Lösung. Warum nicht?
- Wie können Sie herausbekommen, welches konkrete *L* die Kinder vermutlich vor Augen hatten?
- Bedenken und prüfen Sie verschiedene, unausgesprochene Rahmenbedingungen (bspw. die Größe und die Lage des *L*; schließen Sie auch gedrehte Lagen nicht vorschnell aus!). Seien Sie dabei offen für die manchmal unorthodoxen und originellen Einfälle von Kindern.
- Überlegen Sie sich eine ökonomische Vorgehensweise und Darstellung, bei der Sie sicher sein können, keinen der prinzipiell denkbaren Fälle zu vergessen.
- Wird die Teilaufgabe 1 eindeutiger, wenn Sie sie im Zusammenhang mit Teilaufgabe 3 sehen, wo ja das *L* aus Teilaufgabe 1 weiter verarbeitet werden soll?

- Auch die Formulierung der Teilaufgabe 3 ist als solche nicht eindeutig. Führen Sie Fallunterscheidungen durch, indem Sie ihre jeweiligen Berechnungen für die prinzipiellen Möglichkeiten der ‚Ergänzung' eines *L* zu einem Rechteck durchspielen.
- Was kann es handlungsbezogen bedeuten, *‚aus einem L ein Rechteck'* zu machen, und welche Arten von *‚Rechteck'* sind prinzipiell möglich?
- Überlegen Sie erneut eine ökonomische Vorgehensweise und Darstellung, bei der Sie sicher sein können, den möglichen Ereignisraum vollständig ausgeschöpft und überprüft zu haben.
- Und nicht zuletzt: *Wie viele und welche Lösungen gibt es nun für die Aufgabe von Surafet, Marek und Betül?*

Ein Nebeneffekt

Wenn es auch nicht vorrangiges Thema dieses Beitrags war, so sei doch auf Folgendes hingewiesen: Die beschriebenen Erfahrungen machen deutlich, wie Lehrerbildung (auch) aussehen kann, sei es Ausbildung in der 1. und 2. Phase, sei es institutionalisierte oder kollegiumsinterne Fortbildung. In der 2. Phase sowie in kollegiumsinternen Vorhaben, z. B. im Rahmen eines Schulprogramms zum Mathematikunterricht, lassen sich derartige Erfahrungen besonders gut gewinnen, da man die entsprechenden Lerngruppen und Dokumente unaufwändig einbeziehen kann und damit ein für alle Beteiligten ergiebiger Kreislauf besonders leicht zu realisieren ist.

Das paradigmatische Vorgehen könnte so oder ähnlich aussehen (vgl. auch Krauthausen 1998a): Ausgangspunkt ist ein grundschulgemäßer, alltagsnaher Problemkontext, der von (angehenden) Lehrerinnen und Lehrern sowohl auf der Ebene des Grundschulkindes wie auch auf (hochtransformierter oder verfremdeter[6]) Ebene der über Unterricht reflektierenden Lehrerin durchdrungen wird. Diese analytische Arbeit fließt ein in eine konkrete unterrichtliche Umsetzung und Erprobung, deren Ergebnisse dann erneut in eine (revidierte oder erweiterte) Analyse Eingang findet (vgl. die Postulate zu Aktion und Reflexion bei Krainer/Posch (Hg.)1996).

Nicht immer werden die Unterrichtserfahrungen Folgeaktivitäten in dem hier geschehenen Maße aufwerfen können, die sich dann für die reflexive Analyse als – zunächst unerwartete, aber um so willkommenere – Anlässe zur Weiterarbeit aufdrängen. Aber auf der anderen Seite ist es nicht ungewöhnlich (vgl. Selter/Spiegel 1997; Hengartner (Hg.) 1999), dass Ereignisse des Unterrichtsalltags Lehrenden wie Lernenden (und Lehrenden als Lernenden!) vielfältige Gelegenheiten für gehaltvolle Aktivitäten bieten, dank der Kreativität der Kinder, die sich immer wieder Bahn bricht.

Und der dabei zu erwartende Ertrag für Unterricht und die Professionalisierung von Lehrkräften ist nicht umso größer, je schneller, unumwundener und produktorientierter das (vermeintliche) Ziel erreicht wird, denn nicht selten sind es „die Umwege, die die Ortskenntnis erhöhen. Und es sind die Abkürzungen, das wusste schon Leonardo, die dem Verstehen (und der Liebe) Schaden zufügen" (Wielpütz 2001, 208).

Anmerkungen

[1] Probieren und vergleichen Sie auch andere Möglichkeiten der algebraischen Belegung, indem Sie ein anderes Feld mit x bezeichnen. Wann kann das warum hilfreich sein …? (vgl. Teilaufgabe 5!)

[2] Wirklich nicht? Vgl. u. a. Freudenthal 1986.

[3] Die Abwandlung bestand darin, dass an Stelle des T der Buchstabe H (3 Felder hoch und breit) gewählt wurde. Auch andere symmetrische Buchstaben bieten sich an für weitere Erkundungen, z. B. die geschickte Ermittlung der abgedeckten Summe über das arithmetische Mittel (im Beispiel: Mittelfeld mal 7). Können Sie eine grundschulgemäße Erklärung dieser Strategie angeben …?

[4] Es handelt sich um eine Schule in einem sog. ‚schwierigen' Stadtteil von Hamburg, also keinesfalls um eine Umgebung, von der man leichthin beeindruckende Ergebnisse erwarten würde. Diese Information soll die häufig anzutreffenden Bedenken relativieren, dass hier ungewöhnlich gute Rahmenbedingungen bestanden hätten und so etwas mit ‚problematischen' Klassen kaum machbar wäre.

[5] Mein Dank gilt Frau Winkler und ihrer damaligen Klasse 3a. Die Namen der Kinder wurden im vorliegenden Text geändert.

[6] Ein sehr anschauliches Beispiel zur Verfremdung als Methode in der Lehrerbildung bietet Gellert (2000).

Literatur

Devlin, Keith (1998): Muster der Mathematik. Ordnungsgesetze des Geistes und der Natur. Heidelberg

Freudenthal, Hans (1986): Algebra in der Grundschule? mathematik lehren, H. 15, S. 12–13.

Gellert, Uwe (2000): Verfremdung als Methode in der Lehrerausbildung. Ein Beispiel zum mathematischen Anfangsunterricht. mathematica didactica, H. 1, S. 72–82.

Hengartner, Elmar (1999, Hg.): Mit Kindern lernen. Standorte und Denkwege im Mathematikunterricht. Zug/CH.

Higgins, Jon, L. (1988): One point of view: We get what we ask for. Arithmetic Teacher, H. 5, S. 2.

Krainer, Konrad/Posch, Peter (1996, Hg.): Lehrerfortbildung zwischen Prozessen und Produkten. Hochschullehrgänge ‚Pädagogik und Fachdidaktik für LehrerInnen' (PFL): Konzepte, Erfahrungen und Reflexionen. Bad Heilbrunn .

Krauthausen, Günter (1998a): Lernen – Lehren – Lehren lernen. Zur mathematik-didaktischen Lehrerbildung am Beispiel der Primarstufe. Leipzig.

Krauthausen, Günter (1998b): Allgemeine Lernziele im Mathematikunterricht. Die Grundschulzeitschrift, H. 119, S. 54–61.

Selter, Christoph/Spiegel, Hartmut (1997): Wie Kinder rechnen. Leipzig.

Smith, Jim (2000): Getting Started. CD-ROM „Introducing The Mathematical Association". Leicester.

Steinbring, Heinz (2000): Epistemologische und sozial-interaktive Bedingungen der Konstruktion mathematischer Wissensstrukturen (im Unterricht der Grundschule). Abschlussbericht zum gleichnamigen DFG-Projekt. Bd. 1–3. Dortmund.

Steinbring, Heinz (2002): Zur Professionalisierung des Mathematiklehrerwissens – Lehrerinnen reflektieren gemeinsam Feedbacks zur eigenen Unterrichtstätigkeit. Ausgearbeitetes Manuskript zu einem Vortrag auf der 36. Tagung für Didaktik der Mathematik in Klagenfurt, Februar 2002. 26 S. Universität Dortmund.

Steinweg, Anna Susanne (2001): Zur Entwicklung des Zahlenmusterverständnisses bei Kindern. Epistemologisch-pädagogische Grundlegung. Münster.

Wielpütz, Hans (2001): Verstehen lernen und Verstehen üben. In: Selter, C./G. Walther (Hg.), Mathematik lernen und gesunder Menschenverstand. Festschrift für Gerhard Norbert Müller, S. 203–210. Leipzig

Winter, Heinrich (1975): Allgemeine Lernziele für den Mathematikunterricht? Zentralblatt für Didaktik der Mathematik, H. 3, S. 106–116.

Wittmann, Erich Ch. (1996): Offener Mathematikunterricht in der Grundschule – vom FACH aus. Grundschulunterricht, H. 6, S. 3–7.

BERND WOLLRING

„Mit den Kindern Geometrie neu entdecken“

Kooperatives Design der Arbeitsumgebung „Streifenschablonen“ für den Mathematikunterricht in der Grundschule

Zu Beginn

Im Mathematikunterricht der Grundschule gibt es zu wenig Geometrie. Dies ist möglicherweise auch dadurch mit bedingt, dass die Mathematik im Kontext der Grundschulfächer unbewusst eine gewisse Rolle zugewiesen bekommt, die durch das Betonen arithmetischer Fertigkeiten und die Kontrollierbarkeit arithmetischer Ergebnisse charakterisiert ist.

Lehrerinnen und Lehrer der Grundschule brauchen für den Geometrieunterricht gezielte Unterstützung. Dazu wird im folgenden Projekt das Entwickeln einer geometrischen Arbeitsumgebung im Rahmen einer speziellen Zusammenarbeit von Hochschule und Schule dargestellt, die seitens der Schule im Schulprogramm verankert ist und seitens der Hochschule durch ein spezielles Lehrerbildungskonzept getragen wird. Geometrie als Punkt im Schulprogramm sichert dabei ein spezifisches kräftebündelndes kooperatives Ausbildungs- und Entwicklungsmodell. Als materielles Ergebnis diskutieren wir die in diesem Rahmen entwickelte Arbeitsumgebung „Streifenschablonen“, eine handlungsorientierte und diskursorientierte Arbeitsumgebung zur Kongruenz und Ähnlichkeit ebener Figuren für die Grundschule.

1 Design von Arbeitsumgebungen als Lehrerbildungskonzept: Kooperieren von Institutionen und Überblenden von Veranstaltungen

Design und Implementieren von Arbeitsumgebungen zur Geometrie in der Grundschule

Ausgehend von der Option, Arbeitsumgebungen zum aktiv-entdeckenden und sozialen Lernen (Wittmann 1997) zu entwickeln, setzen wir folgenden Rahmen: Gefragt sind Arbeitsumgebungen zur Geometrie für die Grundschule, die den Schülerinnen und Schülern handlungsorientierte Zugänge zu substanziellen geometrischen Begriffen ermöglichen. Diese Handlungsoptionen sind, das ist die Aufgabe der Entwicklungsarbeit, in Manipulationsoptionen für geeignetes Material umzusetzen. Mit diesen manipulierbaren Materialien müssen die Grundideen eines mathematisch bedeutsamen Themenkreises adäquat zu modellieren sein.

Wir folgen der empirisch belegten Auffassung, dass in der Regel das Entdecken und Gestalten der Sprache dem Entdecken und Gestalten von Handlungsmustern am Material folgt und nicht vorausgeht. Dementsprechend fordern wir, dass aus den Handlungserfahrungen heraus zu einer sachbezogenen Sprache zu finden ist.

Wir beobachten allerdings, dass die Schriftsprachkompetenzen und teilweise auch die Kompetenzen in der verbalen Sprache je nach Situation von Schule und Schülern sehr unterschiedlich sind und teilweise nur begrenzt geeignet, um für das Beschreiben mathematischer Zusammenhänge in Anspruch genommen zu werden. Der Mathematikunterricht muss wie der Sprachunterricht zur Entwicklung einer geeigneten Verständigung beitragen. Dabei vertreten wir als Kernposition, dass in der Arbeitsumgebung das Befassen mit den mathematischen Gegenständen nicht geschehen darf, ohne dass dieses Befassen angemessen dokumentiert wird. Dabei meinen wir mit Dokumentieren nicht das Darstellen der individuellen Schülerleistung gegenüber einer Lehrerin, sondern eine Darstellung, die zur Verständigung zwischen den Schülerinnen und Schülern über die bearbeiteten Gegenstände beiträgt. Nur so werden verschiedene Arbeitswege zwischen den Lernenden austauschbar: Arbeitsvielfalt erfordert Korrespondenz.

Aus dieser Position heraus fordern wir von den zu entwickelnden Arbeitsumgebungen, dass die Dokumentationsoptionen von Beginn an mit entwickelt werden. Für uns bedeutet dies speziell, dass wir zu den Konstruktionen, die wir mit bestimmten Materialien (Papier, Karton, Stift, etc.) erzeugen, begleitend auch Konstruktionsbeschreibungen artikulieren, die von Beginn an unter der Zweckbestimmung stehen, den Arbeitspartnern in gleichen Lernumgebungen die eigenen Wege zu verdeutlichen: Eigene Wege werden nur dann den Weg *„vom Singulären zum Regulären“*, *„vom Ich zum Du und dann zum Wir“* (Gallin & Ruf 1999) finden, wenn sie über geeignete Dokumentationen mitteilbar werden. Die Dokumentationen, die wir bei unseren Arbeitsumgebungen in der Regel von den Kindern produzieren lassen, sind zumeist Plakate, in denen Sequenzen von Arbeitsschritten auf bestimmte Art ikonisch und materiell dargestellt sind.

In der Geometrie sind die Wege der Arbeit und der Argumentation in der Regel nicht so fixiert wie in der Arithmetik. Wenn es also jenseits des spezifischen Gegenstandes darum geht, eine Unterrichtskultur zu entwickeln, die den individuellen Arbeitsweg zu einem *„klassenöffentlich“* dargestellten Arbeitsweg führt, dann, so meinen wir, sind geometrische Arbeitsumgebungen dazu in besonderem Maße geeignet.

Das Entwickeln und Analysieren substantieller Arbeitsumgebungen erfordert Formen der Zusammenarbeit zwischen Personen und Institutionen, die nicht a priori gegeben sind. Innerhalb der Hochschule ist ein Zusammenarbeiten von Studierenden und Hochschullehrern ergiebig, das Forschung, Lehre und forschendes Lernen verbindet und wesentlich durch gemeinsames *design*, *empirische Erkundungen* und *produktorientierte Prü-*

fungen gekennzeichnet ist (Wittmann 1995, Hengartner 1999, Wollring 1999). Dennoch bleibt auch eine breit basierte Zusammenarbeit innerhalb der Hochschule als Entwicklungsort ohne systematisches Kooperieren mit der Schule unvollständig und einseitig. Dort muss eine als „Erlkönig" entwickelte Arbeitsumgebung ihre Testläufe bestehen. Im vorliegenden Projekt haben wir einen Weg der Zusammenarbeit beschritten, der hinreichend flexibel einerseits und hinreichend institutionalisiert andererseits ist. Er führt zu einem effizienten fachdidaktischen Entwicklungs- und Lehrerbildungskonzept, gekennzeichnet durch die Elemente *Geometrie im Schulprogramm* und *kräftebündelnde Kooperation.*

Eine innovative Option: Geometrie im Schulprogramm
Das *Mathematikdidaktische Labor für die Grundschule an der Universität Kassel* unter Leitung des Autors kooperiert langfristig mit der *Grundschule am Jungfernkopf* in Kassel. Dies ist im Schulprogramm inhaltlich und formal auf besondere Art verankert. Rektorin A. Becker als Arbeitspartnerin des Autors formuliert dort folgenden Abschnitt (Stand: Mai 2002) unter dem Titel *„Mit den Kindern Geometrie neu entdecken"*:
„Erneuerungen sind auch in dem an sich so klar strukturierten Bereich Mathematik nötig. Die Inhalte sind uns geläufig. Wir einigen uns schnell, was und wie viel die Kinder lernen sollen.

Auch wissen wir: das aktive, entdeckende Lernen macht Mut, fördert selbstbestimmtes Lernen und gelingt über Einsicht und wirkliches Verstehen. Kommunikation und Austausch, Versuchen, Beurteilen, Entscheiden über Annehmen und Verwerfen stehen für die Kinder in diesem Lernkonzept am Anfang und Regeln eher am Ende. Herausforderung, Problemstellung und Ergiebigkeit im Übungsbereich sind unverzichtbar.

Dennoch brauchen wir in unserem Erfahrungsbereich auch die Möglichkeit, Themenbereiche wie die *Geometrie* neu zu entdecken und damit auch passende Methoden und Arbeitsformen.

Wir haben uns *in Zusammenarbeit mit der Universität Kassel* auf einen „pädagogischen Entdeckungsweg" begeben. Schwerpunkt sind die seit gut drei Jahren regelmäßig durchgeführten schulpraktischen Studien im Fachbereich Mathematik unter Anleitung eines Hochschullehrers, hier: Prof. Dr. Bernd Wollring.

Ein bis zwei Klassen kommen jeweils in den Genuss des besonderen Angebots und mit ihnen die zuständige Lehrerin oder der Lehrer.

So erfahren die Schüler besondere Lernwege für sich und geben sie an andere weiter. Die Lehrpersonen unserer Schule erhalten vor Ort eine direkt umsetzbare Fortbildung in Geometrie und dazu die wertvolle Möglichkeit der Beobachtung in Ruhe. Unser Ziel ist es, dass mittelfristig allen Unterrichtenden unserer Schule diese Art der Fortbildung direkt zugute kommt.

Im Rahmen dieses Konzepts wurden an unserer Schule folgende Arbeitsumgebungen erprobt und zu unserem Nutzen bereitgestellt:

- Aus der Papierfaltgeometrie: *Falten modularer Würfel* und Dokumentieren des Faltvorgangs durch zweidimensionale *Faltplakate.*
- Aus der Papierfaltgeometrie: Ein Lehrgang zur Achsensymmetrie im Rahmen der Herstellung eines *Faltsterns,* der aus zwei zueinander symmetrischen Stücken zusammengebaut wird.
- Aus der Kongruenz- und Ähnlichkeitsgeometrie: Herstellen einer Bildgeschichte *„Der Tangram-Zauberer“;* Erproben eines Konzeptes mit verschiedenen selbst hergestellten Tangram-Typen, Bilder einer Bildgeschichte mit gegebenem thematischen Rahmen herzustellen.
- Aus der Raumgeometrie: Herstellen von Quadern, Würfeln und Bauwerken in *„Ecken-Kanten-Clips-Technik“* und Dokumentieren der entsprechenden Bauvorgänge, einschließlich einer abschließenden Ausstellung in unserer Schule.
- Projekt *„Streifenschablonen“* zum Erstellen von Bandornamenten, Parketten und Mosaikstücken für Mosaikbilder.

Das letzte Projekt war Thema von zwei Examensarbeiten und wurde über die Universität Kassel u. a. Schulen in Norwich (GB) und Prag (CZ) zur Verfügung gestellt. Es soll auch in unsere Homepage aufgenommen werden. In den Wochen zwischen den Oster- und Sommerferien 2002 bietet uns die Uni Kassel schulpraktische Studien zum Themenbereich *„Sachaufgaben mit großen Größen“* an. Sie stehen wieder unter dem besonderen methodischen Schwerpunkt des handlungsorientierten Unterrichtens.

Es besteht von unserer Seite und von Seiten der Uni Kassel der ausdrückliche Wunsch, die Zusammenarbeit zum gegenseitigen Nutzen fortzusetzen.“

Ein Modell der „kräftebündelnden Kooperation“ zur Ausbildung und Forschung

Wesentliches Element dieser Kooperation ist die aufeinander abgestimmte Organisation verschiedener Veranstaltungen, deren Beteiligte dem aktuellen Projekt spezifisch zuarbeiten, um dort eine konzentrierte Wirkung zu erzeugen. Den Kern bildet eine *produktorientierte Form fachdidaktischer schulpraktischer Studien.*

In fachdidaktischen schulpraktischen Studien nach traditionellem Muster gestalten Studierende in einer Klasse eine Unterrichtsreihe, „jeder hält eine Stunde“, oft dominiert Frontalunterricht. Die Stunden fädeln sich in den laufenden Unterricht ein oder bilden einen eigenen Themenkreis. Rechtlich ist die Lehrerin Hausherrin, aufsichtsführend, allein verantwortlich für die Unterrichtsinhalte und als Mentorin mitverantwortlich für die Ausbildung der Studierenden. Diese erwerben meist keinen Leistungsnachweis, sondern nur eine Teilnahmebestätigung. Ein solches Praktikum kann Schwächen haben: Sind die Praxisstudien nicht analytisch ausgerichtet, so werden die Studierenden in eine Schulroutine gezogen, die nicht immer als Ausbildungsergebnis wünschenswert ist und in der

Regel wenig Innovationen, sondern eher innovationsresistente Tradierungszirkel generiert. Teilnahmescheine motivieren nur eingeschränkt. Bei unpassender Organisation fühlt sich die Lehrerin unangemessen beobachtet und bewertet. Veranstalter der Hochschule sehen solche Praktika oft als unergiebige Last, zudem sind sie meist unterwertig in das Stundendeputat eingebunden.

Die fachdidaktischen schulpraktischen Studien werden im vorliegenden Projekt als Schnittstelle der Zusammenarbeit gemeinsam von der Schule und vom Autor als Veranstalter umstrukturiert zu einem Entwicklungsinstrument für Arbeitsumgebungen. Dadurch werden sie effizient nutzbar, und die genannten Schwächen werden weitgehend behoben.

Gemeinsamer Ausgangspunkt ist die Auffassung, dass der Geometrieunterricht neue Impulse benötigt. Gewohnheitsmäßig wird Geometrie, so die Position der Schulleitung, von den Lehrerinnen oft auf kurze Zeitabschnitte eingeengt oder ausgelassen. Es besteht aber ein Potential, die Lehrerinnen durch gute Material- und Organisationsangebote neu zum Befassen mit der Geometrie anzuregen. Dies jedoch ist bei der hohen Auslastung im Alltag aus der täglichen Routine heraus in der Regel nicht zu leisten. Geometrieunterricht in der Grundschule, so die Position des Autors, ist schwer als Frontalunterricht sinnvoll zu organisieren. Spezielle Arbeitsumgebungen sind vonnöten und dazu systematisch gewonnene Erfahrungen und empirische Kenntnisse, wie sich Grundschüler in diesen Arbeitsumgebungen mit dem geometrischen Gegenstand auseinander setzen. Da formale Darstellungen in der Geometrie zunächst nicht dasselbe Gewicht haben wie in der Arithmetik, kommt dem Entwickeln einer geometriebezogenen Sprache eine besondere Bedeutung zu, die von eigenproduzierten Bezeichnungen ausgeht und sich zu standardisierten Bezeichnungen hin entwickelt.

Ausgehend von diesen Positionen wurde folgende Organisation konzipiert: Schule und Universität kooperieren durch *Zusammenführen verschiedener Beteiligter und Überblenden verschiedener Veranstaltungen:*

- *Die Schulleitung* schafft einen Punkt im Schulprogramm, der fachdidaktische Entwicklungsziele fixiert, eine längerfristige systematische Kooperation mit der Universität sichert und ihr Raum für Forschungs- und Entwicklungsarbeit gibt. Dafür erwartet sie innovative Erfahrungsmöglichkeiten für die Lehrerinnen zur Geometrie und aktuelle Entwicklungsimpulse für die Schule insgesamt.
- *Eine Fachbeauftragte für Mathematik,* in diesem Fall die Konrektorin, stellt den Kontakt zu den Kolleginnen her, in deren Klassen die speziellen schulpraktischen Studien zur Geometrie stattfinden. Sie ist schulischer Ansprechpartner, sowohl für die Studierenden der schulpraktischen Studien als auch für Einzelne, die mit speziellen Analysen befasst sind. Sie kann speziellen Bedarf einzelner Kolleginnen oder Klassen in die Kooperation einbringen bis hin zur Formulierung spezifischer Entwicklungsaufträge. Sie erwartet einen sukzessiven Ausbau der schuleigenen Werkstatt durch neue Materialien für geometrische Arbeitsumgebungen.
- *Die Klassenlehrerin* braucht für die schulpraktischen Studien keine Vorbereitungen zu treffen. Sie ist während der Durchführung weitgehend entlastet, allenfalls unterstützt sie die Studierenden durch spezifische Beratung. Im Wesentlichen gewinnt sie neue Erfahrungen zu den bearbeiteten geometrischen Arbeitsumgebungen und kann diese später an andere Kolleginnen weitergeben. Damit ist die ausbildende Rolle der Mentoren weitgehend aufgehoben und diese schulpraktischen Studien gewinnen den Charakter spezieller Lehrerfortbildung (siehe Schulprogramm). Ein wesentlicher Punkt der Vereinbarung ist, dass die komplette materielle und logistische Struktur der Arbeitsumgebung nach Abschluss der fachdidaktischen schulpraktischen Studien in der Schule verbleibt und so auch für andere Kolleginnen einen Fundus bildet, auf dessen Basis sie entsprechenden Unterricht durchführen können.

- *Die Schülerinnen und Schüler* arbeiten in den von den Studierenden moderierten Arbeitsumgebungen in einer auch von ihnen als besonders registrierten Situation, gekennzeichnet durch andere Anforderungen, aber auch durch andere Freiräume und andere Zuwendung als im regulären Schulalltag. Sie sind sich ernsthaft bewusst, dass sie nicht nur im gegenständlichen Arbeiten gefragte Partner sind, sondern auch in ihren kritischen Rückmeldungen an die Studierenden und den Hochschullehrer.
- *Ein Hochschullehrer,* hier der Autor als Mathematikdidaktiker, entwickelt in einem speziellen fachdidaktischen Seminar das Design geometrischer Arbeitsumgebungen bis zu einem Stand, von dem aus die weitere Entwicklung nicht ohne empirische Studien möglich ist – Mathematikdidaktik als *design-science* (Wittmann 1995). Diese erfolgt dann in den speziellen fachdidaktischen schulpraktischen Studien. So werden fachdidaktisches Design, praxisorientierte Lehre und empirisches Forschen verbunden. Diese Arbeiten sind Teil seiner Forschung und mit denen anderer Kollegen vernetzt, sowohl im Inland als auch im Ausland. Insbesondere ist der Autor damit in ein Forschungs- und Entwicklungsprojekt der *Interdisziplinären Arbeitsgruppe Grundschulpädagogik (IAG)* an der Universität Kassel eingebunden. Gegenstand dieses Projektes ist das Entwickeln von Modulen für Lernwerkstätten an Grundschulen außerhalb von Hochschulstandorten.
- *Studierende im fachdidaktischen Seminar* leisten dort Vorbereitungen zur Entwicklung von Arbeitsumgebungen und führen teilweise erste empirische Erkundungen dazu durch. Sie erhalten diese Anteile an der Entwicklungsarbeit im Sinne einer *produktorientierten Prüfung* (Wollring 1999) durch Leistungsnachweise honoriert. Darüber hinaus können sie im Rahmen dieses Seminars ihre wissenschaftliche Hausarbeit zum Examen anbahnen: Darin sind das Design einer geometrischen Arbeitsumgebung und qualitative empirische Untersuchungen dazu detailliert aufzuarbeiten. Die Datenbasis bilden systematische Beobachtungen in schulpraktischen Studien, ergänzt durch Interviews, die mit Schülerinnen und Schülern einzeln oder zu zweit geführt werden. Oft haben diese Studierenden zuvor im Rahmen ihrer Seminararbeit an der Entwicklung einer Arbeitsumgebung gearbeitet, die sie nun ausbauen. Diese Studierenden sind sich über die allgemeine Ausrichtung ihrer Arbeit früh im Klaren und kooperieren zu zweit oder zu dritt längere Zeit intensiv an dieser Entwicklungsaufgabe im Sinne einer *produktorientierten Prüfung* (Wollring 1999). Unsere Erfahrung zeigt, dass hochwertige Arbeitsumgebungen diesen Aufwand erfordern. Die Themenstellungen der einzelnen Arbeitsvorhaben werden so spezifiziert, dass prüfungszulässige Individualleistungen entstehen.
- *Leitende Studierende in schulpraktischen Studien* zu sein ist eine Rolle, die der Autor als Veranstalter der fachdidaktischen schulpraktischen Studien je zwei Studierenden anbieten kann, die im Rahmen ihrer

Examensarbeit mit Design und Diagnostik einer geometrischen Arbeitsumgebung befasst sind. Zusammen mit dem Hochschullehrer verantworten sie die inhaltliche und logistische Konzeption dieser Veranstaltung ein Semester lang und können diese weitgehend gestalten. Sie bestimmen das Arbeitsprogramm für die Schüler und die regulären Studierenden, moderieren übergeordnete Abschnitte und dokumentieren die Eigenproduktionen der Kinder. Damit werden diese schulpraktischen Studien zu einem *Design-Diagnostik-Instrument* mit weit größerem Potenzial als es Einzelpersonen aufbringen könnten. Leitende Studierende erhalten hier die Aufgabe und die Chance, die schulpraktischen Studien als *ein für sie vorübergehend eingerichtetes didaktisches Labor* effizient zu managen und zu nutzen.

- *Reguläre Studierende in schulpraktischen Studien,* in der Regel sechs bis zehn Personen, bilden das studentische Arbeitsteam unter der Regie der leitenden Studierenden. Da Arbeitsumgebungen neu erprobt werden und das Arbeiten der Kinder möglichst intensiv zu beobachten ist, betreuen die regulären Studierenden zu zweit durchgehend stabile Schülergruppen an Tischinseln. Frontalunterricht in geringem Umfang erteilen nur die leitenden Studierenden. Reguläre Studierende haben die Rolle, zum einen die Arbeit ihrer Gruppen möglichst zurückhaltend zu moderieren, und zum anderen die Arbeit eben dieser Gruppen anhand vorbereiteter Kategorien und Systematiken möglichst intensiv aus nächster Nähe zu beobachten. Ihre zusammengefassten und aufbereiteten Beobachtungen fließen den leitenden Studierenden als empirisches Material zu. Dass reguläre Studierende keinen Frontalunterricht erteilen, halten wir für verantwortbar, diese Erfahrungen gewinnen sie in anderen Praktika. Selten aber haben sie Gelegenheit, Schülerinnen und Schüler bei der mathematischen Arbeit aus nächster Nähe zu beobachten. Die Instruktionslastigkeit vieler traditioneller schulpraktischer Studien soll hier kompensiert werden. So sind diese schulpraktischen Studien nicht konkurrierend, sondern komplementär zu anderen Formen. Arbeitsziel für die regulären Studierenden ist somit gezielt der *Aufbau diagnostischer Kompetenz durch forschendes Lernen,* möglichst bevor sie eigenverantwortlich Instruktionen geben. Die regulären Studierenden sind zum Teil mit Seminararbeiten am Entwurf der Arbeitsumgebungen beteiligt. Leitende Studierende haben stets als reguläre Studierende an früheren fachdidaktischen schulpraktischen Studien teilgenommen.

Die Grundidee dieses Ausbildungs- und Entwicklungskonzepts besteht somit darin, zum Design und zur Evaluation mathematischer Arbeitsumgebungen für die Grundschule möglichst viele Kräfte an einem Ort zu bündeln und dies durch Überblenden verschiedener Arbeits- und Veranstaltungstypen zu erreichen. Dabei wird angestrebt, dass alle Beteiligten aus dieser Kooperation einen persönlichen Nutzen gewinnen: Die Schule gewinnt eine substanzielle Innovation, die Lehrerinnen erhalten eine spezifische Fortbildung und eine spezielle erprobte Logistik bei laufendem Betrieb, die regulären Studierenden erhalten notwendige Teilnahme- und Leistungsnachweise im Rahmen einer praktischen Entwicklungsarbeit mit begleitender Beobachtungsaufgabe, die leitenden Studierenden erhalten Regieerfahrung, eine sinnvolle Substanz für ihre Examensarbeit und ein langzeitig verwendbares Material, das sie in die zweite Phase ihrer Ausbildung und ihr späteres Unterrichten mitnehmen können. Der Hochschullehrer schließlich gewinnt nutzbare fachdidaktische Forschungsergebnisse, mit denen er sich auf nationaler und internationaler Ebene in den Austausch entsprechender Konzepte und Befunde einbringen kann.

2 Das materielle Konzept der Arbeitsumgebung „Streifenschablonen“ Unterrichtsexperiment und Eigenproduktionen

Anforderungen an die Arbeitsumgebung „Streifenschablonen“

Hat eine Lernumgebung in der Wechselwirkung zwischen erster Planung, Vorversuchen, Durchführung und Nachbetrachtung eine gewisse Ausgestaltung erreicht, ist es schwierig, ihre Genese als eine Abfolge von Planungsschritten zu beschreiben, es ist nur schwer möglich, die Wechselwirkungen der einzelnen Konzeptionsgesichtspunkte authentisch zu dokumentieren. Die folgende Darstellung soll daher nicht den Eindruck erwecken, man könne ausgehend von einem mathematischen und mathematikdidaktischen Programm eine Lernumgebung stets „straightforward“ zielgerichtet entwickeln. Die im Folgenden beschriebene Lernumgebung hat drei Orientierungen:

- *Fachliche Orientierung:* Gesucht ist eine Lernumgebung für die Grundschule, die geometrisches Konstruieren bestimmter Figuren unter den leitenden Gesichtspunkten von Kongruenz und Ähnlichkeit handlungsorientiert ermöglicht.
- *Schulische Orientierung:* Gesucht ist eine Lernumgebung zur Geometrie für die Grundschule, die an gewisse bereits vorhandene materielle Möglichkeiten und an bereits vorhandene motorische und sprachliche Möglichkeiten einer vierten Klasse andockt und aus diesen Möglichkeiten heraus aktiv konstruierendes Lernen entwickelt.
- *Interaktive diskursive Orientierung:* Gesucht ist eine Lernumgebung zur Geometrie für die Grundschule, in der substanzielle Konstruktionen auf verschiedenen Wegen durchführbar sind und in der es möglich ist, diese verschiedenen Wege mit geeigneten Mitteln im vorsprachlichen Raum so zu dokumentieren, dass sie zwischen den Lernenden mitteilbar werden. Dies nach Möglichkeit auch noch zwischen Lernenden, die nicht über eine gemeinsame Muttersprache verfügen und die überhaupt in ihren Fähigkeiten Mathematisches in Worte zu fassen, nur eingeschränkte Möglichkeiten haben.

Die materielle Idee „Streifenschablone"
Das Schlüsselwerkzeug der folgenden Lernumgebungen entstand durch Experimentieren in einer Lehrerfortbildung. Das Netz einer vierseitigen Pyramide ohne Boden war auf Karton zu zeichnen. Diese Konstruktion, bei der die Dreiecke „um ihre Spitze gedreht sind", wird durch ein Kästchengitter nicht unterstützt. Das Konstruieren mit Zirkel und Lineal passte nicht in die Arbeitssituation, dort wurden mit Fotokarton räumliche Bauwerke hergestellt und dabei die Bauteile durch einen Hefter miteinander verclipst.

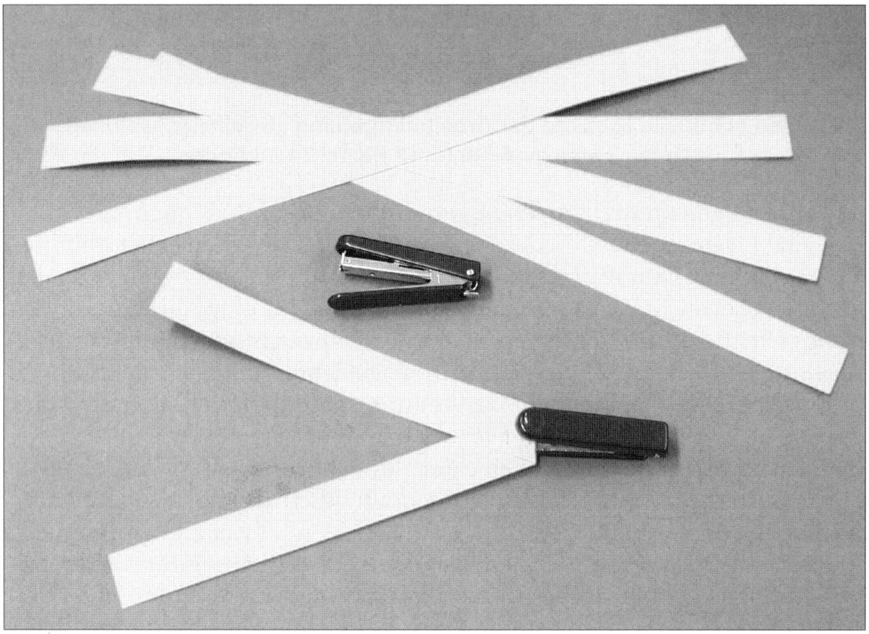

Material zur Streifenschablone

Ein spontaner Versuch bestand darin, einen etwa 4 cm breiten und 30 cm langen Streifen aus Fotokarton zu einem ebenen Winkel zu knicken, diesen Winkel durch Variieren des Knicks genau einzustellen und den Knick dann durch Verclipsen endgültig zu fixieren. So entsteht eine flache, offene Schablone zum Zeichnen eines Winkels, mit der unter anderem die Pyramidennetze leicht, schnell und genau zu zeichnen sind. Zeichnet man innen am Rand entlang, so entsteht ein hinreichend genau gezeichnetes Bild des Winkels. Zudem lassen sich auf den Streifen Längenmaße mit Strichen markieren. Diese Schablonen nennen wir *„Streifenschablonen"*, sie bilden die technische Basis der folgenden Lernumgebung.

Streifenschablonen sind also Werkzeuge zum Zeichnen kongruenter und ähnlicher Dreiecke und Vielecke zu gegebenen Originalfiguren. Vorgesehen ist, dass Schülerinnen und Schüler sie nach einer Einführungsphase selbst herstellen und sie dann benutzen zum Zeichnen von Bandornamenten, Parketten und Mosaikstücken für Mosaikbilder. Darüber hinaus sollen die Schülerinnen und Schüler sowohl das Zeichnen als auch das Herstellen der Streifenschablonen mit geeigneten Texten füreinander selbst dokumentieren. Dies umfasst insgesamt ein etwa sechswöchiges Arbeitsprogramm für eine Klasse der Jahrgangsstufe 4 mit einer Doppelstunde pro Woche, das im Rahmen der oben beschriebenen Kooperation durchgeführt und analysiert wird.

Ein Unterrichtsexperiment mit Schülern im vierten Schuljahr

Im Sommer 2001 wurde vom Autor nach dem beschriebenen Organisationsmuster in einer vierten Klasse ein Unterrichtsexperiment mit den leitenden Studierenden I. Opfermann und N. Wurtinger durchgeführt (Opfermann 2001, Wurtinger 2001). Es umfasste sechs Doppelstunden an jeweils einem Termin pro Woche und war wie folgt gegliedert:

1. Freies Experimentieren mit Streifen und Clipsen
2. Zeichnen von Mustern, die Elemente von Bandornamenten und Parketten enthalten
3. Komponieren von Mosaikbildern
4. Dokumentieren durch Erstellen von Konstruktionsplakaten und Konstruieren nach gegebenen Konstruktionsplakaten
5. Präsentieren einer Ausstellung in der Schule

Zu 1. Freies Experimentieren mit Streifen und Clipsen

Zum Einstieg erhalten die Kinder Gelegenheit, mit gegebenen Streifen und Clipsen frei zu experimentieren. Diese Phase dient der Sicherung motorischer Grundfertigkeiten im Umgang mit dem Material.

Dazu ist ein reichlicher Materialvorrat erforderlich, denn die Kinder entwickeln in kurzer Zeit eine enorme Vielfalt an Gestalten und nutzen dabei ganz verschiedene Möglichkeiten, die Kartonstreifen zu formen und mit Clipsen zu fixieren.

Nach einer gewissen Abklärungsphase lassen sich drei Sorten unangeleiteter Eigenproduktionen aus Streifen unterscheiden: Die erste umfasst Figuren, bei denen die Streifen hochkant verclipst sind und durch ihre Elastizität Figuren aus Kurven bilden. Diese Figuren sind weich und nicht als Zeichenwerkzeuge geeignet, wohl aber als „schöne Produkte“ in anderem Zusammenhang. Die zweite Sorte umfasst Figuren, bei denen ungeknickte Streifen flach aufeinander geclipst sind. Diese Figuren sind teilweise durch ungeschicktes Clipsen instabil und teilweise nicht eben, daher nicht in allen Fällen zum Zeichnen zu verwenden.

Die dritte Sorte bilden Figuren, die aus geknickten und fixierten Winkeln eben zusammen geclipst sind, Dreiecke, Vierecke und teilweise sogar

Tischgruppe 1 experimentiert frei mit Streifenschablonen

Vielecke darstellen und sich zum Zeichnen eignen. Haben die Kinder solche Figuren gefunden, so entsteht aus dem scheinbaren Chaos alsbald geordnete Vielfalt: Zunächst sehen sie diese Streifenfiguren als Produkte, dann entdecken sie diese als Streifenschablonen, als Werkzeuge zum Zeichnen. Spontan nutzen sie die Option, die gezeichnete Figur vielfach zu kopieren. So entstehen chaotische Motive wie die „Tausende Dreiecke" und strukturierte wie der „Fächerstern".

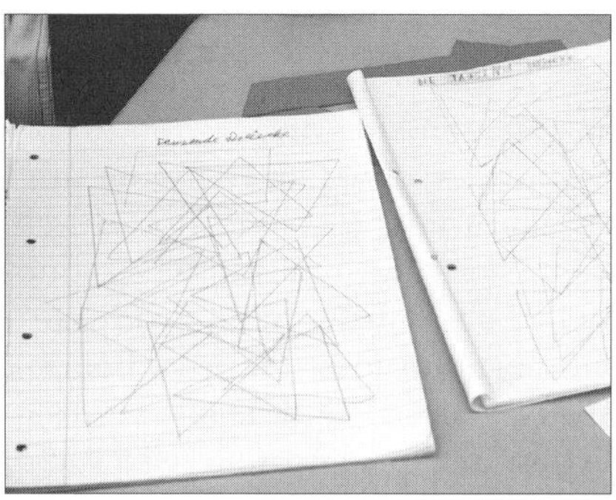

Zeichnung „Tausende Dreiecke"

Zeichnung „Fächerstern" mit Streifenschablone

Zu 2. Zeichnen von Mustern mit Elementen von Bandornamenten und Parketten
In diesem Abschnitt geht es um das *Zeichnen komplexer Figuren aus gegebenen Grundfiguren.* Dazu erhalten alle Tischgruppen identische laminierte Vorlagen mit zwei Dreiecken, einem gleichseitigen und einem gleichschenklig rechtwinkligen. Die Aufgabe fordert, Streifenschablonen als Werkzeuge zum Kopieren der Dreiecke herzustellen und damit dann Muster zu zeichnen.

Erster Schritt dieses Abbildungsvorgangs ist das *„Einfangen“* oder *„Einschließen“* der gegebenen Dreiecke mit einem Streifen. Dabei entsteht eine Streifenschablone, in die das gegebene Dreieck genau passt. Dieses Einschließen ist auf mehreren Wegen möglich, die jeweils die Idee eines spezifischen Kongruenzsatzes für Dreiecke darstellen.

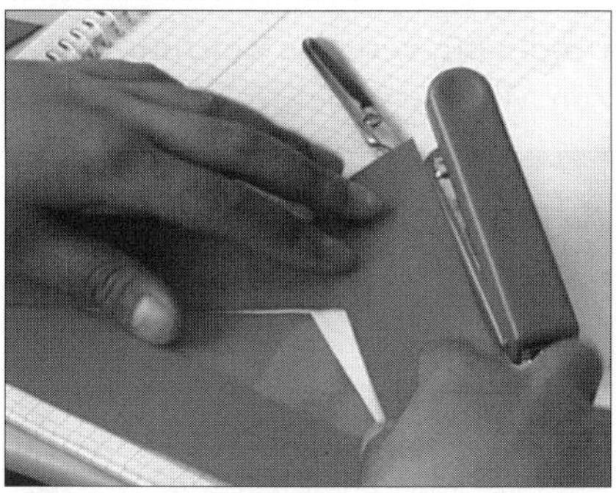

„Einschließen“ des gegebenen roten Dreiecks

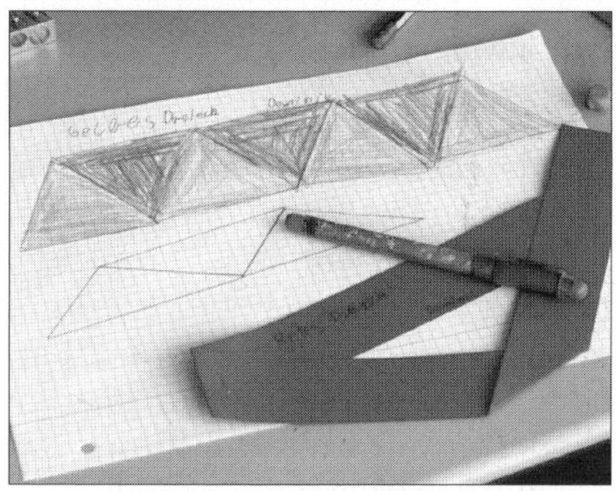

Gezeichnete Kopien des gegebenen roten Dreiecks

Der zweite Schritt des Abbildungsvorgangs ist dann das Zeichnen: Die Kinder realisieren, dass mit dieser Streifenschablone viele kongruente Dreiecke schnell mit hoher Genauigkeit zu zeichnen sind. Die gefragten Zeichnungen durchlaufen zügig eine Wandlung von Bildern, bei denen die Dreiecke zunächst ungeordnet verteilt sind, hin zu Mustern, die Elemente einer Parkettierung aufweisen. Einzelne Tischgruppen finden sogar zu der Frage, ob mit jedem Dreieck solche Muster zu zeichnen sind.

Zu 3. Komponieren von Mosaikbildern
Mosaikbilder nennen wir Bilder, bei denen Papierstücke mit gegebener geometrischer Gestalt wie bei einem Mosaik zu einem größeren Bild zusammengesetzt werden. Hier sind ausgeschnittene Mosaiksteine aus Papier auf einen Karton zu kleben.

Die Mosaiksteine für alle Bilder haben dieselben gegebenen Grundformen. Die Tischgruppen erhalten identische laminierte Vorlagen mit zwei gleichschenklig rechtwinkligen Dreiecken und einem Quadrat, deren Maße wie in einem Tangram aufeinander abgestimmt sind. Zu diesen Grundformen sind Streifenschablonen herzustellen und damit dann hinreichend viele kongruente Mosaiksteine zum Ausschneiden auf Papier zu zeichnen.

Die Vorlagen zu den Mosaiksteinen

Ungünstig verteilte Zeichnungen von Mosaiksteinen

Günstig verteilte Zeichnungen von Mosaiksteinen

Das Einschließen der Figuren und das Herstellen der Streifenschablonen macht keine Probleme. Bei den zum Ausschneiden vorgesehenen gezeichneten Kopien tritt eine Differenzierung auf: Einige Kinder arrangieren die Bilder ungeschickt, so dass alle einzeln auszuschneiden sind und dabei viel Verschnitt entsteht. Andere arrangieren die Bilder als Parkettmuster, und das Ausschneiden gelingt ohne Verschnitt.

Mosaikbilder unterscheiden sich in einem wesentlichen Punkt von den gezeichneten Mustern aus dem vorhergehenden Abschnitt: Denn beim Zeichnen von Mustern aus einzelnen Figuren geschieht das Herstellen der Einzelfigur und ihr Fixieren am endgültigen Ort im gesamten Muster in ein und demselben Arbeitsschritt. Nachträgliche Änderungen durch Umarrangieren der Teilfiguren sind nicht mehr möglich. Mosaikbilder bieten dagegen die Möglichkeit, das *Herstellen der Teilfiguren und ihr Fixieren im Rahmen einer größeren Figur in zwei Arbeitsschritte zu trennen.* Damit wird es möglich, die Teilfiguren zunächst vorläufig zu arrangieren, zu *Baugruppen* zusammenzufassen, die Baugruppen ihrerseits zu arrangieren und das Ganze schließlich in eine gewünschte Endstruktur zu bringen, bevor das Fixieren durch Kleben als allerletzter Schritt erfolgt. Bei dieser Art der Organisation hat das Herstellen von Mosaikbildern die Struktur einer *computerbezogenen Arbeitsumgebung* (Wollring 2001): Vor dem Fixieren haben die Teilfiguren Verfügbarkeiten, die denen von Objekten eines Grafikprogramms auf dem Bildschirm entsprechen, bevor das ganze Bild gespeichert und damit endgültig fixiert wird.

Mosaikbilder bieten gegenüber den Zeichnungen mehr Chancen zur Kooperation der Schülerinnen und Schüler in den einzelnen Tischgruppen. Wir beobachteten, dass in ein und dasselbe Bild verschiedene Motivimpulse Eingang finden und in Kooperation geometrische Effekte, etwa die Passung von Figuren, beobachtet und gegenseitig mitgeteilt werden. Dadurch, dass die Mosaiksteine für alle Gruppen auf denselben Mustern basieren, können die Gruppen in ihren verschiedenen Mosaikbildern dieselben Beobachtungen zu Passungen machen und einander mitteilen.

Das Mosaikbild von Lisa und Joanna: „Berlin bei Nacht“

Aufgrund der höheren Verfügbarkeiten der Figuren beim Herstellen von Mosaikbildern gegenüber denen beim Zeichnen von Mustern sind die Produkte der Kinder hier wesentlich vielfältiger und fantasiereicher ausgefallen.

Zu 4. Dokumentieren durch Erstellen von Konstruktionsplakaten
Eine Leitidee, die wir in allen unseren Lernumgebungen konsequent verfolgen und die für uns die gleiche Bedeutung hat wie die Prinzipien des aktiv entdeckenden und des aktiv konstruierenden sozialen Lernens ist die Idee, das mathematische Tun stets mit dem Dokumentieren dieses Tuns zu verbinden.

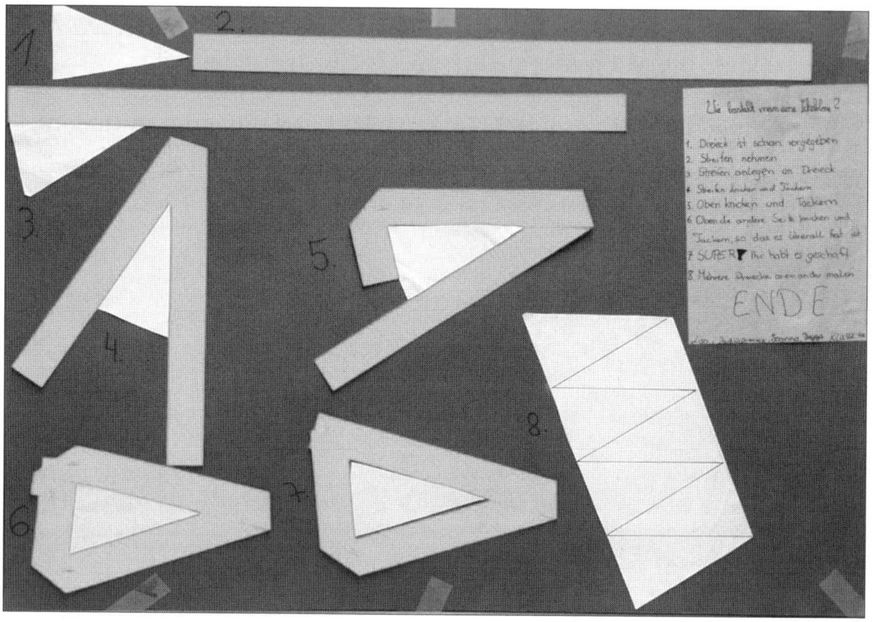

Konstruktionsplakat von Lisas Gruppe

„Eigene Wege", die nicht aufgrund geeigneter Dokumentation „den Weg vom Ich über das Du zum Wir" finden (Gallin & Ruf 1999), bleiben ohne Zusammenhang ungenutzt im Unterrichtsgeschehen stehen. Die Arbeitsumgebung „Streifenschablonen" ist daher nicht nur vor dem Hintergrund zu sehen, ob sie zu mathematisch substanziellen Produkten führt, sie ist auch unter der Anforderung zu sehen, dass dieses Herstellen auf geeignete Art von Schülern für Schüler dokumentierbar ist. Dazu schreiben die Tischgruppen in Gruppenarbeit als Texte *„Konstruktionsplakate"*, die wir weiter unten erläutern.

Zu 5. Präsentieren einer Ausstellung in der Schule.
Leider und unberechtigterweise findet das Fach Mathematik oft nur geringen Anteil am öffentlichen Leben der Schule, anders etwa als die Fächer Sport, Musik, Sprachunterricht und Sachunterricht. Offensives Ziel unseres Unterrichtsexperiments ist daher das gemeinsame Organisieren einer

Ausstellung in der Schule: Alle Ergebnisse – Produkte, Werkzeuge und Dokumente – werden ausgestellt und sind so zugänglich für Schülerinnen und Schüler, Lehrerinnen und Lehrer, Eltern und Besucher der Schule. Die Konstruktionsplakate werden zusätzlich mit Texten für Ausstellungsbesucher ergänzt Die Ausstellungsidee begleitet das Unterrichtsexperiment von Beginn an.

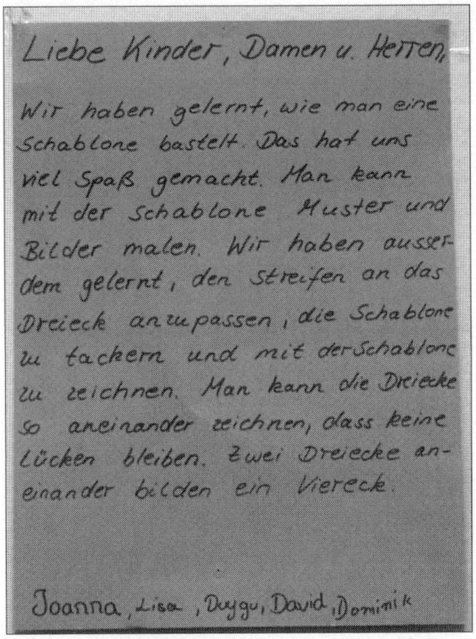

Liebe Kinder, Damen u. Herren,

Wir haben gelernt, wie man eine Schablone bastelt. Das hat uns viel Spaß gemacht. Man kann mit der Schablone Muster und Bilder malen. Wir haben ausserdem gelernt, den Streifen an das Dreieck anzupassen, die Schablone zu tackern und mit der Schablone zu zeichnen. Man kann die Dreiecke so aneinander zeichnen, dass keine Lücken bleiben. Zwei Dreiecke aneinander bilden ein Viereck.

Joanna, Lisa, Duygu, David, Dominik

Text zum Plakat von Lisas Gruppe für Ausstellungsbesucher

Einzelne Resultate des Unterrichtsexperiments

Produkte: Zeichnungen

Alle Schülerinnen und Schüler fertigten die Streifenschablonen passend an und benutzten sie richtig. Kongruenzeigenschaften wurden von den Kindern intuitiv genutzt. Die Arbeitsumgebung ermöglichte den Kindern auf individuellem Leistungsniveau zu arbeiten. Bereits in der Phase des freien Experimentierens zu Beginn entstehen gezeichnete Figuren mit symmetrischen Strukturen wie etwa der rotationssymmetrisch konzipierte *„Stern der besonderen Art“* von Kevin.

In den Zeichnungen von Mustern finden sich auch intuitive Ansätze zu ähnlichen Figuren, etwa zu gegebenen Figuren vergrößerte, die dadurch entstehen, dass in zwei Hauptrichtungen die Anzahl der Elementarfiguren in gleicher Weise vervielfacht sind. Dies gelingt nicht immer konsequent, aber doch so, dass die Figurenpaare „auf dem Weg zur Ähnlichkeit“ erscheinen, wie etwa die Fische bei Jerome.

Einige Schüler benennen Figurengruppen in Mustern mit eigenen Bezeichnungen. Diese stimmen teilweise mit den späteren Standardbezeichnungen überein, teilweise sind es intuitive Namensgebungen für mathematische Figuren oder Strukturen: *„Ein queres Viereck“* bezeichnet ein Parallelogramm, *„ein entgegengesetzter Winkel“* bezeichnet einen Winkel, der zu einem anderen in einem bestimmten Zusammenhang achsensymmetrisch ist.

Rotationssymmetrischer Stern

Fast ähnliche Fische aus kongruenten Dreiecken

Faszinierend zu beobachten sind Muster „auf dem Weg zum Parkett". Die Bilder indizieren, dass die formierenden Eigenschaften von Dreiecksparketten wohl erkannt werden. Sie sind aber zusätzlich von dem Bedürfnis beeinflusst, das Muster am Rand des Papiers passend enden zu lassen, was zu Brüchen in den Strukturen führt, die gerade den künstlerischen Reiz ausmachen. Einige der Bilder sind für eine Dauerausstellung in der Schule geeignet.

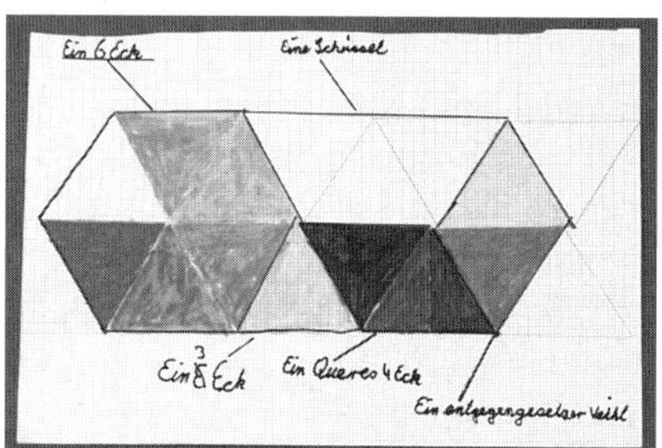

Figuren und Schrifttextversuche dazu

Produkte: Mosaikbilder

Die Mosaikbilder sind ein produktives Aufgabenformat. Das Herstellen hoher Stückzahlen von Mosaiksteinen aus Papier nach gegebenen Mustern war für die Kinder kein technisches Problem, ebenso war das Herstellen der Streifenschablonen zu den gegebenen Figuren problemlos. Die Art des geforderten Produktes erzeugte bei einigen Kindern eine Diskussion über die Notwendigkeit, die Mosaiksteine hinreichend genau herzustellen. Die erwarteten Kooperationen stellten sich spontan ein, obwohl gerade die Mosaikbilder durch außergewöhnliches individuelles Ausdrucksbedürfnis gekennzeichnet sind.

Parkettartiges Muster

Mosaikbilder aus mehr als 50 Teilen sind keine Seltenheit. Die Passung wurde bei vielen Mosaikbildern im mathematischen Sinne genau eingehalten. Überraschend jedoch traten Bilder auf, deren künstlerischer Effekt gerade darin besteht, dass man ein passendes Mosaik, nachdem es gelegt ist, durch Auseinanderziehen bestimmter Bausteingruppen so gestaltet, dass zwischen diesen wieder schwarze Stege sichtbar werden, die dann dem Bild seinen besonderen Ausdruck geben. Typisch für diese Bilder ist eine gegenständlich ambivalente Benennung, wie etwa beim *„Augentempel“* von Lucas und Jerome. Aus konstruktionsorientierter Sicht ist hier festzuhalten, dass bei dieser Arbeitsweise das in der Arbeitsumgebung enthaltene Angebot mit Figurengruppen zu arbeiten, spontan genutzt wird.

Mosaikbild „Augentempel“

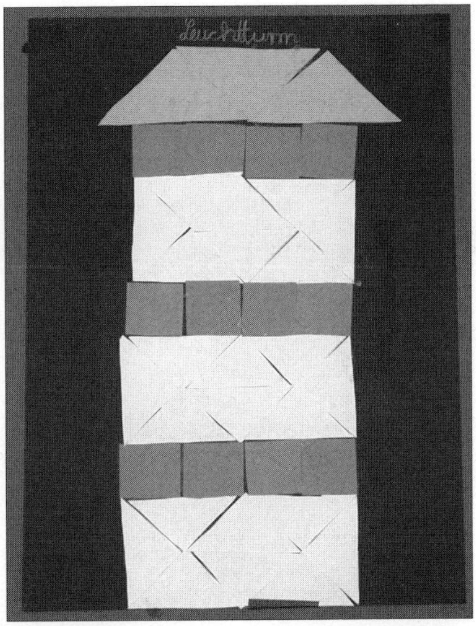

Mosaikbild „Leuchtturm“

Die Mosaikbilder sind im mathematischen und künstlerischen Anspruch ganz unterschiedlich, zeigen aber alle individuelle Besonderheiten. Das zunächst etwas kindlich wirkende Bild *„Berlin bei Nacht“* etwa zeigt auf den zweiten Blick verblüffende Besonderheiten: Es belegt den Versuch, gleich große Quadrate auf verschiedene Art aus Teilfiguren zusammenzu-

Mosaikbild „Berlin bei Nacht"

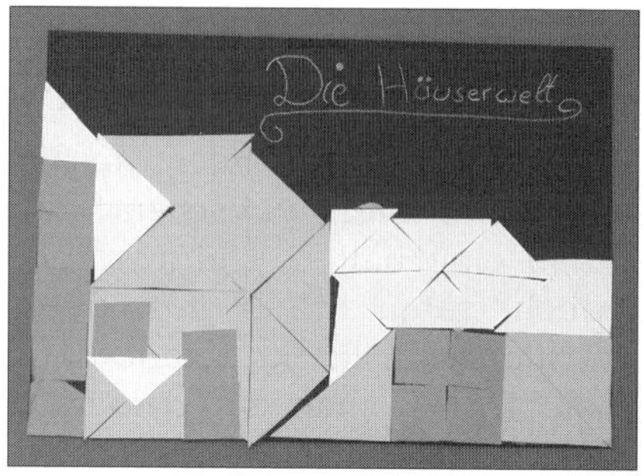

Mosaikbild „Häuserwelt"

setzen und verschieden große, aber ähnliche Figurengruppen zueinander in Beziehung zu setzen. Ganz nebenbei zeigt es auch noch die Konstruktion eines regelmäßigen Achtecks, zum einen aus gegeneinander verdrehten Quadraten, zum anderen aus einer entsprechenden Konstruktion, die auf gleichschenklig rechtwinkligen Dreiecken basiert. Eine offensive Auseinandersetzung mit Passungsproblemen bei ähnlichen, aber verschieden großen Bausteinen zeigt das Motiv „Die Häuserwelt".

Dokumente

Das Dokumentieren des Herstellens und Benutzens von Streifenschablonen geschieht in diesem Unterrichtsexperiment durch *„Konstruktionsplakate"*. Damit bezeichnen wir ein spezifisches Artikulations- und Gestaltungsange-

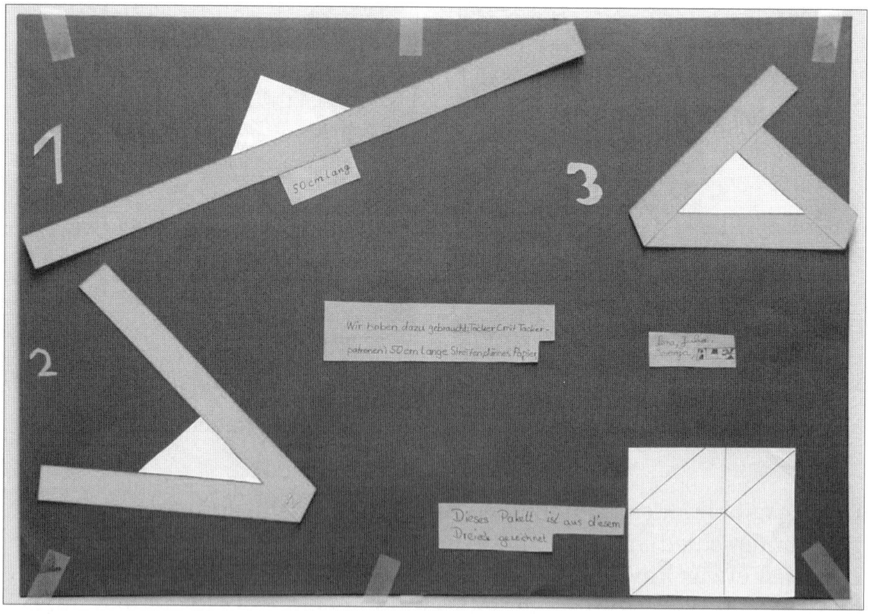

Konstruktionsplakat von Julias Tischgruppe

bot für Texte. Wir gehen dabei davon aus, dass die Artikulation der in der Handlung erworbenen Kompetenzen im Zusammenhang mit Streifenschablonen und den daraus erstellten Produkten allein mit der gesprochenen und der geschriebenen Sprache für Kinder in der Grundschule kaum möglich erscheint. Dies nicht nur, weil die entsprechende Wort- und Schriftsprache eine hinreichende Präzision aufweisen müsste, sondern auch weil auf dem Wege zu dieser Präzisierung nach unseren Beobachtungen nicht genügend muttersprachliche Ausdrucksmittel zur Verfügung stehen. Eine zusätzliche Schwierigkeit besteht darin, dass in vielen Fällen eine Kommunikation zwischen verschiedenen Muttersprachen erforderlich ist.

Unser Weg stellt daher einen Versuch dar, aus den Handlungserfahrungen eine in diesem Zusammenhang effiziente funktionale ikonische Sprache erst zu entwickeln. Unsere dazu konzipierte Textform nennen wir *„materiell-ikonische Texte"*:

Materiell-ikonische Texte sind spezifisch formulierte funktionale Texte, zweckbestimmt, adressiert an spezifische Partner, um diese zu befähigen, die beschriebenen Objekte herzustellen und selbst neue materiell-ikonische Texte zu schaffen.

Unsere Form der materiell-ikonischen Texte sind Konstruktionsplakate. Dabei dokumentieren die Schülerinnen und Schüler ihren eigenen Weg des Konstruierens durch das Arrangieren von Arbeitsschritten in Form aufgeklebten Materials. So entsteht ihr individueller materiell-ikonischer Text. Materiell-ikonische Texte erfordern nicht notwendig geschriebene Textteile, aber schließen diese auch nicht aus. Das Herstellen und Benutzen von Streifenschablonen ist durch diese Texte gut zu dokumentieren, so dass dieses Arbeitsgebiet nicht nur zur Information über mathematische Tatbestände wie Kongruenz und Ähnlichkeit beiträgt, sondern in entscheidender Weise mathematische Textfähigkeit entwickeln kann.

Kein Konstruktionsplakat gleicht dem anderen. Selbst dann nicht, wenn die dokumentierten Konstruktionswege weitgehend identisch sind. Das gibt den Konstruktionsplakaten das „Singuläre". Dies bedeutet aber nicht, dass Konstruktionsplakate in jedem Fall von Einzelpersonen erstellt werden. Obwohl dies durchaus möglich ist und individuelle Konstruktionsplakate von hoher Originalität und hoher Effizienz sein können, liegt doch die entscheidende Chance der Konstruktionsplakate darin, dass sie in Kooperation mehrerer Schülerinnen und Schüler entstehen. Durch ihr Herstellen fordern und fördern sie die Auseinandersetzung über das Darzustellende. Von mehreren Kindern gemeinsam erstellte Konstruktionsplakate sind bisweilen das Ergebnis eines komplizierten Auseinandersetzungsprozesses, gekennzeichnet durch harte Kompromisse.

Eine zunächst geringfügig erscheinende Regieanweisung unterstützt das gemeinsame Produzieren von Konstruktionsplakaten entscheidend: Wie beim Herstellen der Mosaikbilder werden die Kinder angehalten, sich zunächst die Art der Schritte und die Position des entsprechenden Materials auf dem Plakat zu überlegen. Erst wenn sämtliche Auseinandersetzungen über das Arrangieren der Schritte und Bilder auf dem Plakat abgeschlossen sind, werden die Materialien auf dem Plakat im allerletzten Schritt durch Kleber fixiert.

Die individuellen Wege zur Konstruktion bestimmter Figuren zeigen sich in mehreren Dimensionen. Eine Streifenschablone zu ein und derselben vorgelegten Figur kann auf verschiedene Weise hergestellt werden. Entsprechend verschiedene Konstruktionsplakate sind zu beobachten. Dieselben Schritte können auf einem Konstruktionsplakat unterschiedlich arrangiert sein. Ein Konstruktionsplakat kann „hoch auflösend" viele Konstruktionsschritte umfassen oder „niedrig auflösend" nur wenige zentrale Schritte. Erwachsene wie Kinder tendieren anfangs zu hoch auflösenden materiell-ikonischen Texten, entsprechend einer kleinschrittigen Unterweisung an den angenommenen Partner. Niedrig auflösende Konstruktionsplakate erweisen sich aber in der Regel als viel effizienter, erfordern allerdings eine fortgeschrittene Auseinandersetzung mit der darzustellenden Konstruktion, die die Fähigkeit verlangt, wichtige und weniger wichtige Schritte voneinander unterscheiden zu können.

Materiell-ikonische Texte unterstützen einen *„didaktischen Generationenvertrag":* Experten dokumentieren ihr Vorgehen für Novizen. Daraus folgt, dass Schülerinnen und Schüler Streifenschablonen zunächst benutzen und dann erst selbst welche herstellen, nicht umgekehrt. Ebenso ermöglicht dies, dass Schülerinnen und Schüler Konstruktionsplakate von anderen erst nutzen und dann erst später eigene Konstruktionsplakate herstellen. Auf diese Weise wird die Sinnhaftigkeit des später Herzustellenden vorab deutlich, im Gegensatz zum umgekehrten Weg, bei dem man immer wieder Frustrationstoleranz einfordern muss.

Unsere Beispiele zeigen Konstruktionsplakate aus Lerngruppen im vierten Schuljahr, bei denen ein und dasselbe gleichschenklig rechtwinklige Dreieck herzustellen ist. Sie entstanden sämtlich unter der den Kindern mitgeteilten Zweckbestimmung, dass es anderen Kindern in anderen Schulen mit Hilfe dieser Plakate gelingen sollte, mit diesem Plakat ebenfalls viele kongruente Dreiecke zu einem gegebenen herzustellen. Dazu wurde erwähnt, dass die Plakate auch für Kinder der Jahrgangsstufen 3 und 5 genutzt werden sollten und daher für diese ohne weitere Vorbereitung verständlich sein müssten.

Textfähigkeit und Transfer

Angeregt wurde das Herstellen der Konstruktionsplakate durch Vorlegen eines Beispiels. Das wurde nur einmal kurz vorgezeigt, beschrieben und war dann nicht weiter zu sehen. Dieser Impuls genügte, um die Produktion der Konstruktionsplakate bei den Kindern anzuregen. Das Wegnehmen der Vorlage verhindert, dass die Kinder zweitrangige Details der Gestaltung unerwünscht kopieren. Fazit: Konstruktionsplakate sind Texte, deren Herstellen unkompliziert anzuregen ist.

Zunächst hatten die Kinder nur Konstruktionsplakate zu gleichschenklig rechtwinkligen Dreiecken herzustellen. Wir haben uns dann gefragt, ob sie dabei auch lernen, Konstruktionsplakate zu lesen, die von anderen Autoren erstellt sind und die das Herstellen von Streifenschablonen für kompliziertere Figuren beschreiben.

Schülerinnen und Schüler lesen Konstruktionsplakate von Studierenden
Als erstes Beispiel verwendeten wir ein Konstruktionsplakat einer offenen Streifenschablone, mit der man eine bestimmte Raute kopieren und dazu ähnliche zeichnen kann. Die regulären Studierenden der schulpraktischen Studien hatten es erstellt. Es zeigte sich, dass die Schülerinnen und Schüler dieses Plakat problemlos so weit lesen konnten, dass sie die dargestellte Schablone herstellten und die entsprechenden Rauten damit zeichneten.

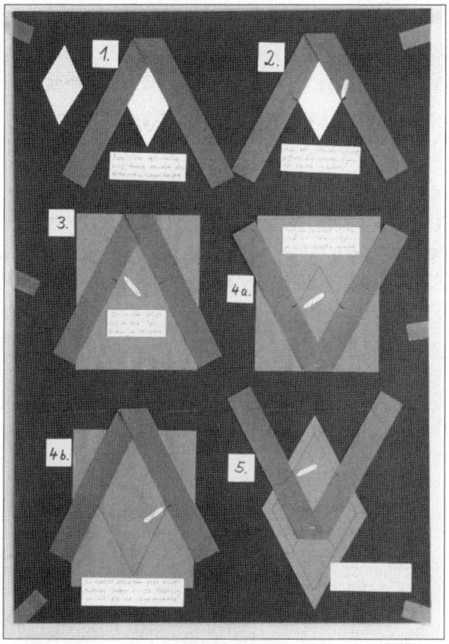

Konstruktionsplakat zu Rauten von regulären Studierenden

Tischgruppe 4 schließt Rauten ein

Hier zeigt sich, dass der Zugang zu ähnlichen Figuren im Rahmen dieses Konzeptes prinzipiell auf zwei Arten möglich ist: durch ähnliche Vorlagen, die mit Streifenschablonen zu kopieren sind, oder mit offenen bzw. skalierten Streifenschablonen, bei denen eine Schar ähnlicher Figuren mit einer einzigen Streifenschablone gezeichnet werden kann.

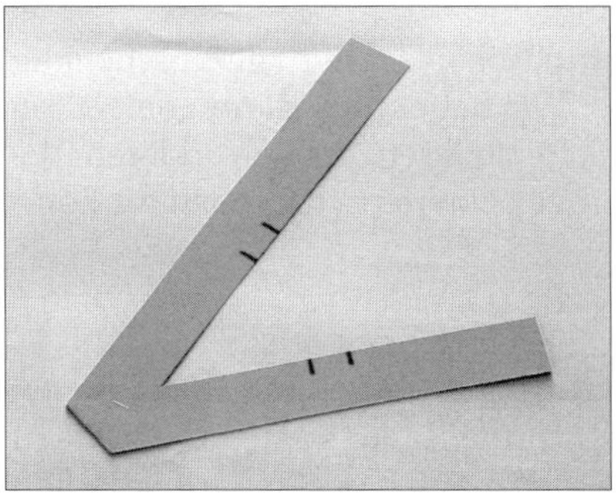

Schablone zu ähnlichen Dreiecken

Lisa zeichnet ähnliche Rauten

Als zweites Beispiel verwendeten wir ein Konstruktionsplakat zu einer geschlossenen Streifenschablone für ein Parallelogramm. Seine Eigenheit ist, dass die Schablone entsteht, indem eine Teilschablone gegenüber einer kongruenten zweiten Teilschablone gedreht und dann mit dieser verheftet wird. Dies beschreibt ein Konstruktionsverfahren für ein Parallelogramm, das auf seiner Punktsymmetrie basiert. Auch dieses Plakat haben die regulären Studierenden der schulpraktischen Studien erstellt. Es wurde von den Schülerinnen und Schülern vollständig korrekt interpretiert. Die Streifenschablone wurde auf demselben Weg und sehr genau durch

Jun schließt das Parallelogramm mit zwei gleichen Winkeln ein

Konstruktionsplakat zum Parallelogramm von regulären Studierenden

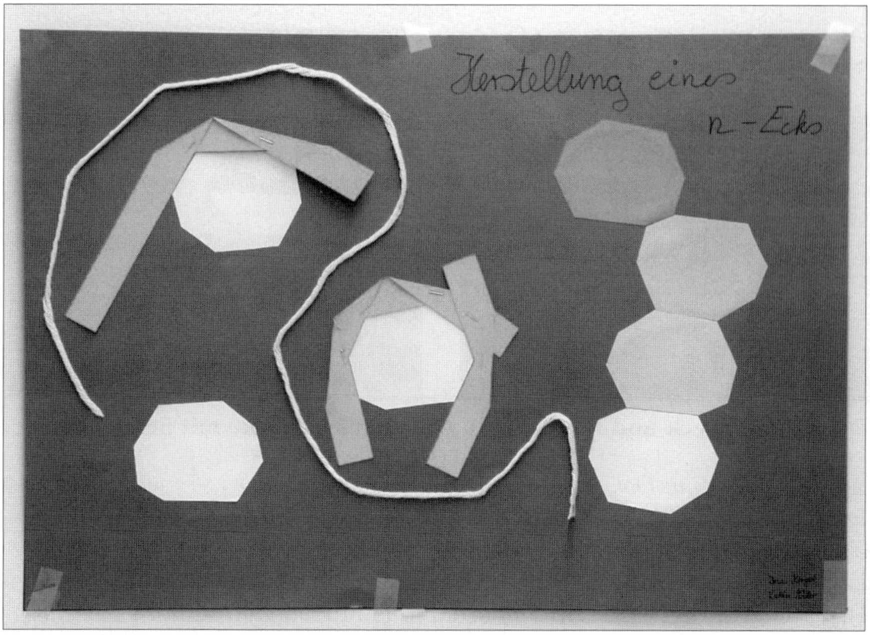

Konstruktionsplakat „Herstellung eines allgemeinen n-Ecks“

direkten Vergleich hergestellt und zum Zeichnen eines Musters aus kongruenten Parallelogrammen verwendet.

Als drittes Beispiel diente ein Konstruktionsplakat zu Streifenschablonen für ein unregelmäßiges Achteck, das in der Absicht gestaltet war, auch einen Weg zu Streifenschablonen für ein beliebiges unregelmäßiges n-Eck darzustellen. Das Plakat beschreibt das Herstellen der Schablone durch ringförmiges Verheften von Streifenschablonen für je einen Winkel oder zwei Winkel. Auch dieses Plakat war von regulären Studierenden des Praktikums erstellt und wurde ohne Probleme von Schülerinnen und Schülern gelesen. Über die rein mathematische Anwendung hinaus inspirierte es die Schüler

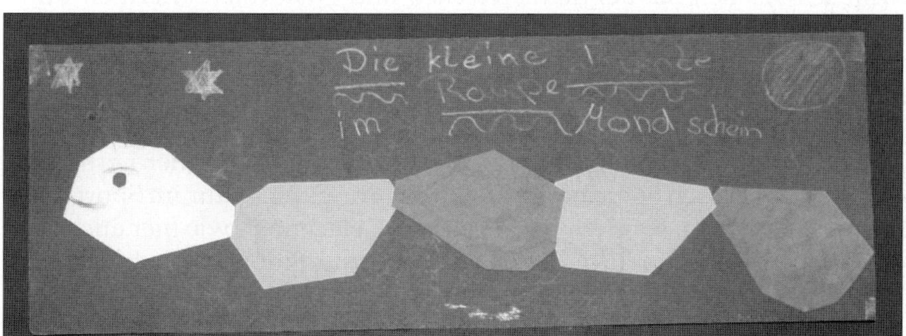

Motiv „Raupe“

zu einem selbst erfundenen Motiv: Aus den unregelmäßigen kongruenten Siebenecken und Achtecken wurden Mosaikbilder zu Raupen gestaltet.

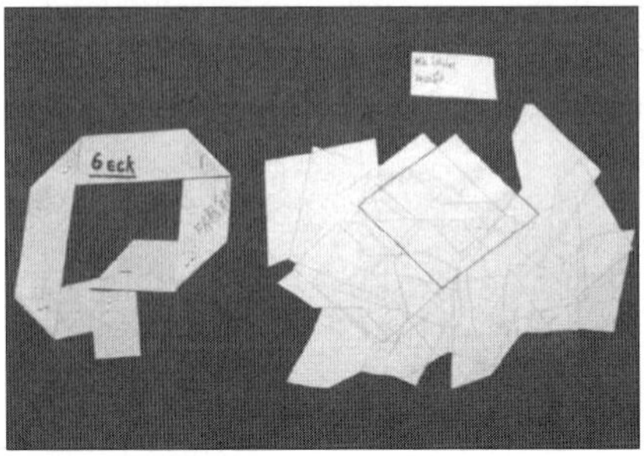

Fabians Sechseck und Rätselmotiv

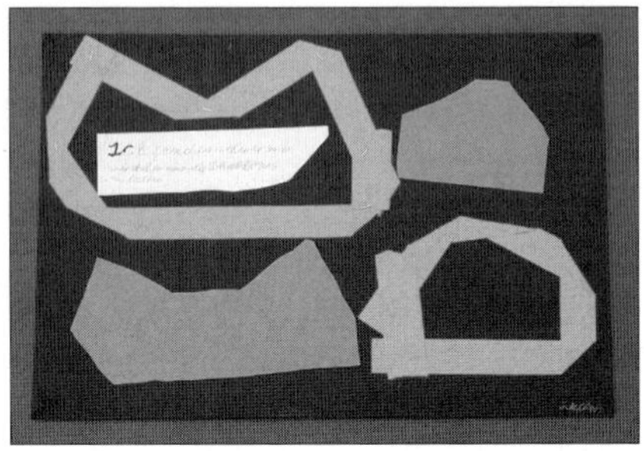

Julians Vielecke mit Schablonen

Auf dem Weg zum Dokument: Julian und Fabian

Fabian beschreibt in seinem Plakat ein Suchrätsel. In ein Gewirr von übereinander gezeichneten Figuren hat er irgendwo die Figur eingebracht, die zum Lösen seines Rätsels zu finden ist. Diese Figur ist ein nicht konvexes Sechseck, für das er die Streifenschablone links neben seiner Zeichnung platziert hat. Dieser Rätseltyp entspricht sehr genau den Aufgaben, die man Kindern in Intelligenztests zur Figur-Grund-Diskrimination stellt. Fabian hat diesen Typ nachempfunden. Er belegt mit seiner Lösung, dass er das Prinzip, Polygone mit Hilfe von Winkelmaßen und Streckenlängen eindeutig darzustellen, von den Quadraten und Dreiecken, die ihm bisher begegnet sind, auf komplexere Polygone übertragen kann.

Julian zeigt in seinem Plakat zwei Polygone und die Streifenschablonen, aus denen die Polygone entstanden sind. Er notiert, dass es ihm schwer fiel, „zu verstehen und die Schablonen zu falten". Die Polygone sind allerdings ein unregelmäßiges konvexes Sechseck und ein unregelmäßiges nicht konvexes Achteck. Die Art der Ausführung indiziert, dass es Julian offenbar nicht schwer fiel, die bei den Dreiecken und Quadraten erlernten Konstruktions- und Herstellungsprinzipien auf komplexere n-Ecke zu übertragen. Sein Einwand scheint vielmehr auszudrücken, dass er die Aufgabe handwerklich schwierig fand und offenbar auch mit der technischen Qualität seines Ergebnisses nicht ganz zufrieden ist. Für die manuelle Tätigkeit, so belegt dieser Fall, ist ein gewisser psychomotorischer Lernstand erforderlich. Diesen auszubauen, sollte allerdings nicht nur im Sport- und im Werkunterricht, sondern bei gegebener Gelegenheit wie hier auch Ziel des Mathematikunterrichts sein. Die Eigenproduktionen von Julian und Fabian stellen eine Mischung dar aus Produkten und den dazugehörenden materiell-ikonischen Texten und sind nicht an spezifische Partner adressiert und auch nicht als Konstruktionsanleitungen gedacht.

Schülerinnen und Schüler schreiben Plakate für andere
Bei den Faltplakaten von Schülern für Schüler ist dies anders. Hier besteht die leitende Aufgabenstellung darin, andere optimal über die von ihnen gemeinte Konstruktion zu informieren. Die materiell-ikonischen Texte zeigen eine erstaunliche Vielfalt. Hier und da wird deutlich, dass es offenbar einen aufwendigen Einigungsprozess brauchte, bis eine Schülergruppe die Struktur eines Plakattextes konzipiert hat. Nicht alle Plakate machen einen durchgehend geordneten Eindruck, ein Merkmal, das sich auch bei von Gruppen erstellten Schrifttexten findet. Grundsätzlich sind solche materiell-ikonischen Texte nach folgenden zwei Kategorien zu beschreiben:

- *Auflösung:* Es gibt materiell-ikonische Texte, die eine große Zahl von Arbeitsschritten darstellen. Solche Texte bzw. Plakate nennen wir „hochauflösend“. Hochauflösende Plakate aber entsprechen einer kleinschrittigen Unterweisung und sind nicht immer optimal erfolgreich. Nicht nur, dass die vielen Schritte auf dem gegebenen begrenzten Raum des Plakates nur sehr beengt Platz finden, senkt den Informationserfolg solcher Plakate, sondern auch die Tatsache, dass bei hochauflösenden Plakaten überhaupt nicht zwischen wichtigen und weniger wichtigen Schritten unterschieden wird. Eine besondere Herausforderung stellen daher Plakate dar, die eher „niedrig auflösen“, d. h. nur wenige, aber dafür wesentliche Schritte darstellen. Das in diesem Sinne niedrigst auflösende Plakat ist das von Cihan. Es kommt mit vier Arbeitsschritten aus und zeigte beim Lesetest durch Schüler des zweiten und dritten Schuljahres die besten Erfolge.

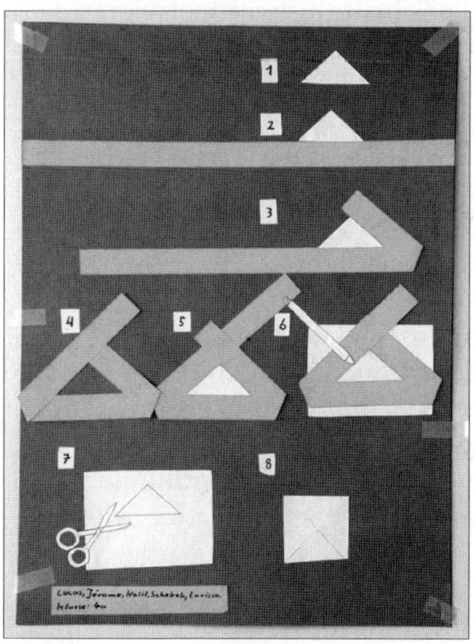

Viele Schritte im Plakat von Canans Tischgruppe

- *Arrangement:* Die ikonisch codierten Schritte können auf einem Plakat zeilenweise arrangiert sein, ähnlich dem Arrangement von Worten und Sätzen bei geschriebenen Texten. Diese Form wird in Anlehnung an Schrifttexte von den Schülerinnen und Schülern häufig gewählt. Eine Alternative, die gelegentlich schönere und informativere Plakate hervorbringt, besteht darin, die materiell-ikonischen Codierungen der Arbeitsschritte so zu arrangieren, dass ein geometrisches Gesamtbild entsteht, das mehr ästhetischen und funktionalen Gehalt aufweist als ein zeilenweise angeordneter Text. Mit dieser Art der Darstellung lassen sich geometrische Verwandtschaften der ein-

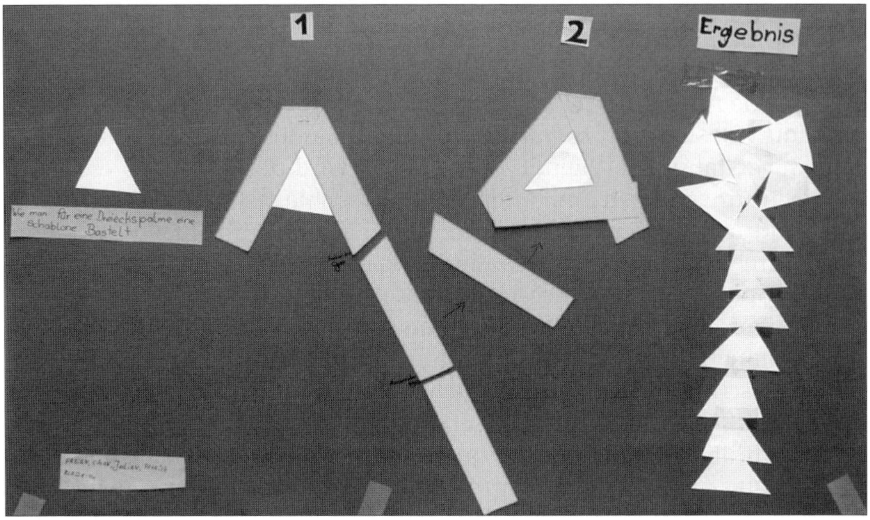

Wenige Schritte im Plakat von Cihans Gruppe mit Palmenmotiv

zelnen Arbeitsschritte oder ein sämtliche Schritte bestimmendes Leitkonzept – etwa Symmetrie – teilweise effizienter und verständlicher darstellen. Ein typisches Plakat, das diese Effekte nutzt, ist das Plakat von Denise und Tomka, das die Herstellung einer Streifenschablone für ein Parallelogramm beschreibt und die Montage der Streifenschablonen so darstellt, dass die Rotationssymmetrie des Parallelogramms deutlich wird. Obwohl dieses Plakat recht viele Schritte aufweist, erwies es sich doch als verstehbar für alle Viertklässler, die wir damit befassten.

Kursorisch und knapp sei berichtet, welche Erfahrungen zu den Plakaten unserer Lerngruppe wir mit Kindern in anderen Lerngruppen gemacht haben. Schülerinnen und Schüler aus den Jahrgangsstufen 2 und 3 einerseits und 5 und 6 andererseits bekamen in Interviews Plakate unserer Lerngruppe vorgelegt, dazu das nötige Material. Sie wurden gebeten, die vorgelegte Figur mehrfach herzustellen und damit Muster zu legen. Das Herstellen der kongruenten Figuren gelang sämtlichen Kindern! Etliche Kinder sowohl aus den unteren als auch aus den höheren Jahrgangsstufen haben die Kongruenz der hergestellten Stücke ungefragt durch Aufeinanderlegen überprüft. Alle Kinder haben anschließend aus den hergestellten Stücken spontan Muster gelegt und in ihren Handlungen zum Ausdruck gebracht, dass ihnen die Passungen entsprechender Seiten bewusst waren.

Allerdings waren die Schülerinnen und Schüler der Jahrgangsstufen 2 und 3 kaum in der Lage, ihr Tun während der Arbeit oder danach einigermaßen geordnet in Worte zu fassen.

Dies belegt die von uns auch in anderen Zusammenhängen vertretene These, dass *die Handlungskompetenzen den verbalen Kompetenzen vorausgehen,* dies aber keineswegs ausschließt, dass man sich nicht auch in dieser Stufe mit Hilfe geeigneter Texte verständigen kann.

Die interviewten Schülerinnen der Jahrgangsstufen 5 und 6 dagegen waren sehr wohl in der Lage, ihr Tun verständlich in Worte zu fassen. Darüber hinaus benutzten sie unaufgefordert Fachbegriffe, die sie in ihrem eigenen Geometrieunterricht gelernt hatten. Sie waren auch imstande, mit verschiedenen Techniken ein und dieselbe Vorlage mit Streifenschablonen zu rekonstruieren, zu beschreiben und mit Hilfe von Symmetrieeigenschaften dieser Figuren zu begründen.

Zum Schluss

Nicht immer lassen sich zur Entwicklung einer Arbeitsumgebung so viele Kräfte bündeln wie hier, aber das Organisationsmuster soll dazu ermutigen, denn die Qualität der Produkte und der Ausbildung ist deutlich höher als bei geringerem Kräfteeinsatz.

Das Beispiel belegt, dass sich substanzielle mathematische Begriffe und Zusammenhänge aus der Geometrie in Lernumgebungen übersetzen lassen, die diese handelnd für die Grundschule zugänglich machen. Dabei ist ein Gleichgewicht zu erreichen zwischen dem eigenen Konstruieren und dem gegenseitigen Verständigen über dieses Konstruieren im Unterricht. Dieses allgemeine Ziel gilt weit über den Mathematikunterricht hinaus. Es verweist auf eines der Hauptdefizite des derzeitigen Mathematikunterrichts und darauf, wie man ihn strukturell besser mit anderen Fächern verbinden und seine Qualität steigern oder sichern kann.

Bezüglich des Ausbildungs- und Entwicklungskonzeptes fungiert die hier vorgestellte Arbeitsumgebung „Streifenschablonen“ und der darin thematisierte mathematische Gegenstand als austauschbarer Träger übergeordneter Ideen. Auf höherer Ebene geht es um Textfähigkeit im Mathematikunterricht und in anderen Fächern. Im Zusammenhang mit den Ergebnissen der PISA-Studie wird ein „diskursiver“ Mathematikunterricht gefordert. Dies gilt im besonderen Maße für den Mathematikunterricht der Grundschule und ist keine neue, wohl aber eine aktuelle Erkenntnis. Das Konstruieren eigener Strategien und eigener Wege ist nicht möglich ohne das gleichzeitige Konstituieren der entsprechenden sachbezogenen Kommunikation. Diese Kommunikation tragfähig zu machen, ist eine der Hauptaufgaben eines Unterrichts, den man in der Grundschule nicht „Fachunterricht“ nennen sollte, wohl aber mit Recht *fachlich orientierten Unterricht* (vgl. Wittmann 1996).

Literatur

Gallin, P., & Ruf, U. (1999): Dialogisches Lernen in Sprache und Mathematik. Band 1: Austausch unter Ungleichen. Band 2: Spuren legen – Spuren lesen. Seelze: Kallmeyersche Verlagsbuchhandlung 1999.

Hengartner, E. (Hg., 1999): Mit Kindern lernen. Standorte und Denkwege im Mathematikunterricht. Zug: Klett & Balmer 1999.
Opfermann, I. (2001): Ausgestaltung und qualitative Evaluation einer Lernumgebung zur Kongruenz und Ähnlichkeit für die Grundschule, basierend auf dem Werkzeug „Streifenschablonen", und qualitative empirische Analyse dazu mit Kindern der Jahrgangsstufen 1 bis 3. Wissenschaftliche Hausarbeit zur ersten Staatsprüfung für das Lehramt an Grundschulen, Universität Kassel 2001.
Wittmann, E. Ch. (1995): Mathematics Education as a Design Science. In: Educational Studies in Mathematics 29, 1995, 355–374.
Wittmann, E. Ch. (1996): Offener Mathematikunterricht in der Grundschule – vom FACH aus. In: Grundschulunterricht 43(1996) 6, 3–7.
Wittmann, E. Ch. (1997): Aktiv-entdeckendes und soziales Lernen als gesellschaftlicher Auftrag. In: Schulverwaltung NRW 8 (1997) 5, 133–136.
Wollring, B. (1999): Mathematikdidaktik zwischen Diagnostik und Design. In: Selter, Ch. & Walther, G. (Eds., 1999). Mathematikdidaktik als Design Science. Festschrift für Erich Christian Wittmann. Leipzig: Ernst Klett Grundschulverlag, 270–276.
Wollring, B. (2001): Geometry revisited. Vortrag an der Karls-Universität Prag 2001.
Wollring, B. (2001): Der Tangram-Zauberer – Fächerverbindendes computerorientiertes Arbeiten zu Geometrie der Kongruenz und Ähnlichkeit in der Grundschule. In: Weiser, W. & Wollring, B. (Hg.): Beiträge zur Didaktik der Mathematik für die Primarstufe. Festschrift zum 60. Geburtstag von Siegbert Schmidt. Hamburg: Verlag Dr. Kovac 2001.
Wurtinger, N. J. (2001): Ausgestaltung und qualitative Evaluation einer Lernumgebung zur Kongruenz und Ähnlichkeit für die Grundschule, basierend auf dem Werkzeug „Streifenschablonen", und qualitative empirische Analyse dazu mit Kindern der Jahrgangsstufen 4 und 5. Wissenschaftliche Hausarbeit zur ersten Staatsprüfung für das Lehramt an Grundschulen, Universität Kassel 2001.

HEINRICH WINTER

„Gute Aufgaben" für das Sachrechnen

Wenn das Sachrechnen den drei ihm zugeordneten Funktionen
- Sachrechnen als Lernstoff: Kenntnisse über Größen und den rechnerischen Umgang mit ihnen
- Sachrechnen als Lernprinzip: Stiftung von Sinn und Verständnis mathematischer Begriffsbildungen durch Bezugnahme auf umweltliche Phänomene und alltägliche Erfahrungen
- Sachrechnen als Lernziel: Stiftung eines rationalen Verständnisses von Erscheinungen der Welt durch die Bildung von mathematischen Modellen

mehr als bisher gerecht werden soll, dann muss das didaktische Hauptbemühen entschieden darauf gerichtet werden, die für das **Verstehen von Sachverhalten** (symbolisiert in Sachaufgaben) erforderlichen Fähigkeiten zu entwickeln, zu fördern, zu kultivieren. Weder das imitierende Üben (Musteraufgabe mit Musterlösung in leicht abgewandelten Beispielen wiederholen), noch die Sequentierung nach Rechenoperationen (Malschlussaufgaben, Teilschlussaufgaben, Aufgaben mit einer Verknüpfung, Aufgaben mit mehreren Verknüpfungen usw.), noch die bedachte Zurichtung der Aufgabentexte zur Erleichterung ihrer Entschlüsselung (Widerspiegelung der geforderten Rechensequenz im Textaufbau), noch gar die Verpflichtung zu Bearbeitungsschritten wie das Ritual Frage-Rechnung-Antwort können die Misere des Sachrechnens wesentlich beheben. Im Grunde werden durch solche didaktischen Interventionen die erforderlichen Denktätigkeiten nicht nur nicht gefördert, sondern im Extrem als nicht notwendig hinweg methodisiert.

Auch der gegenwärtige didaktische Hit, die Suche nach „guten Aufgaben", greift dann zu kurz, wenn man glaubt, „gute Aufgaben" seien pädagogische Selbstläufer und man könne die Güte von Aufgaben unabhängig von Vorstellungen über unterrichtliche Realisationsmöglichkeiten bewerten.

Natürlich ist die Aufgabe „Warum fällt in jedem Kalenderjahr der 1. November auf denselben Wochentag wie der 1. März?" besser als die Aufgabe „Wie viele Tage vergehen vom 1. März bis zum 1. November desselben Kalenderjahres?", weil sie darauf gerichtet ist, sich mit Kalenderproblemen zu befassen, die durch die doppelte Untergliederung des Kalenderjahres nach gleich langen Wochen und nach nicht durchweg gleich langen Monaten gegeben sind. Man erkennt die Aufklärungstendenz. Noch besser wäre die Aufgabe „Was fällt dir an den Wochentagen des März und des Novembers desselben Kalenderjahres auf?", weil sie auch noch auf Selbstentdecken des behaupteten Sachverhalts angelegt ist. Das Spiel der Verbesserung kann man sicher weiter treiben, aber es wird dann zunehmend deutlicher, dass „gute Aufgaben" auch „gute Lehrerinnen" und „gute

Schulverhältnisse" erfordern, wenn sich der Unterricht grundlegend verbessern soll.

Im Folgenden wird – an einem bewusst unspektakulären Beispiel – skizziert, was in meinen Augen eine „gute Aufgabe" ist und wie sie in didaktischen Szenarien auch für die Schülerinnen und Schüler zu einer „guten Aufgabe" werden kann. Am Ende erfolgt der Versuch, Kriterien für „gute Sachaufgaben" zu benennen.

Die Aufgabe – eine Episode aus dem Alltag der Schülerinnen und Schüler

Anke ist eine richtige Leseratte. Heute hat sie wieder ein Buch ausgeliehen, das sie in den nächsten Tagen lesen will. Das Buch hat 144 Seiten, sie möchte es spätestens nach 10 Tagen zurück geben.

Diskussion – Lesen als Lieblingsbeschäftigung

Es wird hoffentlich in jeder Klasse Schülerinnen und Schüler geben, die sehr gern lesen. Da kann sehr bald behauptet werden, dass Mädchen wohl eher vom Lesen begeistert sind als Jungen. Oder? Wie ist das bei uns? Wir führen in der Klasse eine anonyme Befragung durch.

Jedes Kind notiert auf einem Zettel sein Geschlecht (M oder J) und eine von zwei Alternativen (L = Lesen von Büchern ist meine Lieblingsbeschäftigung, N = Lesen von Büchern ist nicht meine Lieblingsbeschäftigung). Die Sammlung und Auswertung der Befragungsergebnisse erfolgt in der Herstellung und Diskussion einer **Vierfeldertafel** (Abb. 1), die ein einfaches aber wirkungsvolles und immer wieder gebrauchtes Instrument in statistischen Fragestellungen und ein wichtiges Schema für logische Zusammenhänge ist. In unserem Fall könnte sie so aussehen oder aber auch ganz anders.

	M	J	
L	7	5	12
N	1	6	7
	8	11	19

Abb. 1: Vierfeldertafel

Diskussion – Bücher, Bücher

Da gibt es dicke, dünne, große, kleine, klein oder groß gedruckte, mit oder ohne Bebilderung usw. Schauen wir uns doch unsere eigenen Schulbücher (und Hefte) einmal genauer an. Ein einfaches Vergleichsmerkmal ist die Anzahl der Seiten, die wird ja auch immer in Buchanzeigen angegeben. Eine Entdeckung ist möglich: Die Seitenzahl von Büchern ist in aller Regel eine besondere, nämlich durch 16 teilbare Zahl. Das wird sicher kein Zufall sein. Können wir uns das selbst erklären?

Eine weitere explorierende Tätigkeit: Wir achten auf Abschnitte (Kapitel), Absätze, Sätze, Wörter, Zeilen, Zeichen pro Zeile, usw. Speziell kann überschlägig oder genau die Anzahl der Aufgaben im Mathe-Buch ermittelt werden. Daran gibt es ja ein Interesse, besonders wenn man diese Zahl mit der Zahl der Mathe-Stunden im Schuljahr vergleicht.

Fragen (zur o. g. Aufgabe) und Lösungsaktivitäten
Nehmen wir an, Anke wolle das Buch mit seinen 144 Seiten, so wie sie Zeit und Lust hat, in den nächsten 10 Tagen lesen. Wie kann diese Lesearbeit auf die 10 Tage verteilt werden? Schreibt viele und möglichst ganz verschiedenartige und möglichst auch extreme Beispiele auf. Dazu bietet sich die Darstellung in Tabellenform an:

1.	2.	3.	4.	5.	6.	7.	8.	9.	10.	Tag
10	12	14	9	0	20	15	24	12	28	Seiten
30	0	0	14	14	14	14	18	0	40	Seiten
14	15	14	15	14	15	14	15	14	14	Seiten
0	0	0	0	0	0	0	0	0	144	Seiten

Extreme Fälle fallen auf: Zusammendrängen der ganzen Lesearbeit auf einen (den letzten) Tag einerseits, möglichst gleichmäßiges Verteilen auf die 10 Tage andererseits. Beides wird natürlich situationsbezogen diskutiert.

Eine völlige Gleichverteilung kann hier nicht erreicht werden, wenn täglich eine ganze Zahl von Seiten gelesen wird; 144 lässt sich nicht ohne Rest durch 10 teilen. Wir könnten Bruchteile von gelesenen Seiten in Betracht ziehen, dann müsste Anke pro Tag 14 ganze und 4 Zehntel Seiten = 14 $\frac{4}{10}$ Seiten = 14,4 Seiten lesen; ein motivierter Vorgriff auf die Bruchrechnung!

Diese Zahl 14,4 steckt nun in allen denkbaren Verteilungen. Es ist der Mittelwert, genauer der **Durchschnittswert** (das arithmetische Mittel) der 10 Zahlen. Wie auch immer Anke sich die Arbeit einteilt oder einteilen muss, im Durchschnitt sind es 14,4 Seiten pro Tag. Ist das übrigens viel? Wie lange brauchst du für 14 Seiten? Es kommt auf die Menge des Textes an, die auf einer Seite untergebracht ist. Wenn wir der Einfachheit halber annehmen, jede Seite beanspruche dieselbe Lesezeit, dann ist das eine sehr weitgehende Vereinfachung. Aber ohne Vereinfachungen können wir kaum Mathematik anwenden.

Es muss auch deutlich werden: Der Durchschnittswert einer Reihe von Zahlen ist eine „Rechenzahl" (eine Modellgröße), die in den wirklichen Zahlen einer Verteilung gar nicht vorkommen muss, wie hier. Aber sie sagt etwas Wichtiges aus: Sie verdichtet die Zahlenreihe zu einer einzigen „repräsentativen" Zahl und drückt Ankes Leistungsfähigkeit in der Lesearbeit (gemessen in gelesenen Buchseiten pro Tag) aus.

Variationen und Übertragungen

Wir haben drei Größen: Anzahl der Seiten des Buches (gesamte Lesearbeit), Anzahl der Tage für das Lesen (Lesezeit) und (durchschnittliche) Anzahl Seiten pro Tag (Leseleistung). Es gilt, deren Zusammenhang nachhaltig zu erfahren und maximal deutlich werden zu lassen. Ein Mittel ist dabei das systematische Variieren. Eine der drei Größen wird als fest gegeben angenommen, eine zweite wird planmäßig verändert und es wird beobachtet, wie sich diese Veränderungen auf die dritte Größe auswirken.

Ist z. B. das Buch 160 Seiten stark, so können wir das Tagespensum wachsen lassen und beobachten, wie sich die Anzahl der notwendigen Lesetage gesetzmäßig verringert:

Seiten pro Tag	1	2	4	5	8	10	16	20	32	40	80	160
Lesetage	160	80	40	32	20	16	10	8	5	4	2	1

Die Gegenläufigkeit der beiden variierten Größen wird als Symmetrie deutlich: Unten haben wir dieselben Zahlen wie oben, nur in umgekehrter Ordnung. Und inhaltlich gesprochen: Je mehr pro Tag gelesen wird, umso weniger Tage sind nötig. Besser weil genauer: Bei Verdoppelung des Tagespensums halbiert sich die Zahl der Tage. Bei Halbierung des Tagespensums verdoppelt sich die Zahl der Lesetage. (Die Lehrerin weiß natürlich, dass wir es hier mit einer antiproportionalen Funktion zu tun haben.)

Lassen wir auch Zahlen zu, die nicht Teiler von 160 sind, so können wir immerhin Bereiche unserer Doppelliste entnehmen. Bei 3 Seiten pro Tag (Mitte von 2 und 4) werden weniger als 80 aber mehr als 40 Lesetage nötig, allerdings wäre 60 (Mitte von 80 und 40) falsch, denn 60 x 3 = 180. Die Zuordnung oben ist nicht „mittentreu". Bei täglich 3 Leseseiten gibt es rd. 53 Lesetage (genau $53 \frac{1}{3}$). Wie viele Lesetage sind bei täglich 6, 7, 9, … Leseseiten (näherungsweise) nötig?

Unverzichtbar sind **anschauliche Darstellungen** des gesetzmäßigen Zusammenhanges unserer drei Größen, etwa wie in Abb. 2 (auf der folgenden Seite), die wir gemeinsam mit den Schülerinnen entwickeln.

Ein weiterer Schritt zum Verständnis unseres Sachverhalts besteht im bewussten Übertragen auf strukturgleiche aber inhaltlich andere Situationen. Übertragungsschiene kann der Begriff Arbeit sein. Beispiele:

Ein Buch von 176 Seiten in einem halben Jahr schreiben (vielleicht will Anke Schriftstellerin werden); 800 Mathe-Aufgaben lösen in 160 Tagen; in 300 Sekunden 240 Liter Wasser in die Wanne laufen lassen; eine Strecke von 72 km Länge wandern, wenn man pro Stunde im Mittel 4,5 km schafft; mit 12 EURO Taschengeld 3 Ferienwochen auskommen usw.

Lesearbeit

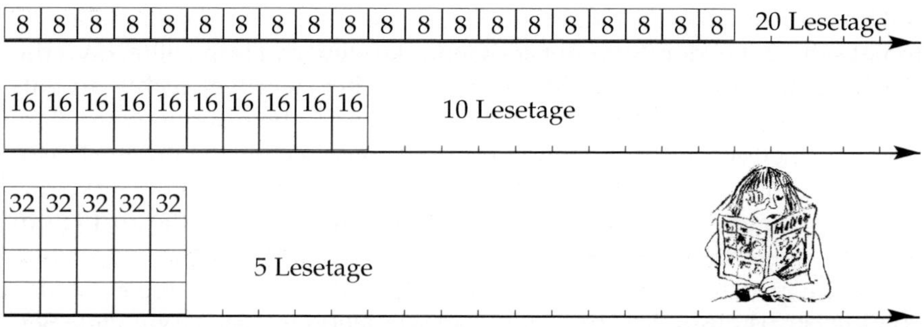

Abb. 2: Drei gleichmäßige Verteilungen der Gesamtlesearbeit auf Lesetage

Eine richtige Problemaufgabe

Anke las ihr Buch mit den 144 Seiten in nur 6 Tagen. Weil es so spannend war, las sie vom zweiten Tage an immer 4 Seiten mehr als am Tag davor. Kann man herauskriegen, wie viele Seiten sie an jedem der 6 Tage las?

Das ist die Gelegenheit, Problemlöse-Strategien zu üben.

Die Prozedur **Probieren-Korrigieren** dürfte am nächsten liegen (wenn sie auch bisher sträflich vernachlässigt wird). Wenn Anke mit 10 Seiten am ersten Tag begonnen hätte, dann wäre die Verteilung auf die 6 Tage so gewesen: 10,14,18,22,26,30, das ergibt zusammen nur 120 Seiten, 24 zu wenig. Was jetzt? Die Lösung ist nahe!

Eine zweite Strategie besteht in der **Änderung der Aufgabenstellung**, und zwar hier im Ausblenden der gegebenen Bedingung, die ja die Problembarriere darstellt, dass Anke von Tag zu Tag 4 Seiten mehr liest. Würde sie täglich gleich viele Seiten lesen, so wären das 24 (144 : 6) Seiten. Und so viele Seiten liest sie auch dann im Durchschnitt, wenn sie ihre tägliche Lesearbeit um 4 Seiten erhöht. Malen wir die Durchschnittssituation als Rechteck mit 6 gleichhohen Säulen hin, so sollte sich daraus ein Impuls für den Fortgang der Lösung ergeben: Wir müssen aus der Rechtecksfläche eine Treppenfläche machen (Abb. 3).

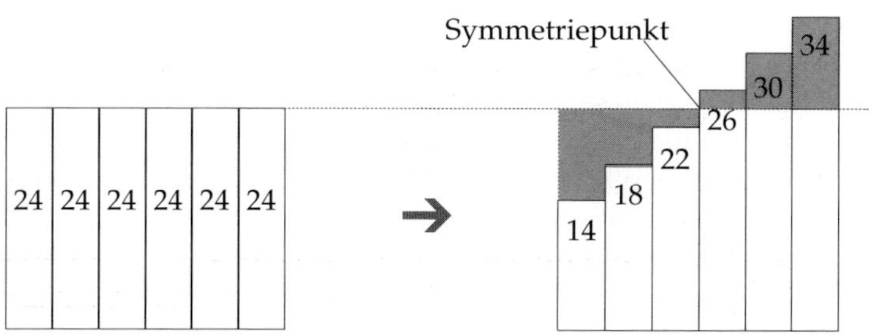

Abb. 3: Vom Säulenrechteck zur Treppenfläche – anschauliche Lösung der Problemaufgabe

Das kann anfangs probierend-korrigierend geschehen; später mehr systematisch, wobei der (Symmetrie-)Gedanke steuernd sein sollte, dass die Flächen, die links von der Mitte ausgebrochen werden, rechts an entsprechender Stelle aufgesetzt werden müssen. Zu begründen wäre, dass die Gleichheitsstelle (der Symmetriepunkt) zwischen der 3. und der 4. Säule liegen muss und die Stufe halbiert. Und wie wäre es, wenn Anke das Buch in 9 Tagen schafft und wiederum ihre Lesearbeit von Tag zu Tag um 4 Seiten steigerte?

Die anspruchsvollste aber auch leistungsfähigste Strategie ist das **Rückwärtsarbeiten**. Wir tun so, als ob wir schon wüssten, wie viele Seiten Anke am 1. Tag las. Wir halten aber die Zahl geheim und nennen sie x. Dann verteilen sich die 144 Seiten so auf die 6 Tage: x, x + 4, x + 8, x + 12, x + 16, x + 20, was die Summe 144 ergeben muss. Den weiteren Verlauf kann man an einem gemeinsam zu erarbeitenden Treppenbild wie in Abb. 4 finden.

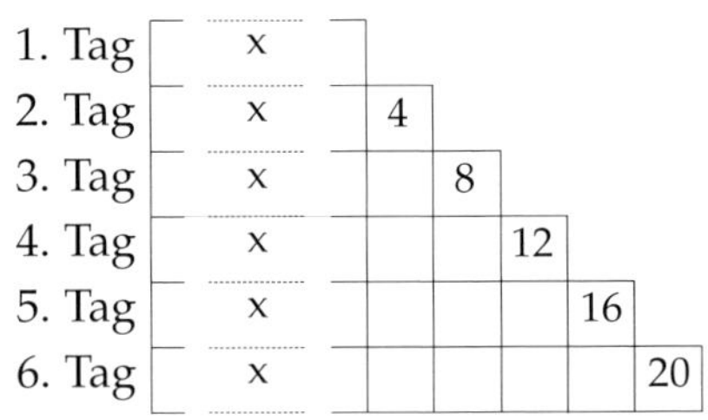

Abb. 4: Lösung der Problemaufgabe durch Rückwärtsarbeiten

Kriterien zur Konstruktion und Realisation „guter Sachaufgaben“

1. „Gute Sachaufgaben“ erwachsen aus einer Thematik, die Neugier und Interesse wecken kann, die Schülerinnen und Schülern etwas bedeutet.
2. „Gute Sachaufgaben“ animieren zum sachorientierten Handeln, insbesondere zum Experimentieren und Explorieren.
3. „Gute Sachaufgaben“ sind mit grundlegenden (fundamentalen) mathematischen Ideen verbunden/verbindbar.
4. „Gute Sachaufgaben“ stimulieren Modellbildung, das Deuten und Verstehen von Sachsituationen im Lichte mathematischer Begriffe.
5. „Gute Sachaufgaben“ vertiefen und vermehren das Wissen über Phänomene unserer Welt (Aufklärung) und formen unsere alltäglichen Denk- und Sprechweisen.
6. Von „guten Sachaufgaben“ gehen Anstöße zu Variationen und Übertragungen auf andere Sachsituationen aus.

7. „Gute Sachaufgaben" sind problemhaltig oder können zu problemhaltigen Aufgaben weiter entwickelt werden, die Gelegenheit verschaffen, heuristische Vorgehensweisen gezielt zu kultivieren.

Literatur

Winter, H. (2000): Sachrechnen in der Grundschule. Frankfurt/M.: Cornelsen.

Winter, H. (1999): Problemhaltige Sachaufgaben. In: Christiani, R. (Hg.): Auch die leistungsstarken Kinder fördern. Frankfurt/M.: Cornelsen, S. 106–130

Winter, H. (1997): Problemorientierung des Sachrechnens in der Primarstufe als Möglichkeit, entdeckendes Lernen zu fördern. In: Bardy, P. (Hg.): Mathematische und mathematikdidaktische Ausbildung von Grundschullehrerinnen/-lehrern. Weinheim: Deutscher Studien Verlag, S. 57–92

CHRISTA ERICHSON

Simulation und Authentizität[1)]

Wie viel Realität braucht das Sachrechnen?

Die in der lern- und kognitionspsychologischen Forschung gewonnenen Einsichten haben zu einem veränderten Verständnis vom Lernen geführt. Lernen vollzieht sich

- als sozial-konstruktiver Annäherungsprozess
- auf eigenen Wegen
- in komplexen, divergenten Sinnzusammenhängen.

Nach wie vor wird Sachrechnen aber vorwiegend an Textaufgaben praktiziert, die diesem konstruktivistischen Verständnis vom Lernprozess konzeptionell zuwiderlaufen.

In meinem Beitrag möchte ich versuchen, dieser Diskrepanz auf die Spur zu kommen. Ich bin inzwischen davon überzeugt, dass der für den Sachrechenunterricht als Ideal anvisierte *Projektunterricht*, dessen zentrale Merkmale der Realitätsbezug und die (gesellschaftlich relevante) Handlungsperspektive sind, in der Institution Schule gar nicht realisiert werden *kann*. Gleichwohl gilt er als der Königsweg, den es anzustreben gilt. Das kann nur in Annäherung gelingen und läuft in projektorientierten Vorhaben Gefahr, die Realität didaktisch zu vereinnahmen. Ich denke, wir müssen Schule ohne Bedauern als Ort akzeptieren, an dem Praxis in arrangierter Lernumgebung *simuliert* wird. Das ermöglicht eine unverkrampfte Nutzung von Realitäts*ausschnitten* für deren Mathematisierung und befreit von dem unerfüllbaren Anspruch, Sachrechnen „eigentlich" in Projekten oder zumindest projektorientiert durchführen zu sollen. Das macht den Weg frei für Konzeption und Arrangement weniger aufwändiger Unterrichtssequenzen, die im begrenzten Zeitrahmen der Schule praktikabel und dennoch im konstruktivistischen Sinne lernintensiv sind. Voraussetzung dafür scheint mir allerdings die Orientierung an Authentizität zu sein, damit Simulation nicht zum „So-Tun-Als-Ob" wird, sondern zum „Was-Wäre-Wenn?". Am Beispiel von „authentischen Schnappschüssen" möchte ich diese Idee konkretisieren und damit die Frage zur Diskussion stellen, wie viel Realität das Sachrechnen eigentlich braucht.

1) aus: Grundschulunterricht 10/2002, S. 40–44. Nachdruck mit freundlicher Genehmigung der Verlags Cornelsen.

Projekte als Königsweg?

Das Ziel des Sachrechnens hat Heinrich Winter bereits 1976 auf den Begriff der Umwelterschließung gebracht. In dieser „umfassendsten Funktion des Sachrechnens" sieht er das „Sachrechnen als Lernstoff" und „als Lernprinzip" aufgehoben (1985 S. 31). Als die „überzeugendste Organisation" für dieses umwelterschließende Sachrechnen sah er schon damals den Projektunterricht an. Auf dem Hintergrund des konstruktivistischen Lernverständnisses scheint diese Konsequenz aktueller denn je. Aber bis heute ist deren Umsetzung in die Praxis offenbar unbefriedigend. So bezweifelt z. B. Baireuther (1996) den mathematischen Lernertrag in Projekten, wenn er sagt, dass die Mathematik bei der Projektarbeit „nur selten ein konstituierendes Element" sei und nur gelegentlich „in Form einer Hilfswissenschaft eingefordert" werde. Damit werde kein hinreichender „Bedarf nach einer Erweiterung der mathematischen Handlungskompetenz geweckt und (als Teil des Projektes) auch entwickelt" (nach Krauthausen/Scherer 2001, S. 92).

Mir sind nur sehr wenige Projektbeispiele bekannt, in denen Mathematik als unverzichtbarer Beitrag zur Problemlösung gebraucht wird und in denen daher auch unverfälscht und lernintensiv Mathematik getrieben wird. Eins davon ist das (immer gern zitierte) „Aquarium-Projekt" von Müller/Wittmann aus dem Jahre 1977 mit der beglückenden Information des Zoohändlers, dass 1 Zentimeter Fisch 1 Liter Wasser benötigt (ein idealer „authentischer Schnappschuss", der hier schon mal vorweggenommen sei!). Andere finden sich im Rahmen von Umweltschutzprojekten, wo es um Wasserverbrauch oder Müllvermeidung geht. Da wird – wie Wagenschein es liebte – „gemessen, nicht um das Messen zu üben, sondern man muss messen, um einen Hinweis zu finden" (1973, S. 14). Ansonsten finden sich im Wesentlichen mehr oder minder gelungene Inszenierungen. Daran wird deutlich, dass die Realität auch gar nicht genügend hergibt, um in Projekten mit hohem mathematischem Anteil schwelgen zu können, ganz zu schweigen davon, dass man ein Unterrichtskonzept nicht auf die Hoffnung gründen kann, dass „der fruchtbare Moment im Bildungsprozess" (Copei) zur rechten Zeit eintritt und uns über das Aquarium hinaus ein renovierungsbedürftiges Klassenzimmer bescheren möge.

In Korrespondenz mit Gerold Scholz ist mir bewusst geworden, dass wir uns mit der Idealvorstellung des Projektunterrichts in einem unauflösbaren Dilemma befinden und es im Streben danach perpetuieren. Es ist ein aussichtsloses Unterfangen, Deckungsgleichheit von realem Leben und Schule herstellen zu wollen. Schule ist „eine vom Leben getrennte Institution". Wie „im richtigen Leben" kann sie selbst im Idealfall nicht sein. Und wenn sie es wäre, wäre der intendierte Lernertrag i. d. R. unbefriedigend. Es schränkt die Vielfalt möglicher, auch unkonventioneller Lernherausforderungen ein, wenn wir dieser Illusion nachhängen und Projekte als den Königsweg im Sachrechnen betrachten und bewusst oder unterschwellig zum Maßstab für „gute" Aufgaben machen. Unterricht ist immer Arrangement und insofern „Simulation von Praxis". Der Gewinn besteht darin – sagt Scholz –, „dass man dort jeden Zug zehnmal entgleisen lassen kann, ohne dass jemand zu Schaden kommt".

Simulation als Programm

Schon Winter sah es unter den Rahmenbedingungen des Schulsystems als wenig aussichtsreich an, Projekte „im eigentlichen Sinne" zum Unterrichtsprinzip im Sachrechnen zu machen, und reduzierte den Anspruch auf *projektartige* Unternehmungen (1985, S. 34), allerdings unter der Bedingung, „dass in einem möglichst überzeugenden Maße die Sachsituation als originär und authentisch erlebt werden kann" (1985, S. 34). Optimal gelingt das nach meiner Einschätzung in jenen Einheiten, in denen die Mathematisierung der Situationen explizit außerhalb der konkreten Handlungssituation geschieht.

In anderen Beispielsammlungen oder Erfahrungsberichten soll die Mathematisierung aber im Handlungszusammenhang erfolgen. Dafür werden (naturgemäß) solche Aktivitäten herangezogen, in denen Mathematik funktional „passiert". So beim Kochen, Backen, Basteln, Feste-Feiern, beim Bestellen des Schulgartens oder bei der Planung von Klassenreisen. In der Tat gibt es da viel zu mathematisieren und zu rechnen: Rezepte müssen auf Klassenstärke umgerechnet, Zutaten eingekauft, abgewogen, gemessen und portioniert werden, Getränkemengen geschätzt, Gewinne kalkuliert, rechte Winkel gefaltet, konstruiert, abgesteckt, Länge, Breite, Umfang ermittelt, Entfernungen ermessen, Fahrpläne studiert, Reisekosten berechnet werden und manch anderes mehr. Aber wo in der authentischen Situation einfach über den Daumen gepeilt, nach Gutdünken nachgeschüttet und -gezuckert wird oder ein Telefonat Soforthilfe verspricht, macht es für die Kinder keinen Sinn, sich systematisierend mit dem Umrechnen von Maßeinheiten zu befassen oder Maßstabsrechnen zu üben. Sobald die Grenzen zwischen Leben und Simulation verwischt werden, gerät die Sachsituation in eine Schieflage. Ich halte es sowohl für das Mathematiklernen als auch für die Freude am Tun für kontraproduktiv, wenn in solchen Situationen die Gelegenheit beim Schopfe gepackt wird, um mathematikdidaktische Schleifen einzuschieben.

Winter nennt das die „vorübergehende Entfernung von der Wirklichkeit" (1985, S. 56), die er selbst aber weitestgehend vermeidet bzw. nur in die simulierte Lernsituation einbaut. Dort nutzt er dann allerdings auch zahlreiche Gelegenheiten für ebenso witzige wie kognitiv anspruchsvolle Aufgabenstellungen. „Was wäre, wenn … ?", ist gefragt: Was wäre, wenn alle 28 Kinder der Klasse gemeinsam ins Nichtschwimmerbecken am Ort stiegen und untertauchten? Würde der Wasserspiegel merklich steigen?

Und dann werden Fragen angegangen wie: „Wie viel Liter groß sind die Kinder?“ und „Wie misst man den Rauminhalt von Kindern?“ (1985, S. 68). Das ist nur möglich, wo Simulation Programm ist. Und es zeigt, wie viel mehr an kreativen und mathematisch ergiebigen Möglichkeiten darin steckt als in der authentischen Situation selbst. Dennoch ist die Orientierung an Authentizität Voraussetzung. Sie hat Kompassfunktion.

Kochen, Backen, Wandertag bleiben natürlich unverzichtbare schulische Veranstaltungen. Sie sind nicht nur zur Bereicherung oder „Auflockerung“ des Schullebens wertvoll, sondern ermöglichen – analog zur anspruchsvollen außerschulischen Lebenspraxis – vielfältige Erfahrungen, die als lebensweltliches Wissen und Handlungsrepertoire allgemeinbildend sind. Schule kann nicht darauf bauen, dass Kinder im privaten Bereich Erfahrungen dieser Art gemacht haben. Sie kann nicht davon ausgehen, dass sie als bereichsspezifisches Wissen und damit als Eingangsvoraussetzungen für Lernaufgaben verfügbar und abrufbar sind. Wenn sie aber vom Unterricht für spezifische Lernzwecke vereinnahmt werden, werden sie „didaktogen“ (Bauersfeld 1991).

Projektorientierte Arrangements erfordern einen relativ hohen organisatorischen und zeitlichen Aufwand. Wo die Verhältnismäßigkeit zum Lerngewinn gegeben ist, sollte das kein Hinderungsgrund sein. Aber auch kleinere Einheiten haben ihre Berechtigung. Die Tatsache, dass Textaufgaben trotz massiver Kritik weiterhin und überwiegend den Unterricht im Sachrechnen bestimmen, deutet auch darauf hin, dass für solche Kleinformen im Schulalltag ein nicht zu denunzierender Bedarf besteht. Ich möchte im Folgenden unter dem Stichwort „Authentische Schnappschüsse“ eine Alternative vorschlagen, die einerseits auf einem erweiterten Umweltbegriff basiert und andererseits simulative Zugänge ermöglicht, die im Rahmen des Möglichen und im konstruktivistischen Verständnis vom Lernprozess individuellen Lernzuwachs versprechen.

Authentische Schnappschüsse

Umwelterschließung als Ziel des Sachrechenunterrichts hat traditionell die unmittelbare Lebenswelt der Kinder im Blick. In projektorientierten Organisationsformen hat das – mit Abstrichen – sicher auch seinen Sinn. In Textaufgaben gerinnt der Lebensalltag aber zu langweiliger Betulichkeit (Erichson 1989). Lebenswelt muss nicht mit Lebensalltag gleichgesetzt werden, ganz abgesehen davon, dass es sich dabei ohnehin um ein Konstrukt handelt. Die Medien-Welt macht einen nicht mehr überschaubaren Großteil der Umwelt aus. Welche Interessen es sind, an die „Unterricht anknüpfen“ soll, kann uns nur jedes Kind selbst verraten. Der Umgang damit und welchen Beitrag man als Lehrer/in an der Interessenfindung und -steuerung hat, steht auf einem anderen Blatt.

Aus der Literatur liegen zahlreiche Kriterien für ein problemorientiertes Aufgabendesign vor. Die Aufgaben sollen

- inhaltlich von Interesse sein (damit sie für das Kind Sinn machen),
- an die Vorerfahrungen der Kinder anknüpfen (damit Wissenskonstruktion zu Lernfortschritten führt),
- nicht auf Anhieb lösbar sein (denn problemlos findet Lernen nicht statt),
- unterbestimmt oder überbestimmt oder beides sein (damit die für die Mathematisierung relevanten Angaben selbstständig eingeholt bzw. herausgefiltert werden),
- natürliche Differenzierung gewährleisten (damit sie auf unterschiedlichen Niveaus und auf eigenen Wegen angegangen werden können),
- Kommunikation und Kooperation ermöglichen und herausfordern (um sozial-konstruktiv wirksam werden zu können).

Beim Umgang mit authentischen Informationen und Sachverhalten kann all das korrespondierend zum Tragen kommen.

Interessante Schnappschüsse

Als „authentische Schnappschüsse" bezeichne ich die Wahrnehmung von Informationen mit mathematischem Gehalt aus allen Interessensbereichen der Kinder.

Obwohl Mathematik „überall drin ist", nehmen wir sie im Vorübergehen kaum bewusst wahr. Um Kinder darauf aufmerksam werden zu lassen, kann man ihnen den Auftrag geben, mathematische Schnappschüsse im nahen und ferneren Umfeld festzuhalten und zu sammeln. Das können sein:

- die Angebote der Woche bei Tchibo oder Aldi,
- die Zeitungsmeldung, dass die älteste Frau Hessens ihren 103. Geburtstag feiert,
- die Umfragen, Hochrechnungen, Endergebnisse rund um die Bundestagswahl: 5 % Hürde, 18 % Hoffnung, 50 % Koalitionsschallmauer,
- eine aufgeschnappte Information, dass das Herz einer Maus 500-mal in der Minute schlägt,
- Fotos, in denen es etwas zu zählen oder in Relation zu setzen gibt,
- Luftaufnahmen oder Ansichten vom Wohnort,
- die aktuelle Bundesligatabelle,
- eine Statistik über den Schokoladenkonsum zur Weihnachtszeit,
- Witze oder Cartoons.

Ein unerschöpfliches Repertoire an Schnappschüssen finden Kinder in der Sachliteratur, wo sie auch in größere Sinnzusammenhänge eingebettet sind (vgl. Erichson 2003).

Armin Hollenstein (1996, S. 113, 123) bezeichnet solche Textfragmente als „Torsi“. Einen Torso charakterisiert er als einen Text, der mathematisierbare Elemente (und Relationen) enthält und eine lückenhafte Struktur aufweist, die widersprüchlich wahrgenommen wird und zur individuellen Ergänzung aufruft. Insofern eignet er sich besonders als Schreibanlass.

Die Kinder sind aufgefordert, den ausgewählten Schnappschuss in Aufgaben für sich selbst oder für andere auszuformulieren, vielleicht auch für ein gemeinsames Buch. Das wird mit hoher Wahrscheinlichkeit nur dann in Angriff genommen, wenn das Kind bereits über zumindest rudimentäres Wissen verfügt und an der Sache interessiert ist. Damit ist von der inhaltlichen Seite her natürliche Differenzierung gewährleistet. Auch die Debatte um Jungen- oder Mädcheninhalte erübrigt sich.

Unter mathematischem Gesichtspunkt erlauben solche offenen Aufgabenstellungen Fragen und Zugriffsweisen auf unterschiedlichem Niveau: Wann ist die hessische Jubilarin geboren? Wie viel Jahre ist sie älter als meine Oma? Wievielmal so alt wie ich? Welche wichtigen Ereignisse gab es auf der Welt, als sie so alt war wie ich? In welchem Jahr würde ich 103?

Oder: Wievielmal schlägt das Mäuseherz mehr als mein eigenes Herz? Schlagen beide im ganzen Leben gleich viel (bei unterschiedlicher Lebenserwartung)? Wie ist es bei anderen Lebewesen?

Es sind die authentischen Daten, die „kognitive Dissonanz“ (Hollenstein) erzeugen, stutzig machen, zum Austausch mit anderen, zu weiteren Recherchen und zu mathematischen Aktivitäten veranlassen (können). Bei den meisten Inhalten der herkömmlichen Textaufgaben ist das nicht der Fall. Insofern ist dort auch das Lösungsungsergebnis nicht von Interesse und eine Ergebniskontrolle – wenn sie denn durchgeführt wird – keine Garantie für Plausibiliät.

Vorgreifende Schnappschüsse

Wie sich am Beispiel der Prozente zur Bundestagswahl zeigt, werden auch Schnappschüsse dabei sein, die dem Lehrplan vorgreifen. Prozentrechnung steht in der Grundschule gewiss noch nicht an. Im Verständnis des Lernens als Prozess der Annäherung können solche Informationen aber aufgegriffen und auf angemessenem Verstehensniveau thematisiert werden, damit sie, wie Streefland (1985) sagt, „im Geiste der Schüler heranreifen“ und „mental“ verfügbar sind, „wenn es so weit ist, dass sie bewusst explizit werden“ (in Selter 1994, S. 21 f.). Dass der Begriff „Prozent“ etwas mit 100 zu tun hat („Hundertprozentig!“ – „Hundert Pro!“ – „Cent“), dass damit immer „alles“ oder „die Gesamtheit“ gemeint ist, dass auf dem Etikett im Pullover „100 % Baumwolle“ draufsteht und auf einem anderen „50 % Viskose und 50 % Polyester“, also halb und halb, dass sich damit also Verhältnisse ausdrücken lassen, all das trägt zur Begriffsentwicklung bei.

Schnappschüsse von Wahlergebnissen, Inhaltsstoffen in Nutella oder Fernsehquoten lassen Kinder zumindest ahnen, was es mit den Prozenten auf sich hat, die ihnen im Fernsehen, im Internet und in der Sachliteratur überall begegnen.

Komplexe Schnappschüsse

Bei „windschnittigen" (Winter) Routineaufgaben, die i. d. R. aus Sorge vor Überforderung eingesetzt werden, besteht die wesentlich größere Gefahr, dass Kinder Problemen gegenüber eine kapitulative Haltung einnehmen (lernen): „Das kann ich nicht, das hatten wir noch nicht!". So aber kann sich Problemlösefähigkeit nicht entwickeln. Die „erste Hilfe", „um mit Schwierigkeiten fertig zu werden", liege, „paradox gesprochen, in den Schwierigkeiten selbst", hat schon Heinrich Roth vor 45 Jahren gesagt. Sie seien ein starker Anreiz, um sich dem Problem zu stellen (Roth 1957/1971, S. 245 f.).

Ein Problem ist dadurch gekennzeichnet, dass man es nicht auf Anhieb lösen kann. Erst dadurch „wird das Denken auf den Plan gerufen" (Duncker 1966, S. 1). Man muss sich herantasten, muss sich – wie ich es gern nenne – „ranschleichen" (Erichson 1991, S. 25). Bei Bauersfeld habe ich die Ausdrücke „durchwursteln" und „Wurstelpfade" gefunden (Bauersfeld 1991, S. 10) und Wittmann/Müller sprechen vom „Heranschnüffeln" (Wittmann/Müller 1994, S. 8). Daran wird deutlich, dass Mathematik in der Anwendung nicht auf schnelle richtige, eindeutige Lösungen aus ist. Und die darf man auch von Kindern nicht erwarten.

Ein Schnappschuss zum Ranschleichen, Durchwursteln und Heranschnüffeln könnte der Folgende sein:

Ein Foto oder Videomitschnitt vom Start eines 200-Meter-Laufs wirft die Frage auf, warum einige der Läufer/innen eigentlich einen „Vorsprung" bekommen. In der Regel wissen die Kinder um die Kurvenvorgaben, aber beim Nachmessen wird manch eine/r doch über die erstaunlichen Differenzen zwischen Innen- und Außenbahn überrascht sein (bei acht Bahnen eines 400-m-Laufs können es mehr als 50m sein). Auf einer stilisierten Aschen-/Tartanbahn in angemessenem Maßstab (am besten 1: 1000) werden also die jeweiligen Bahnen (vielleicht auch nur die Innen- und Außenbahn) ausgemessen und die Vorgaben für verschiedene Laufstrecken ermittelt. Wenn die Standardstrecken den Kindern nicht präsent sind, wird im Lexikon nachgeschaut: 100 m, 200 m, 400 m, 800 m, 1500 m, 5000m, 10 000 m, auch 4 x 100 m-Staffel, 4 x 400 m-Staffel.

Bereits für den 800-Meter-Lauf werden die Kinder merken, dass zwischen Innen- und Außenbahn so große Differenzen bestehen, dass etwa gleich starke Läufer/innen ihre Bahnen nahezu zwei Runden lang ohne direkten Gegner ziehen müssten. In Wirklichkeit (auch darüber werden einige Kinder informiert sein) wird ab 800 m ja auch nicht mehr in Bahnen gelaufen, sondern nur noch leicht versetzt gestartet und ab 100 Metern um Positionen auf der Innenbahn gekämpft. Vielleicht wird manch einem Kind dabei erst bewusst, warum immer alles nach innen drängt, wo eigentlich doch genug Platz da ist, und warum Überholmanöver meist auf den Geraden versucht werden.

Simulierend kann es nun aber durchaus interessant sein, auszumessen und auszurechnen, wie groß die Kurvenvorgaben bei den Mittel- und Langstrecken sein müssten, damit am Schluss ein Finish auf der Zielgeraden stattfinden kann. Und an welcher Stelle des Laufrunds überhaupt begonnen werden müsste, damit nicht jeder woanders ankommt, wäre auch noch zu klären. Strecken, die „nicht aufgehen“ (1500/5000) machen besondere Probleme; vielleicht lässt man sie erst einmal aus? Andererseits mag es für einige Schüler/innen eine Herausforderung sein, auch die Marathonstrecke (~ 42 km) ins Stadion zu verlegen und z. B. herauszukriegen, wie viel Kilometer mehr ein/e Läufer/in ohne Kurvenvorgabe auf der Außenbahn laufen müsste, wenn es nur nach Runden ginge (105 Mal im Kreise).

An diesem Schnappschuss zeigt sich allein schon bei der Beschreibung der Handlungsmöglichkeiten und -anforderungen, wie verwirrend es wäre, allzu viele Vorgaben zu machen oder Warnungen auszusprechen („bedenkt, dass ...!“). Ausgehend von der provokativen Frage nach dem scheinbar „ungerechten Vorsprung“ und der Aufgabe, die Startpunkte auch für die langen Strecken zu ermitteln, sollten die Schüler/innen in ihren Gruppen selbst herausfinden, was es notwendigerweise zu recherchieren und zu berücksichtigen gibt. Im Prozess und in der Auseinandersetzung um die Problemlösung ergibt sich das eine aus dem anderen. Und ob es zu kompliziert wird, können die Kinder selbst am besten beurteilen und die entsprechenden Reduktionen beschließen.

Verwirrende Schnappschüsse

Zum Abschluss eine mathematische Täuschung, mit der die Kinder sogar Erwachsene aufs Glatteis führen können, was immer ganz vergnüglich sein kann: Ein Foto vom Parthenon auf der Akropolis reizt dazu, die Anzahl der Säulen abzuzählen bzw. additiv zu ermitteln (siehe folgende Seite).

Da nur eine Stirn- und eine Längsseite sichtbar sind, scheint es logisch, die abgezählten Säulen einfach zu verdoppeln. Dabei kommen 2 x 24 Säulen heraus, also 48. Beim Nachbau auf einem Steckbrett oder mittels einer Grundrisszeichnung auf kariertem Papier (für die man tatsächlich 8 x 17 Kästchen braucht!) stellt sich heraus, dass es in Wirklichkeit nur 46 Säulen sind. Der Täuschung kann jedes Kind – mit oder ohne Konkretion – auf die Spur kommen, obwohl das darin enthaltene geometrische Problem

© dpa: Akropolis

durchaus anspruchsvoll ist. Für die Erwachsenen wird das Täuschungsmanöver noch durch eine – am besten gemeinsam formulierte – Textaufgabe verkompliziert: „Der Parthenon auf der Akropolis steht rundum auf Säulen. An der schmalen Seite stehen acht Säulen, an der langen Seite siebzehn. Auf wieviel Säulen steht der ganze Tempel?" Wer das ganz leicht findet, kommt schnell auf 2(8 + 17) = 50, also auf nochmal zwei Säulen mehr. Es hat auch schon Fälle gegeben, wo „Länge mal Breite genommen" wurde, sodass der Parthenon mit 136 Säulen vollgestellt wurde (was überraschender Weise zuträfe, wenn dem so wäre). Den Irrtum zu beweisen, ist eine schöne Hausaufgabe.

Heuristische Strategien der Problemlösung, die m. E. den Kern des Sachrechnens ausmachen, lassen sich nicht inhaltsentrückt als solche lernen. Das Zusammenspiel bedeutsamer Inhalte und kognitiver Herausforderungen scheint für das Lernen-Lernen am erfolgversprechendsten zu sein. Für das eine ist die authentische Wirklichkeit der Fundus, für das andere bedarf es deren Simulation.

Literatur

Bauersfeld, Heinrich (1991): Sachaufgaben! – Nichts als Ärger!? In: Die Grundschulzeitschrift, H. 42, S. 8–10.
Duncker, Karl (1935/1966): Zur Psychologie des produktiven Denkens. Berlin.
Erichson, Christa (1989): „8 Tage durch vier Freundinnen macht 4 Negerküsse". In: Die Grundschulzeitschrift, H. 22, S. 12–16.
Erichson, Christa (1991): Sachtexte lesen, mit denen man rechnen kann. In: Die Grundschulzeitschrift, H. 48, S. 22–25.
Erichson, Christa (2003): Von Giganten, Medaillen und einem regen Wurm. Geschichten, mit denen man rechnen muss. Verlag für pädagogische Medien: Hamburg.
Hollenstein, Armin (1996): Schreibanlässe im Mathematikunterricht. Bern/Stuttgart/Wien.

Krauthausen, Günter/Scherer, Petra (2001): Einführung in die Mathematikdidaktik. Heidelberg/Berlin.
Müller, Gerhard/Wittmann, Erich Christian (1977): Der Mathematikunterricht in der Primarstufe. Braunschweig.
Roth, Heinrich (1957/1971): Pädagogische Psychologie des Lehrens und Lernens. Hannover/Berlin/Darmstadt/Dortmund.
Selter, Christoph (1994): Eigenproduktionen im Arithmetikunterricht der Primarstufe. Wiesbaden.
Wagenschein, Martin u. a. (1973): Kinder auf dem Weg zur Physik. Stuttgart.
Winter, Heinrich (1976): Die Erschließung der Umwelt im Mathematikunterricht der Grundschule. In: Sachunterricht und Mathematik in der Primarstufe, Heft 4, S. 337–353.
Winter, Heinrich (1985): Sachrechnen in der Grundschule. Bielefeld.
Wittman, Erich Christian/Müller, Gerhard (1994): Das Zahlenbuch. Mathematik im 1. Schuljahr. Lehrerband. Stuttgart/Düsseldorf/Berlin/Leipzig.

HEINZ STEINBRING

Zur Professionalisierung des Mathematiklehrerwissens

Lehrerinnen reflektieren gemeinsam Feedbacks zur eigenen Unterrichtstätigkeit

Mathematische Lernprozesse werden zunehmend als aktive Wissenskonstruktionen der Schülerinnen und Schüler begriffen, wobei diese selbst aktiv werden, Entdeckungen vornehmen und durch gemeinsame Reflexion verallgemeinerte Einsichten gewinnen. Analog hierzu sollte auch die mathematische Unterrichtstätigkeit der Lehrerinnen über die kooperative Vorbereitung hinaus expliziter Gegenstand ihrer gemeinsamen Reflexion werden, um so unterschiedliche Rückmeldungen, Beobachtungen und Dokumente aus dem eigenen Unterrichtsgeschehen analysieren zu können. In diesem Beitrag werden Beispiele aus der universitären Lehrerausbildung und aus der Unterrichtspraxis (in der Primarstufe) vorgestellt, bei denen es um die Initiierung gemeinsamer Reflexionen von Studierenden bzw. Lehrerinnen über Feedbacks zur eigenen Unterrichtstätigkeit geht.

1 Einleitung: Mathematik und Unterrichten – die wesentlichen Komponenten der Mathematiklehrertätigkeit

Die Profession des Lehrens von Mathematik ist durch zwei wesentliche Merkmale gekennzeichnet: Durch die Tätigkeit des Unterrichtens und durch den unterrichteten Inhalt, die Mathematik. Auf den ersten Blick erscheint dies als eine unmittelbare Selbstverständlichkeit. Und dies wird es bleiben, wenn im Hinblick auf die Ausbildung künftiger Lehrerinnen und Lehrer und für die alltägliche Praxis des Mathematikunterrichts davon ausgegangen wird, dass das mathematische Wissen mehr oder weniger als ein fertiger Stoff dem Lehrer zur Verfügung steht und Unterrichten als eine bloße Routinetätigkeit der Übergabe des vom Lehrer methodisch aufbereiteten mathematischen Wissens an seine Schülerinnen und Schüler verstanden wird.

In der wissenschaftlichen mathematikdidaktischen Diskussion werden diese Positionen inzwischen nicht mehr so einseitig vertreten, doch kann man sich ihnen unter den Bedingungen der aktuellen Unterrichtspraxis mit den dort bestehenden Erwartungen, die Lehrende und Schüler wechselweise haben, auch nicht so ohne weiteres entziehen.

Die mit diesen zwei wesentlichen Merkmalen des Lehrens von Mathematik verbundenen Probleme lassen sich in essentieller Weise jeweils als ein relativer Gegensatz zwischen zwei Polen beschreiben:

- Die Unterrichtstätigkeit ist der Spannung zwischen unmittelbarer Involviertheit und kritischer Distanzierung der Lehrerin unterworfen (Seeger 1998; Seeger & Steinbring 1992). Im aktuellen Unterrichtsgeschehen ist die Lehrerin in die Interaktion mit ihren Schülerinnen und Schülern direkt eingebunden und kann nicht gleichzeitig die Rolle einer distanzierten Beobachterin des Geschehens spielen. Die Entwicklung der Unterrichtstätigkeit erfordert jedoch gerade auch ein kritisches Nachdenken und damit eine Distanz, aus der her die eigene Tätigkeit überdacht werden kann.
- Als Wissenschaft ist die Mathematik, und damit letztlich auch die Schulmathematik, ein konsistenter, korrekter und fertig ausgearbeiteter Wissensbestand. In dieser Funktion ist das fertige mathematische Wissen eine notwendige Komponente des professionellen Lehrerwissens, jedoch ist es nicht schon selbst und unverändert der eigentliche Gegenstand des Unterrichts. In der unterrichtlichen Interaktion entsteht und entwickelt sich erst das mathematische Wissen zusammen mit den Schülerinnen und Schülern, gewissermaßen neu und eigenständig. Die fertig ausgearbeitete Mathematik ist somit kein unabhängiger Input des Lehrers in den Unterrichtsprozess, die dann durch Verarbeitungsprozesse der Schüler zu einem angeeigneten Output werden könnte.

In der wissenschaftlichen didaktischen Diskussion ist versucht worden, diese wesentlichen Pole der Unterrichtstätigkeit zwischen **unmittelbarer Involviertheit** und **kritischer Distanz** und des mathematischen Wissens zwischen **fertigem Produkt** und **interaktivem Prozess** (Freudenthal) unter verschiedenen Perspektiven und mit verschiedenen Begriffen zu beschreiben, zu analysieren und produktiv umzusetzen.

So wird in der Diskussion um das Theorie-Praxis-Problem in der Mathematikdidaktik die Rolle des Lehrers und der Unterrichtstätigkeit als die eines Moderators, Initiators und Unterstützers von Lernprozessen der Kinder beschrieben (Seeger & Steinbring 1992; Steinbring 1994; Verstappen 1988). Des Weiteren wird in wissenschaftlichen Arbeiten zur Lehreraus- und -fortbildung auf Besonderheiten des professionellen Lehrerwissens und der Lehrertätigkeit im Unterschied zu anderen Berufen hingewiesen, etwa auf die große Komplexität und Vielfalt der beteiligten Wissenskomponenten des Lehrerberufs (AG Mathematiklehrerausbildung 1981; Bromme 1994; Otte 1979; Otte, Reiß & Steinbring 1977; Steinbring 1998a), zudem auf die erforderliche sensible Reflexion von Unterrichts- und Lernprozessen (Krainer 1996; Krainer & Posch 1996) und auch auf die Entwicklung von Bewusstheit der Lehrerinnen in ihrer Ausbildung und später in der alltäglichen Praxis über fachliche, didaktische und unterrichtspraktische Bedingungen des Lernens und Lehrens von Mathematik (Selter 1995).

Die Spannung, in der sich der Unterrichtsgegenstand – das mathematische Wissen – befindet, wird wesentlich in der Freudenthalschen Kennzeichnung von Mathematik als Produkt und Prozess (Freudenthal 1973) zum Ausdruck gebracht. Unter anderem wird dieser wichtige prozessuale Charakter mathematischen Wissens beispielsweise durch eine an der Geschichte der Mathematik orientierte Beschreibung der Entwicklung des Wissens im Kontrast zu einer statischen Deutung der fertigen Mathematik herausgearbeitet (AG Mathematiklehrerausbildung 1981). Wittmann trifft die Unterscheidung zwischen der hoch spezialisierten wissenschaftlichen Disziplin Mathematik und der inhaltlich orientierten, gesellschaftlich vielfältig relevanten MATHEMATIK, die er mit Großbuchstaben schreibt (Wittmann 1992). Mit dem Begriffspaar „Wissen und Meta-Wissen" (AG Mathematiklehrerausbildung 1981) soll deutlich gemacht werden, dass für Zwecke des Lehrens und Lernens von Mathematik eine bewusst getroffene Unterscheidung zwischen dem fertigen Wissen und einer distanzierten Reflexion über epistemologische Konstruktionsbedingungen des Wissens und der möglichen Vielfalt interaktiver Realisierungen des Wissens notwendig und produktiv ist.

In der mathematikdidaktischen Diskussion wurde während der letzten zwanzig Jahre eine immer differenziertere Sicht auf die beiden wesentlichen Komponenten der Mathematiklehrerprofession, nämlich das Unterrichten und die Mathematik, ausgearbeitet, die den schwierigen und umfassenden Anforderungen der Ausbildung und Praxis der Mathematiklehrerinnen gerecht zu werden versucht.

Zur Zeit wird verstärkt der Blick auf die Bedingungen und Maßnahmen gerichtet, die eine Realisierung dieser Anforderungen an die Entwicklung der beruflichen Tätigkeit des Mathematiklehrers zentral unterstützen und ermöglichen könnten. Unter anderem gibt es Bemühungen, nicht länger nur über mathematisches Wissen in der Schule sowie über Unterrichtsprobleme quasi „im Allgemeinen" nachzudenken, sondern die eigene Unterrichtstätigkeit und die dort zu beobachtende interaktive Konstitution mathematischen Wissens selbst zum zentralen Gegenstand einer gemeinsamen Reflexion zu machen – etwa in der Arbeit mit und zwischen Lehrerstudentinnen oder unter Lehrerkollegen und auch im Gespräch mit Wissenschaftlern.

2 Ein geänderter Aufmerksamkeitsfocus: Das Unterrichten und nicht die Lehrer

Anforderungen und Überlegungen zur Verbesserung der Qualität des Mathematikunterrichts kommen aus unterschiedlichen gesellschaftlichen Bereichen, so z. B. aus den Ausbildungsseminaren der zweiten Phase, der Schulaufsicht, der allgemeinen Unterrichts- und Schulentwicklungsforschung, der Mathematikdidaktik und der universitären Mathematiklehrerausbildung und nicht zuletzt aus der Unterrichtspraxis selbst. Gerade angesichts der Ergebnisse von TIMSS und PISA wird die Diskussion um konkrete Verbesserungsmaßnahmen zusehends expliziter. Dabei tauchen in unterschiedlichen Katalogen u. a. auch solche Anforderungen auf, die eine gemeinsame Reflexion der eigenen Unterrichtstätigkeit verlangen.

Zum Beispiel findet sich in der Veröffentlichung „Qualität als gemeinsame Aufgabe – Schriftenreihe des MSWWF, Nr. 9092" folgende Darstellung: „Die individuelle Entwicklung und Verbesserung der eigenen Lehrertätigkeit muss sich verbinden mit der Entwicklung von Teamarbeit und innerschulischer Kooperation. Diese konkretisiert sich in der gemeinsamen Entwicklung veränderter Unterrichtskonzepte, gegenseitigen Hospitationen, regelmäßigen wechselseitigen Rückmeldungen, gemeinsamer Unterrichtsvorbereitung und Unterrichtsreflexion, der Arbeit von Klassen- und Jahrgangsstufenteams, von Fach- und Bildungsgangkonferenzen sowie von Abteilungs- und Lehrerkonferenzen." Es wird erkennbar, dass die Schulaufsicht die Verbesserungsanforderungen eher als einen formalen, umfassenden Maßnahmenkatalog begreift und keine inhaltlich ausgearbeitete und Prioritäten setzende Bewertung von Verbesserungsmaßnahmen vornimmt – insbesondere, da die notwendige Wechselbeziehung zwischen Unterrichtstätigkeit und dem Unterrichtsgegenstand, hier der Mathematik, völlig außen vor bleibt.

Einige der hier aufgelisteten Forderungen werden von Lehrerinnen in jahrgangsübergreifenden Kooperationen wie selbstverständlich aufgegriffen. So gibt es etwa an Grundschulen beispielhafte Modelle von schulinternen Lehrerfortbildungen, die sich auf die Präsentation und gemeinsame Bearbeitung neuer bzw. veränderter Materialien sowie Arbeitsformen konzentrieren. Demgegenüber sind gegenseitige Beobachtungen des Unterrichts von Kolleginnen und gemeinsame Analysen von videografierten Episoden aus dem eigenen Unterricht ungewöhnliche Reflexionsgegenstände für Lehrerinnen im Rahmen von praxisorientierten Projekten oder von Fortbildungen. Dazu müssten den Lehrerinnen auch die entsprechenden organisatorischen Möglichkeiten im Stundenplan bereitgestellt werden.

Sieht man sich neuere Publikationen aus der Schulentwicklungsforschung an (zum Beispiel Altrichter et al. 1998; Horster & Rolff 2001; Rolff 1995; Terhart 2000; Terhart 2001), so handelt es sich hier meist um wissenschaftlich begründete, umfassende Konzepte zu den fachlich unabhängigen, professionellen Aspekten der Lehrertätigkeit; darunter werden dann auch – häufig als eine Randbemerkung – Forderungen nach „Feedbacks auf der Grundlage gegenseitiger Unterrichtsbesuche" oder der verstärkte Bezug auf die „Ebene des Handelns im Klassenzimmer" formuliert. In gemeinsamer Orientierung mit gewerkschaftlichen Positionen im Anschluss an PISA fordert H.-G. Rolff u. a die Schaffung von professionellen Lerngemeinschaften (sog. PLGs), d. h. von kleinen Gruppen kooperierender Lehrerinnen eines Kollegiums. „Ihre Hauptkennzeichnung ist eine doppelte: Sie sind zum einen strikt auf die Verbesserung von Schülerleistungen bezogen, und sie sind zum anderen dezidiert auf die professionelle Entwicklung ihrer Mitglieder bedacht nach dem Motto ‚Lehrer als Lerner'. … Lehrer als Lerner verstehen sich als solche, die voneinander … und miteinander, also in einer professionellen Gemeinschaft, lernen" (Rolff, in E&W, 12, 2001, S. 14). In der Folge der schlechten Ergebnisse von TIMSS und aktuell von PISA stellt Baumert, der deutsche PISA-Verantwortliche, in vergleichbarer Weise medienwirksam folgende Forderung als eine wesentliche Maßnahme zur schulinternen Qualitätsverbesserung auf: „Lehrer, die das gleiche Fach unterrichten, müssen … sich im Unterricht besuchen. Ein Chirurg lässt sich doch auch beim Operieren zuschauen. Wenn es neue Techniken gibt, schauen sich die Kollegen seine Schnitte am Monitor an. … Warum soll ein Lehrer seinen Unterricht nicht … aufnehmen lassen und die Aufnahmen mit seinen Kollegen besprechen?" (Die Zeit, Nr. 50, 2001, S. 47).

So notwendig und begrüßenswert alle diese Forderungen aus Sicht der Bildungs- und Schulentwicklungsforschung sind, sie besitzen ein entscheidendes Manko und stellen nur eine Seite des Problems dar. Sie konzentrieren sich ausschließlich auf die Seite der pädagogischen Maßnahmen und Methoden der Unterrichtstätigkeit und lassen den eigentlichen Gegenstand, den Unterrichtsinhalt Mathematik, außer Acht. Dabei wird übersehen, dass ganz im Sinne der oben angestellten Überlegungen die Mathematik nicht als ein fertig ausgearbeiteter Stoff unverändert und reibungslos in die Unterrichtstätigkeit eingehen kann und darf, sondern der Inhalt Mathematik wird zu einer wirkungsvollen und zur Tätigkeit des Unterrichtens und Lernens komplementären Größe. Die Unterrichtstätigkeit determiniert nicht einfach die Rolle des mathematischen Wissens, auch umgekehrt wird durch das mathematische Wissen die Art des Unterrichtens und Lernens mitbestimmt.

Eine Perspektive auf die Verbesserung des Mathematikunterrichts, in der die Wichtigkeit beider Komponenten, der Mathematik und des Unterrichtens, berücksichtigt wird, ist u. a. in „The Teaching Gap" von Stigler und Hiebert (1999) dargestellt worden. So wird die besondere Natur des mathematischen Wissens als eine Ursache unterschiedlicher Unterrichtsmuster thematisiert (Stigler & Hiebert 1999, S. 89). Ob Mathematik eher als ein Produkt oder als ein Prozess angesehen wird – um mit Freudenthal zu sprechen – ist wesentlich für die Art und Weise der jeweiligen Unterrichtstätigkeit und für das Lernen der Kinder. Eine wesentliche Überlegung von Stigler und Hiebert besteht in der Kennzeichnung des Unterrichtens als einer kulturellen Aktivität. Dies bedeutet, dass die Unterrichtstätigkeit nicht ausschließlich als eine Kollektion von verschiedenen, elaborierten und wohldefinierten Techniken aufgefasst oder gar erlernt werden könnte; wie andere kulturelle Tätigkeiten auch kann Unterrichten nicht durch feste Regelwerke oder strikte Gebrauchsanweisungen angeeignet werden, sondern diese Tätigkeit erwirbt man sich zum großen Teil durch Teilhabe, Miterleben und Einüben im sozialen Kontext des Unterrichtens mit Kollegen. Des Weiteren betonen Stigler und Hiebert, dass Unterrichten ein System darstellt: „Teaching is a system. It is not a loose mixture of individual features thrown together by the teacher. ... This is a very different way of thinking about teaching. It means that individual features make sense only in terms of how they relate with others that surround them. It means that most individual features, by themselves, are not good or bad. Their value depends on how they connect with others and fit into the lesson" (Stigler & Hiebert 1999, S. 75).

Vor dem Hintergrund dieser Überlegungen begründen die Autoren dann eine ihrer zentralen Prinzipien zur Verbesserung des Mathematikunterrichts: eine Umorientierung von der Aufmerksamkeit darauf, was den so genannten „guten Lehrer" ausmacht auf die bewusste Wahrnehmung und gemeinsame Reflexion alltäglicher Unterrichtstätigkeiten. Dieses Prinzip kennzeichnen sie schlagwortartig mit: „Focus on Teaching, Not Teachers". Es stellt zum einen das wesentliche professionelle Mittel zur Verbesserung des alltäglichen Mathematikunterrichts dar und soll zum anderen helfen, das „kollektive Gedächtnis" der Lehrerprofession aufzubauen und am Leben zu erhalten, da ansonsten gelungene Unterrichtsereignisse mit dem Ausscheiden guter und engagierter, aber individuell und isoliert arbeitender Lehrerinnen und Lehrer aus dem Schuldienst auch aus dem professionellen Wissensbestand der Lehrer verschwinden.

3 Wechselwirkungen zwischen mathematischem Wissen und Unterrichtstätigkeit – Beispiele zur Lehrerbildung aus Hochschule und Unterrichtspraxis

Der Weg der Ausbildung von jungen Studierenden bis zu einer „fertigen" Mathematiklehrerin mit dem Ziel der Entwicklung einer professionellen Unterrichtskompetenz kann in verschiedener Weise konzipiert und modelliert werden. Eine Idealvorstellung ist die, dass alle wissenschaftlichen und praktischen Einzelbestandteile der komplexen Unterrichtstätigkeit identifiziert werden, und diese in einem zeitlichen Ablaufplan organisiert und dann den Studierenden und Referendarinnen vermittelt werden. Die einzelnen, wohlbestimmten Bausteine werden nach und nach aufeinander gesetzt und am Ende ergibt sich durch das fertige Gebäude aus theoretischen und praxisnahen Elementen die angezielte Unterrichtskompetenz. Gegenüber dieser Baustein-Theorie, wonach sich die Unterrichtskompetenz Schritt für Schritt aus einzelnen Elementen zusammensetzt, man also durch die einzelnen Elemente das System der Unterrichtstätigkeit erzeugen will, lässt sich die Ausbildung auch vom System der Unterrichtstätigkeit her konzipieren. Nicht die Summe der einzelnen Elemente erzeugt das System, sondern das System der Unterrichtstätigkeit ist mehr als die Summe ihrer Elemente und eröffnet eine veränderte Sicht auf die Vernetzungen und Beziehungen der Elemente dieser Tätigkeit untereinander.

Die hier allgemein skizzierte Perspektive, vom System der Unterrichtstätigkeit her die Ausbildung zu organisieren, darf nicht in dem Sinne missverstanden werden, dass sofort für die Anfängerin die mathematische Unterrichtstätigkeit in ihrer vollen Komplexität der Ausgangspunkt ihrer wissenschaftlichen und praktischen Ausbildung sein kann. Vom System her zu denken und sich nicht auf die einzelnen Elemente zu beschränken heißt hier, dass es auf allen Ebenen der Ausbildung Tätigkeiten gibt, die als Systeme betrachtet werden sollten:

- die Tätigkeit des eigenen Lernens von Mathematik und didaktischem Fachwissen,
- die Tätigkeit der Beobachtung und Analyse von Lern- und Verstehensprozessen der Kinder,
- die Tätigkeit des (erprobenden) Unterrichtens von Mathematik.

Diese Tätigkeiten müssen zum einen durchgeführt werden bzw. einfach erfolgen und zum anderen müssen sie zugleich reflektiert werden. Damit kommen wiederum die fundamentalen Konzepte von „Involviertheit und Distanz", von „Prozess und Produkt" oder von „Wissen und Meta-Wissen" zum Tragen. Die eigenen Lern-, Beobachtungs- und Unterrichtstätigkeiten sollen kein blindes, rezeptgeleitetes Tun sein, über sie muss in Distanz oder von einem Metastandpunkt her reflektiert werden. Wesentlich ist, dass diese Reflexionen nicht dem Einzelnen selbst als seine Privatangelegenheit überlassen bleiben darf, sondern dass eine gemeinsame explizite Reflexion über diese Tätigkeiten für das professionelle Lernen unerlässlich ist.

Wie eine systemisch verstandene Entwicklung der Lerntätigkeit von mathematischem und didaktischem Fachwissen in der ersten Ausbildungsphase für Grundschullehrerinnen konzipiert sein könnte, hat zum Beispiel Christoph Selter in seiner Arbeit: „Entwicklung von Bewusstheit – eine zentrale Aufgabe der Grundschullehrerbildung" (1995) dargestellt. Im Folgenden sollen mit Hilfe von kurzen Beispielen wesentliche Aspekte einer systemischen Sicht auf die Tätigkeit der Beobachtung von kindlichen Lernprozessen und die Tätigkeit des eigenen Unterrichtens von Mathematik dargestellt werden. Das Hauptaugenmerk ist hierbei auf die Wechselbeziehung zwischen der jeweiligen Tätigkeit – z. B. klinische Interviews mit Kindern, mathematische Unterrichtsexperimente, alltägliches Unterrichten – und dem Inhalt der Tätigkeit, dem sich interaktiv entwickelnden mathematischen Wissen, gerichtet.

3.1 Gemeinsame Reflexionen über eigene Lern-Tätigkeiten – Beispiele aus der ersten Ausbildungsphase

Im Rahmen der Ausbildung von Lehramtsstudierenden für die Primarstufe gibt es an der Universität Dortmund spezielle Veranstaltungen, in denen die Durchführung und Reflexion von Beobachtungen kindlicher Verstehensprozesse sowie von eigenen Unterrichtsprozessen im Mittelpunkt stehen. So führen die Studierenden zum Beispiel in der vierstündigen Veranstaltung „Mathematiklernen in der Primarstufe" eigene kleine Unterrichtsexperimente bzw. klinische Interviews durch, die videografiert, zum Teil transkribiert und ansatzweise analysiert werden, um dann im Rahmen einer Seminarpräsentation gemeinsam mit allen Teilnehmerinnen diskutiert zu werden. Diese Seminararbeit basiert auf einer theoretischen Einführung in die Grundlagen der Epistemologie mathematischen Wissens und damit verbundenen wichtigen Aspekte von Lehr- und Lerntheorien sowie methodischen Vorgehensweisen bei qualitativen Analysen mathematischer Interaktionsprozesse. Diese Veranstaltung ist eine notwendige Voraussetzung für die Studierenden, die ihre schriftliche Examensarbeit im Bereich „Mathematikdidaktik" schreiben wollen.

1. Beispiel: Elementare geometrische Figuren erkennen (1. Klasse)
Eine Gruppe von drei Studierenden hat für ihr Unterrichtsexperiment (im Rahmen der Veranstaltung „Mathematiklernen in der Primarstufe") in einer ersten Grundschulklasse Erprobungen zur Einführung in erste geometrische Figuren vorgenommen. Es wurden die geometrischen Figuren Quadrat, Rechteck, Dreieck und Kreis an die Tafel gezeichnet und benannt sowie nach wahrnehmbaren Eigenschaften besprochen.

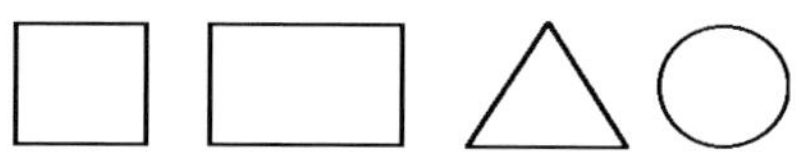

Später in der Unterrichtsstunde wird den Kindern das Bild „Die schöne Geisha" gezeigt; sie sollen geometrische Figuren entdecken und benennen. Im folgenden kurzen Ausschnitt geht es in der Interaktion um die Frage, welche Figur das schwarze Trapez „links" sein könnte bzw. welche bekannten Figuren hierin enthalten sind.

Unterrichtsepisode:
„Welche geometrischen Figuren stecken in den schwarzen Flächen?" (1. Klasse)

Aus welchen Formen ist „die schöne Geisha" entstanden?

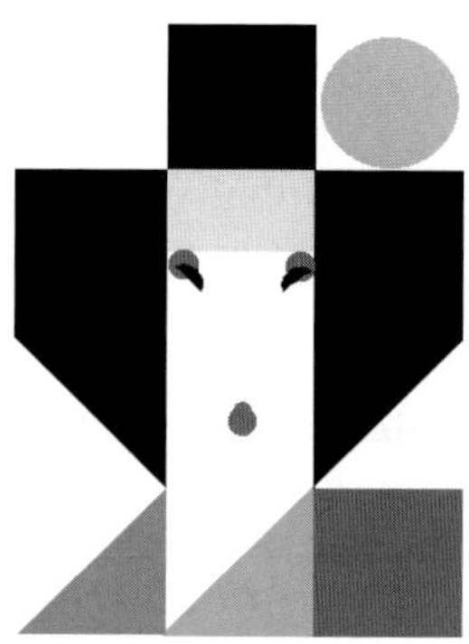

41 Lehrerin: ... *Was für ein Dreieck siehst du denn noch?*
Christoph kommt nach vorn zum OHP und zeigt auf der Folie auf das weiße Dreieck zwischen dem schwarzen Viereck und dem roten Rechteck, rechts außen.

42 Lehrerin: *Das weiße Dreieck gibt es auch noch, ja. Judith?*
Judith kommt nach vorn zum OHP und zeigt auf der Folie auf das weiße Viereck oben links außen.

43 Judith: *Ein Viereck.*

44 Lehrerin: *Da ist noch ein Viereck, das weiße ja. Also ich sehe noch bunte Formen. Also wir hatten das blaue Dreieck, wir hatten das grüne Dreieck, wir hatten das rote Rechteck, das schwarze Viereck, wir hatten einen blauen Kreis und wir hatten weiße Figuren. Ich sehe aber noch schwarze Figuren. Wer sieht das denn? Patrizia?*
Patrizia kommt nach vorn zum OHP und zeigt auf der Folie auf die schwarze Figur links außen.

45 Lehrerin: *Das siehst du noch, ja das sehe ich auch und was ist das?* Patrizia überlegt.

46 Lehrerin: *Wer kann der Patrizia helfen? Anja?*

47 Anja: *Das ist ein Viereck.*

48 Lehrerin: *Das ist ein Viereck. Ja, wo ist denn da ein Viereck? Zeichnest du uns das mal ein, wo das Viereck ist?*
Anja kommt nach vorne zum OHP und will auf der Folie das ganze schwarze Viereck einrahmen. Lehrerin stoppt Anja.

49 Lehrerin: *Machst du da einfach mal so nen Strich durch.*
Anja zeichnet auf der Folie willkürlich einen Strich durch das schwarze Viereck.

50 Lehrerin: *Ist das jetzt ein Viereck?* (zeigt dabei auf die halbierte Figur)
Lehrerin wischt den Strich wieder weg, nimmt Anja den Stift aus der Hand und zeigt damit auf die oberen drei Ecken. Der vierte Eckpunkt des Vierecks wird von Anja in der unteren Spitze gesehen. Anja zeigt darauf, aber die Lehrerin deutet auf einen anderen. Die Lehrerin meint den „unsichtbaren" Eckpunkt, der das Viereck in ein Quadrat und ein Dreieck unterteilen würde.

51 Lehrerin: *Ich mach das mal für dich.*
Lehrerin zeichnet einen Strich durch das Viereck, so dass dieses in ein Quadrat und ein Dreieck geteilt wird. Lehrerin geht danach zur Tafel und zeigt auf der Leinwand auf die Linie.

52 Lehrerin: *Sieht man das? Da ist ein Viereck, hat Anja richtig gesagt. Hier sind die vier Ecken.*
Lehrerin zeigt dabei auf die vier Ecken des entstandenen Quadrats.
Und was ist das denn dann, was da über bleibt in der komischen Figur?
Lehrerin zeigt dabei auf die untere Hälfte des Vierecks.
Nicole?

53 Nicole: *Ein Dreieck.*

54 Lehrerin: *Ein Dreieck ist das ne …*

Diese kurze Unterrichtsepisode bietet viele Analysemöglichkeiten, sowohl im Blick auf kommunikative Muster der Interaktion als auch im Blick auf die interaktiv konstituierten Deutungen des mathematischen Wissens. Es kann hier keine ausführliche epistemologisch orientierte qualitative Analyse dieser Szene erfolgen; sie soll hier vornehmlich als Illustration dazu dienen, wie sie Gegenstand der Reflexion eigener Unterrichtstätigkeit werden kann.

Bei der Präsentation dieser Unterrichtsszene hat es gerade hierzu eine differenzierte, produktive Diskussion und Reflexion im Kreise der Seminarteilnehmerinnen gegeben. Die Schülerin Anja reagiert in dieser Episode auf die Aufforderung der Lehrerin mit der Antwort: (47) „Das ist ein Viereck." An dieser Stelle ist noch ganz offen, ob die gesamte Figur – das linke schwarze Trapez – von Anja als Viereck gesehen wird, oder nur ein Teil davon. Es gibt Hinweise dafür, dass Anja die gesamte Figur gemeint haben könnte. Die Lehrerin lenkt jedoch schnell die Aufmerksamkeit auf ihre vorher festgelegte Intention, nämlich in dieser Figur ein Viereck – genauer ein Rechteck oder gar ein Quadrat – sowie ein restliches Dreieck zu sehen.

Einerseits wurde in der gemeinsamen kritischen Reflexion der mögliche, wesentliche Unterschied in den Intentionen der Schülerin Anja und der Lehrerin herausgearbeitet; die Lehrerin habe zu schnell ihre Intention durchgesetzt und die Schülerin zu wenig eigene Ideen erklären und verdeutlichen lassen. Des Weiteren wurde ausführlich darüber diskutiert, welche Chancen es möglicherweise gegeben hätte, wenn Anja die gesamte schwarze Figur als ein Viereck gekennzeichnet hätte. Die zu Beginn der Stunde vorgestellten einfachen Figuren stellten ein Quadrat und ein Rechteck dar, also spezielle Vierecke. Mit der neuen schwarzen Fläche hätte es ein allgemeineres Viereck, eine ebene geometrische Figur mit vier Ecken gegeben. Hier wäre möglicherweise durch die Antwort und Erklärung von Anja, ja vielleicht sogar verstärkt durch die Lehrerin, ob die gesamte Figur ein Viereck sei, eine produktive Situation entstanden, die eine weitere inhaltliche Deutung der elementaren Eigenschaften von Figuren unterstützt hätte.

Gerade die bekannten Schwierigkeiten der Unterscheidung geometrischer „Verwandschaftsbeziehungen" wie ein „Quadrat ist ein Viereck" oder „Ein Viereck ist nicht notwendig ein Quadrat" erfordern zu ihrem Verständnis eine inhaltliche Diskussion geometrischer Eigenschaften und sind nicht allein durch das Erlernen korrekter Bezeichnungen gelöst. In dieser Hinsicht kann zudem die Bezeichnung der Lehrerin in dieser Episode, nämlich das abgetrennte Quadrat wird Viereck genannt – was letztlich mathematisch korrekt ist – für einige Kinder jedoch verwirrend sein; denn die gesamte schwarze Fläche wird nicht als ein (allgemeineres) Viereck zugelassen bzw. eingeführt, jedoch wird das spezielle Viereck – das abgetrennte Quadrat – kurz als Viereck bezeichnet.

2. Beispiel: Arithmetische Aufgaben am Rechenstrich darstellen (3. Klasse)
Im Rahmen ihrer schriftlichen Hausarbeit hat eine Studierende die Nutzung des Rechenstrichs bei der halbschriftlichen Addition und Subtraktion im Tausender-Raum untersucht. Dazu hat sie klinische Interviews mit Kindern aus einer dritten Klasse durchgeführt. Die Kinder wurden u. a. aufgefordert, vorgegebene Additions- und Subtraktionsaufgaben am Rechenstrich darzustellen und zu erklären. In der 5. Aufgabe – die in der folgenden Interviewszene gestellt wird – werden die Kinder gebeten, zu einem unbeschrifteten Rechenstrichdiagramm eine passende arithmetische Aufgabe zu finden.

Interviewepisode:

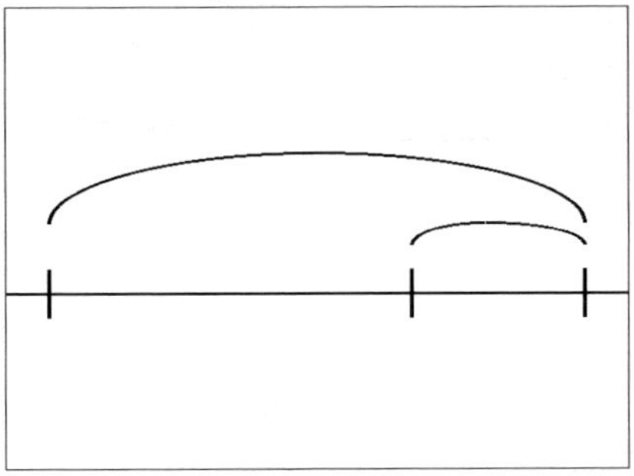

„Welche Rechenaufgabe kannst Du zu diesem Rechenstrich finden?" (3. Klasse) Die Interviewerin legt Vanessa ein unbeschriftetes Rechenstrich-Diagramm vor (siehe Abbildung links). Die Schülerin soll dazu eine passende Aufgabe entwickeln. Vanessa schlägt die Aufgabe „855 – 404" vor und berechnet sie dann am Rechenstrich.

1 I: *Hier hat Anna angefangen, einen Rechenstrich zu zeichnen. Sie ist aber noch nicht ganz fertig geworden. Und du sollst jetzt dieses Bild fortsetzen.* (Folgendes Diagramm ist zu sehen:)

5 I: *... Du sollst jetzt eine Aufgabe daraus machen.* [Sechs Sekunden Pause]
6 Va: *Was soll ich denn rechnen?* (Va. zuckt mit der Schulter.) *Eins plus eins, zwei plus zwei?*
7 I: *Überleg dir eine Aufgabe zu diesem Bild.* [Fünf Sekunden Pause]...
12 Va: *Kann ich auch rechnen achthundertfünfundfünfzig minus vierhundertvier?*
13 I: *Kannst du auch rechnen.*
14 Va: *Soll ich dann hier anfangen oder da* (Va. zeigt zuerst auf das Ende des Rechenstrichs und dann auf den Anfang)?
15 I: *Was denkst du denn? ...*
16 Va: (Va. hustet.) *Hier* (Va. deutet auf den Anfang des Rechenstrichs.) ...
17 I: *Dann fang doch mal an ...*
18 Va: (Va. setzt den Stift zum Schreiben an.) *Aber dann hab ich ja einmal plus und dann minus.* (Va. zieht in der Luft die Konturen der beiden Bögen nach. Bei dem großen Bogen geht sie von links nach rechts und bei dem kleinen Bogen von rechts nach links.)

19 I: *Mhm.*

20 Va: *Hm, hm, hm, hm, hm, hm, hm, hm, hm.* (Va. schreibt die Zahl 855 unter den ersten Strich auf dem Rechenstrich. Dann notiert sie die Zahl 400 auf dem großen Bogen.) *Vierhundert.* (Sie trägt als Zwischenergebnis die Zahl 455 ein.) *Minus vier.* (Va. schreibt die Zahl 4 über den kleinen Bogen und notiert als Ergebnis die Zahl 451. Folgendes Diagramm ist zu sehen:)

21 I: *Was hast du jetzt gerechnet?*

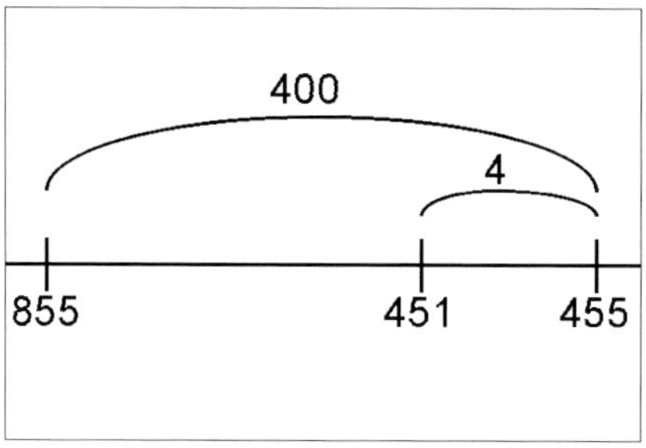

22 Va: *Achthundertfünfundfünfzig* (Va zeigt auf die Zahl 855 und hustet.) *plus vierhundert* (Va. hustet.) *sind vierhundertfünfundfünfzig, minus vier sind fünf', sind vierhunderteinundfünfzig.*

23 I: *Wie viel sind denn achthundertfünfundfünfzig minus vierhundert?*

Dieser Ausschnitt aus einem klinischen Interview bietet wiederum vielfältige Anlässe und Möglichkeiten zur Analyse, sowohl hinsichtlich der Interaktion zwischen der Interviewleiterin und der Schülerin, als auch hinsichtlich der von der Schülerin benutzten Strategie bzw. der Deutung der von ihr vorgeschlagenen Subtraktionsaufgabe „855 – 404" als einer zum unbeschrifteten Diagramm passenden Aufgabe. Ein Analyse- und Reflexionsgesichtspunkt soll im Folgenden beispielhaft hervorgehoben werden. Im Rahmen der wichtigen Rolle, die Anschauungsmaterialien im Mathematikunterricht der Grundschule für die Entwicklung und Erklärung arithmetischer Operationen und Gesetze spielen, war eine Frage der Untersuchung, in welcher Weise Kinder den Rechenstrich als Grundlage zum Verstehen und zur Erklärung halbschriftlicher Additionen und Subtraktionen (im Tausender-Raum) einsetzen können.

Eine unausgesprochene Annahme dieser Fragestellung war dabei u. a., dass der anschauliche Rechenstrich mehr oder weniger den Kindern direkt zugänglich und verständlich sei, und dass er somit eine illustrative und unmittelbar verständliche Basis zur Erklärung der abstrakten arithmetischen Rechenoperationen sei. Der anschauliche, konkrete Rechenstrich wurde spontan als ein natürlicher Deutungsrahmen für die symbolisch abstrakten, arithmetischen Operationen angesehen. Die Vorgehensweise von Vanessa in diesem Ausschnitt zeigt in exemplarischer Weise, dass die Beziehung zwischen Anschauungsmaterial und arithmetischer Operation von lernenden Kindern nicht unmittelbar so organisiert wird, dass ein scheinbar anschauliches Diagramm, wie der Rechenstrich, ohne Probleme als Erklärung für abstrakte arithmetische Zusammenhänge dienen kann.

Die von der Studierenden durchgeführte ausführliche epistemologisch orientierte Analyse hat verdeutlicht, dass für die Schülerin im Kern eine andere Interpretation vorherrschte: Nicht der scheinbar konkrete, anschauliche Rechenstrich – wie zunächst von der Studierenden angenommen – war für Vanessa die natürliche Basis zur Erklärung der Rechenaufgabe, sondern umgekehrt, die arithmetischen Kenntnisse, worüber Vanessa zu Additions- und Subtraktionsaufgaben schon verfügte, dienten ihr dazu, den noch unvertrauten Rechenstrich in Aspekten zu deuten und zu verstehen. Die Analyse und Reflexion der Strategie und Erklärung der Schülerin Vanessa zeigt somit exemplarisch den möglichen, fundamentalen Unterschied zwischen den spontanen Annahmen darüber auf, was als einfache, direkt zugängliche Erklärungsbasis für abstrakte mathematische Zusammenhänge gelten könnte; die Vorannahmen der Lehrerin bzw. Interviewleiterin können, wie hier geschehen, in direktem Widerspruch zu den tatsächlichen Deutungsweisen der Kinder stehen. Hier erklärt nicht das Anschauungsmaterial die arithmetische Operation, sondern umgekehrt, mit Hilfe der arithmetischen Kenntnisse versucht die Schülerin, ein besseres Verstehen des Diagramms zu gewinnen.

3.2 Gemeinsame Reflexionen über eigene Unterrichts-Tätigkeiten – Beispiele aus der alltäglichen Unterrichtspraxis

Im Rahmen eines etwa dreijährigen praxisnahen Projektes mit Lehrerinnen an einer Grundschule, die in der Planung und Vorbereitung ihres Unterrichts in dritten Klassen seit längerem zusammenarbeiten, sollen Möglichkeiten und Formen der gemeinsamen Hospitation sowie der Reflexion eigener Unterrichtstätigkeiten im Mathematikunterricht erkundet und ausgearbeitet werden. [An diesem Kooperationsprojekt sind eine Grundschule aus dem Kreis Recklinghausen sowie die Universitäten Bielefeld (Prof. Dr. Petra Scherer) und Dortmund (der Autor) beteiligt; es wird im Rahmen des EU-Programms COMENIUS Action 3.1 unterstützt.] Ein Unterrichtsexperiment zum Übergang von halbschriftlichen zu schriftlichen Verfahren der Addition und der Subtraktion im Tausender-Raum wurde von den kooperierenden Lehrerinnen (im März 2002) durchgeführt und von den beteiligten Wissenschaftlern videografiert. Diese Dokumente wurden danach gemeinsam diskutiert und analysiert. Zugleich sollen auf diese Weise systematische, für die Schulpraxis geeignete Vorgehensweisen der gemeinsamen Analyse und Reflexion von Unterrichtstätigkeiten erarbeitet werden. Ein Ziel dieses Projektes ist die Bereitstellung und Erprobung eines praxisnahen qualitativen Analyseverfahrens von eigenem Mathematikunterricht (auf der Basis eines in der didaktischen Forschung entwickelten Analyseinstruments). Auf diese Weise sollen schulinterne Prozesse der kritischen Reflexion von Unterrichtsprozessen positiv unterstützt und im Kontext der kulturellen Bedingungen der Schulpraxis die Unterrichtstätigkeit verbessert werden.

Die Kooperation mit den Lehrerinnnen in diesem Projekt hat mit Schuljahresbeginn im August 2001 angefangen. Auf gemeinsamen Treffen sind bisher Vorbesprechungen und Vorbereitungen zum Unterrichtsexperiment erfolgt; die Lehrerinnen haben wechselseitige Hospitationen im Mathematikunterricht durchgeführt; die Erfahrungen aus den Hospitationen und aus Schülerdokumenten mit Bearbeitungen mathematischer Aufgaben sind in der Arbeit mit Lehrerinnen und Wissenschaftlern Gegenstand der gemeinsamen Diskussion und dienen der Vorbereitung des Unterrichtsexperiments.

3. Beispiel: Welche Vorstellungen haben Schulkinder über Mathematik und Mathematiklernen? (3. Klasse)

In der Vorbereitungsphase des Projekts haben sich folgende Schülerdokumente als wertvolle Rückmeldungen an die Unterrichtspraxis erwiesen. Den Kindern wurden zu verschiedenen Zeitpunkten Fragebögen mit Themen wie: „Was weißt du über Anschauungsmaterialien?“ oder „Was weißt du zur Zahl Null?“ und „Was ist Mathe?“ zur schriftlichen Bearbeitung vorgelegt. Es zeigte sich zum einen, dass mit solchen Fragestellungen über die Mathematik, über die Bedeutung der Null oder die Rolle von Anschauungsmaterialien auch für die Kinder ein Meta-Standpunkt vorgegeben wurde, von dem aus sie nicht einfach Mathematik machen, sondern angeregt wurden, über ihre Mathematik nachzudenken. Zum anderen wurden den Lehrerinnen durch die Kinderantworten unerwartete und überraschende Rückmeldungen zu ihrem Unterricht und zu ihren impliziten Absichten und Zielen des Mathematikunterrichts rückgemeldet.

Aus dem Fragebogen „Was ist Mathe?“ sollen einige beispielhafte Fragestellungen und Antworten der Schüler diese Form der unerwarteten und produktiven Rückmeldung verdeutlichen. Die Lehrerinnen haben die berechtigte Vorstellung, dass sich die Mathematik in ihrem Unterricht nicht auf das bloße Rechnen mit Zahlen und das Berechnen von Ergebnissen zu arithmetischen Aufgaben beschränkt, sondern vielfältige Aspekte arithmetischer, geometrischer und anwendungsbezogener Art enthält.

1. Fragestellung: Erkläre bitte, welches der folgenden Beispiele etwas mit Mathe zu tun hat und welches nichts mit Mathe zu tun hat!

Dies hat etwas mit Mathe zu tun.	22
Dies hat nichts mit Mathe zu tun.	36
Beides. Erkläre, warum!	1

Getränke für die Schule.
Prüfe den Lieferschein!

Dies hat etwas mit Mathe zu tun.	53
Dies hat nichts mit Mathe zu tun.	6
Beides.	0
Erkläre, warum!	

---

a.	b.
70 – 30 =	81 – 2 □ 75
73 – 33 =	81 – 4 □ 75
83 – 43 =	81 – 6 □ 75
84 – 42 =	81 – 8 □ 75
94 – 54 =	81 – 10 □ 75

Dies hat etwas mit Mathe zu tun.	59
Dies hat nichts mit Mathe zu tun.	0
Beides.	0
Erkläre, warum!	

So kannst du eine Sanduhr bauen, Mutter und Vater helfen dir: Ihr braucht nur 2 Marmeladengläser.

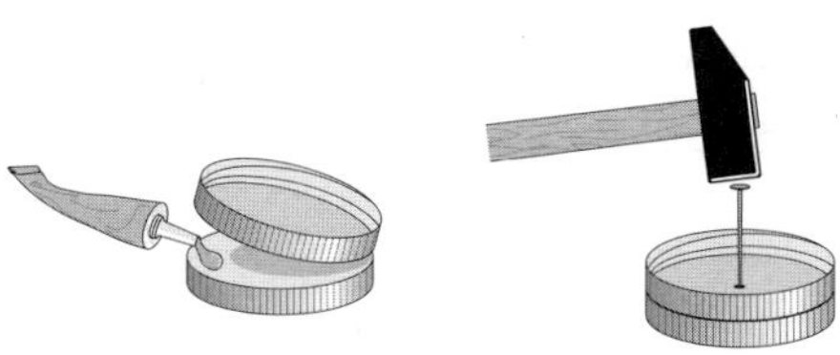

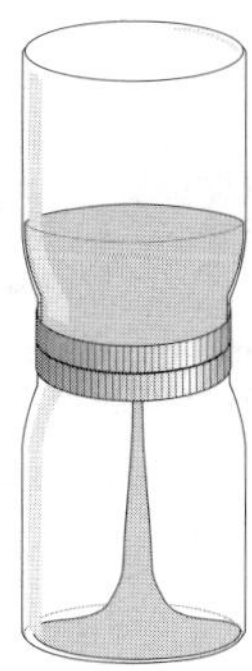

Dies hat etwas mit Mathe zu tun.	8
Dies hat nichts mit Mathe zu tun.	50
Beides.	1
Erkläre, warum!	

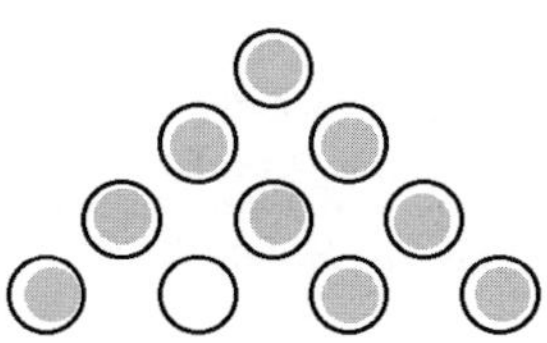

Springe immer über ein Plättchen auf ein freies Feld. Entferne das übersprungene Plättchen. Am Schluss soll nur 1 Plättchen übrig bleiben.

Dies hat etwas mit Mathe zu tun.	52
Dies hat nichts mit Mathe zu tun.	6
Beides.	1
Erkläre, warum!	

Es kann hier keine detaillierte Auswertung der Antworten erfolgen. Die Zahlen geben die angekreuzten Entscheidungen der Kinder wieder, wobei manchmal auch beide Optionen angekreuzt wurden. Interessant sind die Erklärungen der Kinder, aus denen generell hervorgeht, dass wesentlich zwei Kriterien zur Entscheidung herangezogen wurden: Einmal ist es den Kindern wichtig, ob etwas im Mathematikunterricht vorgekommen ist, dann hat es auch mit Mathematik zu tun oder eben nicht; zum anderen hat dann eine Situation mit Mathematik zu tun, wenn sie Zahlen und Aufgaben oder etwas zum Zählen und Rechnen enthält.

Im Folgenden sind zu einigen Fragestellungen exemplarisch einige der Erklärungen wiedergegeben, die die Kinder für von ihnen getroffene Entscheidungen abgegeben haben. Für fast kein Kind hatte z. B. die erste Frage etwas mit Geometrie und damit mit Mathematik zu tun. Wenn überhaupt, dann standen Objekte, die man zählen kann, im Vordergrund.

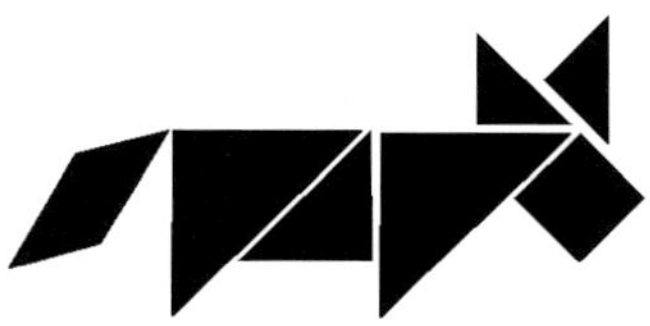

es hat was mit Mathe zu tun -n. weil. es 7 Steine sind und mann eine Rechne s.w.
4+3=7

Dies hat nichts mit Mathe zu tun. ☒ Erkläre warum!
Bei diesem Bild [redacted] nur Vier[redacted] und dreieken. Da mit kaman nicht Rechnen.

Dies hat etwas mit Mathe zu tun. ☒
Dies hat nichts mit Mathe zu tun. ☒ Erkläre warum! Mathe hat etwas mit Zalen zutun aber auch was mit Zeichnen. Ein Beischpil du machst ein 3ek dann nim dein lineal und mese die Ece, also für mich Bedeutet Mathe Zalen aber auch Zeichnen

aber Zeichnen gehört aber nicht nur zu Mathe es gehört am meisten immer noch zum Schreiben.

Die zweite Situation hatte nur für wenige Kinder nichts mit Mathematik zu tun; denn viele sahen hier wiederum Dinge, die man auszählen kann bzw. versteckte Aufgaben, die man berechnen soll.

Getränke für die Schule
Prüfe den Lieferschein!

Weil man manchmal die Preise zusamen rechnen muss.

Dies hat nichts mit Mathe zu tun. ☒ Erkläre warum! Weil es etwas ist womit man kein Mahte macht. Sondern weil andere das noch trinken wollen.

Der Bau einer Sanduhr gehörte für die meisten Kinder zum Basteln; nur ganz wenige sahen einen Bezug zur Mathematik bzw. zum Sachrechnen, welches sie dann teilweise mit zum Mathematikunterricht rechneten.

So kannst du eine Sanduhr bauen, Mutter und Vater helfen dir: Ihr braucht nur 2 Marmeladengläser.

was sol dasschon mit Mate zutan haben Sant Hama stift und Breter

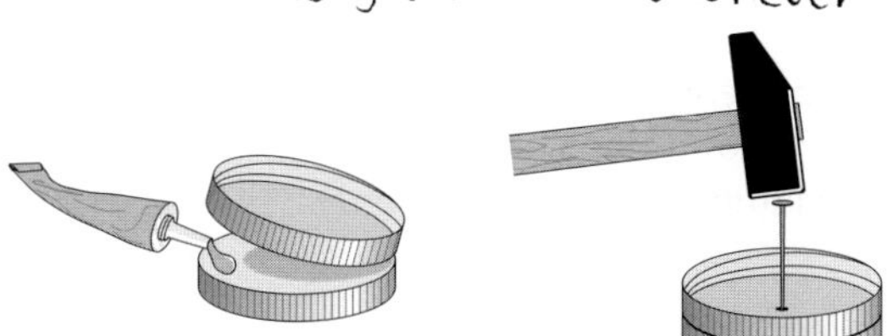

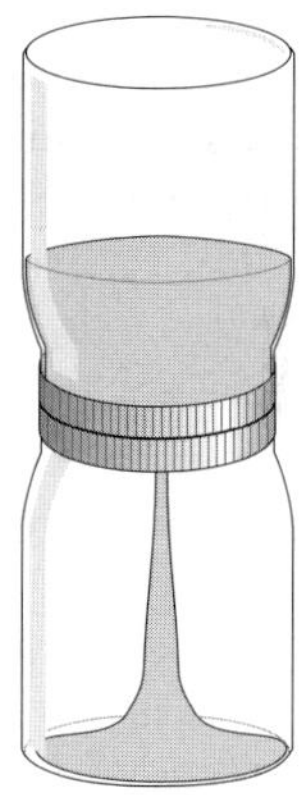

Dies hat etwas mit Mathe zu tun. ☒
Dies hat nichts mit Mathe zu tun. ☒ Erkläre warum!

*Sann ... mache gehört zu Sachunterricht mat...

Dies hat etwas mit Mathe zu tun. ☒
Dies hat nichts mit Mathe zu tun. ☐ Erkläre warum!

weil mann mus rechnen wieviel sand in die sanduhr kommt zumbeischpiel 3Minuten.

Das Spiel mit den Plättchen gehörte für fast alle Kinder deshalb zur Mathematik, weil sie die Plättchen aus dem Mathematikunterricht kannten und somit diese Situation zur Mathematik zugehörig einstuften.

Dies hat nichts mit Mathe zu tun. ☒ Erkläre warum!

Weil das ein spiel ist.

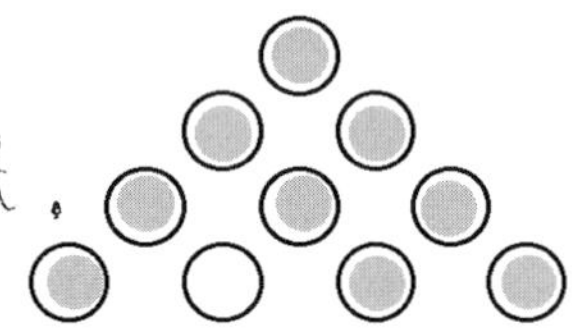

Dies hat etwas mit Mathe zu tun. ☒
Dies hat nichts mit Mathe zu tun. ☐ Erkläre warum!

Weil man mit den Plättchen rechnen kann.

Dies hat etwas mit Mathe zu tun. ☐
Dies hat nichts mit Mathe zu tun. ☐ Erkläre warum! Ich weis es nicht genau weil es ein bischen ein Spiel ist und ein bischen Mathe.

Den Kindern wurden u. a. auch Fragen danach gestellt, ob die Mathematik auch außerhalb der Schule eine Rolle spielt, wie man Mathematik anderen Kindern erklären könnte, oder ob Auswendiglernen oder eigenes Überlegen für die Bearbeitung mathematischer Aufgaben wichtig ist. Die 6. Frage lautete:

6. Was ist für Mathe-Lernen wichtiger?	
Man muss sich selbst anstrengen und üben.	26
oder: Die Lehrerin muss die Mathematik gut erklären.	20
Beides.	10
Erkläre, warum!	
Keine Bearbeitung.	3

Man muss sich selbst anstrengen und üben. Erkläre warum!
„Weil mann hat einen Kopf den mann auch mal benuzen kann."
Die Lehrerin muss die Mathematik gut erklären. Erkläre warum!
„Weil wen die Lerer oder Lererin nicht erklären weis man nicht was man machen muss und wen die das erklären weis man was machen muss."
Beides angekreuzt:
„Weil wenn die Lererin alles gut erklert und sich selber anstren komt man weit im Leben."

Fragebögen, die Kinder auffordern, eigene Erklärungen und Vorstellungen aufzuschreiben, zum Beispiel *über* die Mathematik, *über* besondere mathematische Begriffe und über Repräsentationen mathematischer Strukturen mit Hilfe von Sachbezügen oder Veranschaulichungsmitteln, stellen gute Möglichkeiten eines produktiven Feedbacks dar. Zum einen sind sie Mittel, das Nachdenken der Kinder über Mathematik zu initiieren, sie eröffnen den Kindern einen Meta-Standpunkt zum eigenen Verstehen und Lernen von Mathematik. Zum anderen zeigen diese Antworten der Kinder den Lehrerinnen, wie ihre Schüler über Mathematik, das Lernen von Mathematik und den Mathematikunterricht denken, und dabei können implizite Erwartungen und Vorstellungen der Lehrerinnen verändert und korrigiert werden. Die Antworten auf solche Fragen können im gemeinsamen Unterrichtsgespräch mit den Kindern dann erneut Anlass sein, über Vorstellungen von Mathematik und Mathematiklernen gemeinsam zu reflektieren. Erst auf diese Weise können explizit Auffassungen und Haltungen zur Mathematik und darüber, was Mathematik und Lernen von Mathematik sein könnte, weiterentwickelt werden, denn ansonsten verbleiben im Alltagsgeschäft des Mathematikunterrichts diese Einstellungen der Kinder zur Mathematik auf der Ebene einer impliziten Erwartungshaltung und man glaubt, dass schon allein das Mathematiktreiben eine produktive, vielfältige Sicht für die Kinder eröffnen und weiterentwickeln könnte.

4. Beispiel: Exemplarische Reflexionen über mathematische Unterrichtstätigkeit im Rahmen eines Forschungsprojektes (4. Klasse)

In einem letzten Beispiel wird deutlich, dass die gemeinsame Analyse und Reflexion mathematischer Unterrichtstätigkeiten nicht nur ein Mittel zur Verbesserung der alltäglichen mathematischen Unterrichtsqualität sein kann, sondern dass sich aus Beobachtungen zu mathematischen Lern- und Unterrichtsprozessen auch für die beteiligten Forscher neue Einsichten zur Unterrichtstätigkeit und auch zu Aufgabenstellungen über den elementaren mathematischen Inhalt ergeben können. In einem Forschungsprojekt (siehe Steinbring 2000) wurden spezifische kindgemäße Formen erkundet, mit denen Grundschulkinder (in den Klassen 3 und 4) im Rahmen von produktiven Übungen (Wittmann & Müller 1990; 1992) argumentieren und neue mathematische Wissensbeziehungen konstruieren.

In einem Unterrichtsexperiment zu Zahlenmauern (in einer 4. Klasse) wurde den Kindern für eine Phase der Einzel- und Partnerarbeit ein Aufgabenblatt mit vierstufigen Zahlenmauern ausgeteilt. Die vier Basisssteine dieser Mauern waren alle gleich. Die Kinder sollten eine effektive Strategie herausfinden, mit der man in diesen besonderen Zahlenmauern sehr einfach und schnell den Zielstein bestimmen kann. Im Anschluss an die Einzel- und Partnerarbeit wurden verschiedene Strategien von Schülern an der Tafel vorgestellt.

Die Schülerin Hannah erklärt, dass sie von Stufe zu Stufe die Zahlen immer verdoppelt hat: 16, dann 32, dann 64 und schließlich 128 als Zielstein.

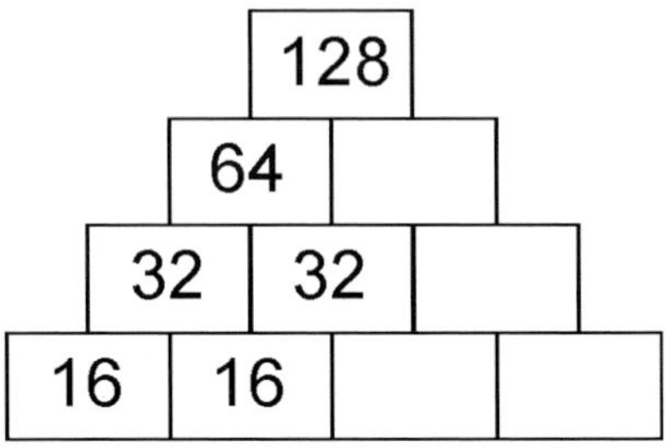

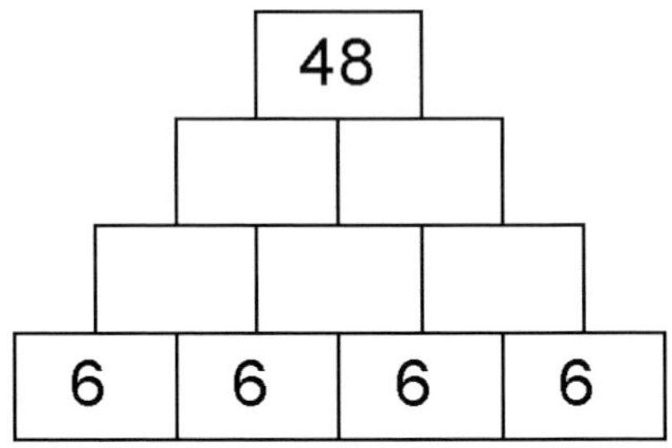

Dann stellt Matthi seine Strategie vor; er multipliziert einen Basisstein mit 8 und erhält aus der Multiplikation 6 · 8 = 48 direkt den Zielstein. Unterrichtsepisode:
„Welche Strategie schlägt Moritz zur Berechnung des Zielsteins vor?" (4. Klasse)

70 L: *Das war der Trick, den Matthi herausgefunden hat. Hat noch jemand einen anderen Trick herausgefunden? Ja!*

71 Mo: (geht zur Tafel) *Wenn man sechs mal sechs hier nimmt. Das sind Zwölf, vierundzwanzig also hier unten und das doppelt,* (zeigt auf die Basissteine, genaueres ist leider nicht zu erkennen) *gibt auch achtundvierzig* (zeigt auf den zehnten Stein).

72 L: *Hhm. Ich glaube das ist sehr ähnlich, wie wir es das gerade hier schon gehört haben.*

73 Mo: *Ja, einfach nur hier unten* (zeigt auf die Basissteine). *Da braucht man da nicht alles schreiben.*

Solche und ähnliche Episoden aus dem Mathematikunterricht sind später z. T. gemeinsam mit den Lehrerinnen, die für das Forschungsprojekt ein kurzes Unterrichtsexperiment durchgeführt haben, diskutiert worden. Auch in der ersten Phase der Ausbildung dienen diese Unterrichtsdokumente zur Einführung in die qualitative Analyse mathematischer Interaktionen. Für diese kurze Episode stellt sich aus epistemologischer Sicht die Frage, ob Moritz – so wie die Lehrerin es andeutet – eine Strategie ähnlich zu den anderen erklärt, oder ob er ansatzweise eine neue Wissensbeziehung in der arithmetischen Struktur Zahlenmauer konstruiert hat. Zu beobachten ist, dass Moritz zweimal explizit auf die vier Basissteine mit jeweils der Zahl 6 hinweist (in 71 und in 73); zum anderen addiert er diese Zahlen mit Hilfe einer Verdopplungsstrategie: 6, 12, 24 und das doppelt ergibt 48 (in 71). Dieses Verdoppeln scheint die Lehrerin vielleicht an die Strategie von Hannah zu erinnern und damit dieser Vorgehensweise ähnlich zu sein. Nimmt man das explizite Zeigen auf die vier Basissteine ernst, deren Summe dann verdoppelt den Zielstein ergeben soll, dann hat Moritz eine neue Strategie im Auge: Das Doppelte der Summe der vier Basissteine ergibt den Zielstein. Auf diese Weise ist für sehr symmetrische Bedingungen der vier Basissteine einer vierstufigen Zahlenmauer im Kern eine neue Wissensbeziehung zwischen Basissteinen und Zielstein von Moritz erkannt und formuliert worden.

Die Analyse dieser kurzen Unterrichtsinteraktion ermöglicht durch wiederholte Beobachtung und sorgfältige Reflexion selbst für das mathematische Wissen eine neue Einsicht, die die im Unterrichtsgeschehen involvierte Lehrerin nicht ad hoc realisieren kann, denn sie kann nicht zugleich eine reflektierende, distanzierte Position einnehmen. Die von Moritz vorgeschlagene Strategie stellt zunächst eine einfache Wissensbeziehung für sehr symmetrische Zahlenmauern dar; diese elementare, unmittelbar einsichtige Strategie erlaubt jedoch sofort zu fragen, für welche vierstufigen Zahlenmauern gilt die Beziehung: „Das Doppelte der Summe der vier Basissteine ergibt den Zielstein?"

Diese kurze Episode mit der hier gegebenen Interpretation verdeutlicht exemplarisch, dass in der reflektierenden Analyse realer mathematischer Unterrichtstätigkeiten das Wechselspiel zwischen interaktiven und mathematischen Aspekten unbedingt beachtet werden muss, will man der Lehr-Lern-Situation im Kern gerecht werden. Ohne eine vielschichtige Kenntnis der mathematischen Strukturen in dieser produktiven Übung „Zahlenmauer" und ohne eine generelle Offenheit gegenüber den Vorschlägen der Kinder hätte man die im Keim enthaltene neue Wissensbeziehung nicht verstehen können. So ist auch in der gängigen Behandlung des fachlichen und didaktischen Themas „Zahlenmauer" die von Moritz vorgeschlagene Strategie kein übliches bekanntes Problem. Somit handelt es sich um eine gewissermaßen tatsächlich neue Strategie für Lehrerinnen und auch für Studierende. Eine Bewertung dieser Episode allein auf der Basis interaktionistischer, pädagogischer oder diskursiver Überlegungen hätte den wesentlichen Unterschied zwischen der inhaltlichen Deutung von Moritz und der Lehrerin nicht hinreichend herausarbeiten können. Vielleicht wäre man aufgrund der von Moritz formulierten Verdoppelungen der Zahlen 6, 12, 24 und 48 zu dem Schluss gekommen, dass diese Strategie letztlich der von Hannah vergleichbar sei, also dass die Rückmeldung der Lehrerin zutreffen könnte; oder man hätte aus dem Beharren von Moritz auf der Summe der vier Basissteine zwar eine Diskrepanz zwischen seiner Vorstellung und der der Lehrerin geschlossen, ohne jedoch die mathematische Strategie von Moritz erkennen oder sogar fachgerecht bewerten zu können.

4 Abschließende Bemerkungen: Mathematiklernen und Unterrichten als Prozesse von Aktivität und Reflexion

Lernen und Unterrichten von Mathematik sind keine Prozesse der Übergabe fertigen Wissens von der wissenden Lehrerin an ihre noch unwissenden Schülerinnen und Schüler. Diese Einsicht ist klar in der Position formuliert, dass für die Kinder das Lernen von Mathematik als ein aktiver, sozialer und entdeckender Prozess gestaltet werden sollte (Müller & Wittmann 1995). Zusätzlich zu der Erkenntnis, dass Lernen nur auf der Grundlage eigener Aktivitäten und persönlicher Konstruktionen von Wissen letztlich erfolgreich sein kann, wird mehr und mehr deutlich, dass diese selbst durchgeführten Lernaktivitäten immer auch zusätzlich von expliziten Reflexionen über das bloße Tun begleitet und gesteuert werden müssen. Diese Komplementarität von Aktivität und Reflexion spielt auf allen Ebenen des Mathematiklernens der Schüler sowie in der Mathematiklehrerbildung an der Hochschule und in der Berufspraxis eine zunehmend wichtige Rolle.

Die Notwendigkeit, über eigene Lernprozesse bewusst nachzudenken, Fehlvorstellungen herauszufinden und zu korrigieren oder in Beispielen auch allgemeine Zusammenhänge zu erkennen, ist noch am deutlichsten ein explizites Ziel des aktiv entdeckenden Lernens der Kinder im alltäglichen Mathematikunterricht. Diese Lernaktivitäten und Reflexionen werden von den Kindern in den ihnen eigenen, beispielhaften und individuellen Formen vorgenommen, d. h. sie benutzen zum Beispiel noch keine präzise Fachsprache, sie verwenden keine abstrakten Regeln oder Gesetze. Um diese eigenen Erklärungen und Vorgehensweisen der Kinder beim aktiven Lernen von Mathematik adäquat und sensibel bewerten zu können, sind nun zwei Forderungen wichtig, zum einen an die Lehrerausbildung an der Hochschule und zum anderen an die praxisnahe und professionelle schulinterne Fortbildung.

Eine wichtige Voraussetzung für ein angemessenes Verstehen kindlicher Lernprozesse ist es, eigene Lernprozesse von mathematischem und didaktischem Fachwissen explizit zu reflektieren. Auf diese Weise kann zum Beispiel der Studierende erst mögliche vielfältige Zugänge und Strukturen im mathematischen Inhalt sich selbst verfügbar machen als eine flexible Basis, von der her die eigenartigen und teils idiosynkratischen Ideen und Vorschläge der Kinder wahrgenommen und zu produktiven Vorstellungen weiterentwickelt werden können. Ansonsten wird häufig eine zunächst unverständliche mathematische Idee eines Kindes vorschnell nach mathematischer Korrektheit eines einzigen Bearbeitungsweges bewertet bzw. verworfen. Die Reflexion eigener Lerntätigkeiten, die die Lehramtsstudierenden in ihrer fachlichen und didaktischen Ausbildung vornehmen sollen (vgl. Selter 1995), sind eine Voraussetzung zur Initiierung von mathematischen Lernaktivitäten der Kinder, etwa im Rahmen von klinischen Interviews oder von kleinen Unterrichtsexperimenten, und der dazugehörigen gemeinsamen Reflexion dieser interaktiven Tätigkeiten mit Kindern. Zum einen ist die Lehrperson unmittelbar in den Interaktionsprozess involviert, zum anderen ist die kritische Distanz einer gemeinsamen Reflexion ein explizit erforderliches „Lernziel" der Ausbildung zukünftiger Lehrerinnen.

Gemeinsame Unterrichtshospitationen zusammen mit sich daran anschließenden gemeinsamen Reflexionen der eigenen Unterrichtstätigkeiten sind in der alltäglichen Unterrichtspraxis bisher die große Ausnahme. Die vielfältigen Gründe für diese Situation sind bekannt. Die Anforderungen nach einer wirksamen, langfristig angelegten Verbesserung der Qualität des Mathematikunterrichts lenken den Blick immer stärker auf die professionelle Tätigkeit des eigenen Unterrichtens der Lehrerinnen als dem Kernpunkt des Problems. Auch in der Alltagspraxis des Mathematikunterrichts kann man nicht länger davon ausgehen, dass das erfolgreiche Durchlaufen der beiden Ausbildungsphasen zu fertigen Lehrpersonen führt, die dann die professionellen Tätigkeiten ein Leben lang perfekt beherrschen. Die alltäglichen Unterrichtsstätigkeiten unterliegen wie alle anderen professionellen Tätigkeiten der Komplementarität von Aktion und Reflexion. Selbstverständlich haben gemeinsam kooperierende Lehrerinnen auch immer über den Mathematikunterricht reflektiert, in der gemeinsamen Vorbereitung von Unterrichtsreihen und passendem Lernmaterial oder auch in den Berichten über Geschehnisse aus dem eigenen Unterricht. Was jedoch verstärkt in diese Reflexionsprozesse eingebunden werden muss, dass ist die direkte Beobachtung der Unterrichtstätigkeiten, teilweise auch die videografische Dokumentation von Unterricht, so dass Lehrerinnen eine neuartige Distanz zur eigenen Tätigkeit ermöglicht wird, in die sie sonst unmittelbar involviert sind.

Die mathematischen Lernprozesse der Kinder im Unterricht stellen das Kernanliegen dar, und letztlich gilt es, diese Prozesse zu verbessern. Dazu ist es zunehmend wichtig, dass alle Beteiligten, also sowohl die Kinder wie auch die Lehrpersonen (in der Ausbildung und in der Praxis), die Dimension der bewussten Reflexion über die anstehenden Lern- und Interaktionstätigkeiten berücksichtigen und als eigenständige Aufgaben bearbeiten. Dieses Zusammenspiel von eigenen Lern- und Interaktionstätigkeiten der Lehrperson in der Komplementarität von Aktivität und Reflexion ist ein wesentliches Bedingungsfeld für eine angemessene Wahrnehmung, Unterstützung und Beförderung der mathematischen Lernprozesse der Kinder (siehe Diagramm).

Die gemeinsamen Reflexionen von Tätigkeiten des eigenen Lernens, des Beobachtens von Lernprozessen der Kinder und der eigenen mathematischen Interaktionsprozesse im Unterricht mit Kindern sollte zu einem zentralen professionellen Element des Mathematiklehrerwissens werden. Dazu benötigen die Lehrerinnen in ihrem Unterrichtsalltag Vorbereitung und Unterstützung. Wenn die bewusste Reflexion eigener Tätigkeiten ein

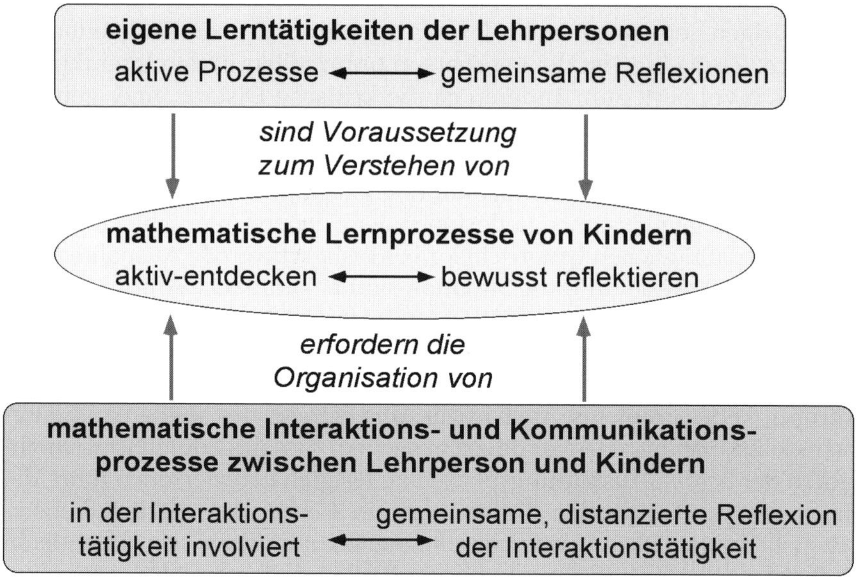

wesentliches Merkmal in der ersten Ausbildungsphase an der Hochschule ist, dann soll dies dazu beitragen, dass die Studierenden später als Lehrerinnen relativ unbefangen mit gemeinsamen Unterrichtshospitationen und Reflexionen der eigenen Unterrichtstätigkeit umgehen können. Die Entwicklung einer bewussten Reflexion eigener Unterrichtstätigkeit in der alltäglichen Unterrichtspraxis kann u. a. in exemplarischen Kooperationsprojekten zwischen Hochschule und Schule erprobt und gemeinsam verbessert werden.

Literaturliste

Altrichter, H., Schley, W. & Schratz, M. (Hg.) (1998): Handbuch zur Schulentwicklung. Innsbruck: Studienverlag.
Arbeitsgruppe Mathematiklehrerausbildung (1981): Perspektiven für die Ausbildung des Mathematiklehrers. Köln: Aulis-Verlag.
Bromme, R. (1994): Beyond subject matter: A psychological topology of teachers' professional knowledge. In: R. Biehler, R. W. Scholz, R. Sträßer, & B. Winkelman (Eds.), Didactics of Mathematics as a Scientific Discipline, (pp. 73–88). Dordrecht: Kluwer Academic Publishers.
Freudenthal, H. (1973): Mathematik als pädagogische Aufgabe. Band 1. Stuttgart: Ernst Klett Verlag.
Horster, L. & Rolff, H.-G. (2001): Unterrichtsentwicklung. Grundlagen, Praxis, Steuerungsprozesse. Weinheim und Basel: Beltz Verlag.
Krainer, K. & Posch, P. (Eds.) (1996): Lehrerfortbildung zwischen Prozessen und Produkten. Hochschullehrgänge „Pädagogik und Fachdidaktik für Lehrerinnen" (PFL): Konzepte, Erfahrungen und Reflexionen. Bad Heilbrunn: Klinkhardt.
Krainer, K. (1996): Probleme und Perspektiven der Lehrerfortbildung. In: G. Kadunz, H. Kautschitsch, G. Ossimitz, & E. Schneider (Eds.): Trends und Perspektiven, Beiträge zum 7. internationalen Symposium zur „Didaktik der Mathematik", Klagenfurt, (S. 205–230), Wien: Verlag Hölder-Pichler-Tempsky.
Müller, G. & Wittmann, E. Ch. (Eds.) (1995): Mit Kindern rechnen – Aktiv-entdeckendes und soziales Lernen im Mathematikunterricht. Frankfurt am Main: Arbeitskreis Grundschule, Jahrbuch.
Otte, M. (1979): The education and professional life of mathematics teachers. In: UNESCO (Ed.), New trends of mathematics teaching, (Vol. IV, pp. 107–133).

Otte, M., Reiß, V., & Steinbring, H. (1977): Der Mathematiklehrer in der Ausbildung und im Beruf. Schriftenreihe des IDM (Vol. 11, pp. 15–51). Bielefeld: Universität Bielefeld.
Rolff, H.-G. (1995): Zukunftsfelder von Schulforschung. Weinheim: Deutscher Studienverlag.
Seeger, F. (1998): Discourse and Beyond: On the ethnography of classroom Discourse. In: H. Steinbring, M. G. Bartolini-Bussi & A. Sierpinska (Eds.): Language and communication in the mathematics classroom. (pp. 85–1001), Reston, Virginia: National Council of teachers of Mathematics.
Seeger, F., & Steinbring, H. (Eds.) (1992): The dialogue between theory and practice in mathematics education: Overcoming the broadcast metaphor. Proceedings of the Fourth Conference on Systematic Cooperation between Theory and Practice in Mathematics Education (SCTP). Brakel. (IDM Materialien und Studien 38). Bielefeld: IDM Universität Bielefeld.
Selter, C. (1995): Entwicklung von Bewußtheit – eine zentrale Aufgabe der Grundschullehrerbildung. In: Journal für Mathematikdidaktik, 16(1/2), S. 115–144.
Steinbring, H. (1994): Dialogue between theory and practice in mathematics education. In: R. Biehler, R. W. Scholz, R. Sträßer & B. Winkelman (Eds.): Didactics of Mathematics as a Scientific Discipline (pp. 89–102). Dordrecht: Kluwer Academic Publishers.
Steinbring, H. (1998): Elements of Epistemological Knowledge for Mathematics Teachers. In: Journal of Mathematics Teacher Education, 1(2), 157–189.
Steinbring, H. (1998): Epistemological Constraints of Mathematical Knowledge in Social Learning Settings. In: Sierpinska, A. & Kilpatrick, J. (Eds.): Mathematics Education as a Research Domain: A Search for Identity. An ICMI Study. (S. 513–526). Dordrecht: Kluwer Academic Publishers.
Steinbring, H. (2000): Epistemologische und sozial-interaktive Bedingungen der Konstruktion mathematischer Wissensstrukturen (im Unterricht der Grundschule). Abschlußbericht zu einem DFG-Projekt, 3 Bände. Dortmund: Universität Dortmund.
Stigler, J. W. & Hiebert, J. (1999): The Teaching Gap. New York: The Free Press.
Terhart, E. (2001): Lehrerberuf und Lehrerbildung. Forschungsbefunde, Problemanalysen, Reformkonzepte. Weinheim und Basel: Beltz Verlag.
Terhart, E. (Hg.) (2000): Perspektiven der Lehrerbildung in Deutschland. Abschlussbericht der von der Kultusministerkonferenz eingesetzten Kommission. Weinheim und Basel: Beltz Verlag.
Verstappen, P. F. L. (Ed.) (1988): Report of the Second Conference on Systematic Cooperation Between Theory and Practice in Mathematics Education. Lochem/Netherlands. Enschede: S. L. O.
Wittmann, E. Ch. (1992): Mathematikdidaktik als ‚design science'. In: Journal für Mathematik-Didaktik 13(92), S. 55–70.
Wittmann, E. Ch., & Müller, G. (1990): Handbuch produktiver Rechenübungen. Bd. 1: Vom Einspluseins zum Einmaleins. Stuttgart: Klett.
Wittmann, E. Ch., & Müller, G. (1992): Handbuch produktiver Rechenübungen. Bd. 2: Vom halbschriftlichen zum schriftlichen Rechnen. Stuttgart: Klett.

WILHELM SCHIPPER

Lernen mit Material im arithmetischen Anfangsunterricht

Unser Mathematikunterricht wird u. a. von zwei ehernen didaktischen Prinzipien geleitet, dem der Anschaulichkeit und dem der Handlungsorientierung. Wohl niemand wird diese Grundsätze ernsthaft in Frage stellen wollen. Oder können Sie sich z. B. einen arithmetischen Anfangsunterricht vorstellen, in dem keine Materialien eingesetzt werden?

Das Problem ist, dass über Selbstverständliches oft nicht bzw. nicht mehr intensiv genug nachgedacht wird. Im Sinne der Förderung der mathematischen Lernprozesse der uns anvertrauten Kinder wäre es jedoch notwendig und hilfreich, wieder einmal intensiver über die Rolle von Materialien beim Mathematiklernen zu reflektieren. Denn nicht jedes Zeigen eines Bildes macht den Unterricht schon anschaulich und nicht jedes Machen ist Handlungsorientierung.

Wo aber liegen die Grenzen zwischen einem Zerrbild von Handlungsorientierung, wie es Sundermann/Selter (2000) am Beispiel mancher absurder Vorschläge für das Stationenlernen (etwa: Malaufgaben mit der Taschenlampe blinken) treffend kritisieren, und einer tatsächlichen Handlungsorientierung, die das Lernen des Kindes unterstützt? Welche Ziele verfolgen wir mit dem Einsatz von Material? Kommt es allein darauf an, *dass* die Kinder Arbeitsmittel verwenden, oder ist es auch wichtig, *wie* sie damit umgehen? Hängt die Antwort auf diese Frage vielleicht von den Zielen des Unterrichts ab? Was lernen die Kinder eigentlich, wenn sie mit ihrem Material arbeiten? Kann die Materialverwendung für das Erreichen der Ziele des Mathematikunterrichts vielleicht auch kontraproduktiv sein, weil sie die mathematischen Lernprozesse der Kinder eher behindert statt sie zu fördern? Wie können wir Kindern helfen, die von ihren Materialhandlungen nicht profitieren, solchen Kindern also, die beim Rechnen ohne Material immer wieder auf das Zählen zurückfallen? Was machen wir mit solchen Kindern, die mit ihren Materialhandlungen völlig in die Irre gehen, also solche Handlungen durchführen, die nicht nur zur falschen Lösung der Rechenaufgabe führen, sondern – weitaus schlimmer – falsche Rechenstrategien stabilisieren? Wie lernen wir als Lehrerinnen und Lehrer, solche Probleme frühzeitig zu erkennen? Wie können wir intervenieren oder – besser noch – durch präventive Maßnahmen solche Irrwege verhindern?

Solchen Fragen geht dieser Beitrag nach. Dabei versteht er sich als ein Plädoyer dafür, das Thema „Lernen mit Material" zum Gegenstand schulinterner Beratungen zu machen. Denn die intensive, möglichst gemeinsame, kollegiale Auseinandersetzung mit diesem Thema einschließlich eigener praktischer Erprobung der Arbeitsmittel im Sinne einer Simulation möglicher kindlicher Handlungen an ihnen macht frühzeitig auf die Chancen guter, aber auch auf die Risiken schlechter Materialverwendung aufmerksam.

1 Funktionen des Einsatzes von Material im Anfangsunterricht

Haben Sie jemals ernsthaft darüber nachgedacht, warum Sie Ihren Kindern im ersten Schuljahr für die Lösung solcher Aufgaben wie 3 + 4, 7 + 9 oder 14 – 6 keinen Taschenrechner geben? Bevor Sie heftig protestieren, weil dies zu diesem Zeitpunkt „selbstverständlich" ein großer didaktischer Fehler wäre, versuchen Sie doch einmal ein paar Argumente zu sammeln, die gegen die Nutzung des Taschenrechners bei solchen Aufgaben im ersten Schuljahr sprechen. Vielleicht können Sie auch gemeinsam in einer Lehrer- oder Fachkonferenz solche Argumente miteinander austauschen und bewerten.

Möglicherweise werden Gegenargumente der folgenden Art vorgetragen:
- Kinder sollen selbst das Rechnen lernen.
- Der Taschenrechner zeigt den Kindern nicht, wie solche Aufgaben gerechnet werden.
- Im Mathematikunterricht kommt es nicht nur auf die Ergebnisse, sondern vor allem auf die Rechenwege an. Kinder müssen also selbst Rechenstrategien entwickeln; dabei hilft der Taschenrechner nicht.
- Der Taschenrechner vermittelt kein Grundverständnis für Zahlen und Rechenoperationen. Gerade dieses sollen die Kinder aber im Mathematikunterricht erwerben.

Solche Argumente sind Hinweise auf die grundsätzliche didaktische Funktion des Einsatzes von Material im Mathematikunterricht und zugleich Verweise auf unterschiedliche Ziele seines Einsatzes.

Material soll das (Mathematik-)Lernen der Kinder unterstützen, das ist selbstverständlich. Bei genauerer Betrachtung wird deutlich, dass es im arithmetischen Anfangsunterricht vor allem um zwei Ziele geht.

1. Förderung von Zahl- und Operationsverständnis

Der Einsatz von Material soll dazu beitragen, das Zahlverständnis zu fördern sowie Grundvorstellungen für die abstrakten mathematischen Operationen Addition und Subtraktion zu entwickeln bzw. weiter zu festigen. Einen wichtigen Beitrag zur Förderung des Zahlverständnisses leisten Übungen zur Zahldarstellung („Lege 5 Plättchen.") und zur Zahlauffassung („Wie viele Bälle sind hier abgebildet?"). Das Grundverständnis für Addition und Subtraktion wird u. a. dadurch gefördert, dass Rechengeschichten (und später kontextfreie Rechenaufgaben) in Materialhandlungen z. B. des Zusammenlegens, des Dazulegens oder des Wegnehmens übersetzt werden. Die Art der Materialhandlung – Abzählen in Einerschritten oder Zahldarstellungen „mit einem Griff" – spielt zu diesem Zeitpunkt noch eine untergeordnete Rolle. Denn wichtig ist im Sinne der Förderung des Grundverständnisses, *dass* den Kindern solche Zahldarstellungen und Simulationen von Rechengeschichten mit Materialhandlungen gelingen.

2. Entwicklung von Rechenstrategien

Mit Hilfe von Handlungen am Material sollen die Kinder das Rechnen lernen. Das bedeutet, dass aus den Materialhandlungen (mentale) Operationen entstehen sollen, die vollzogen werden können, ohne des konkreten Handlungsvollzuges zu bedürfen. Aus dem Lösen von Aufgaben mit Hilfe des Arbeitsmittels soll also ein Lösen von Aufgaben „im Kopf" werden.

An dieses Kopfrechnen stellen wir hohe Anforderungen, denn auf Dauer sind wir nicht damit zufrieden, dass die Kinder die Aufgaben „irgendwie" (z. B. zählend) lösen. Wir wollen vielmehr, dass sie flexible und ökonomische, operative Strategien des Kopfrechnens entwickeln, nämlich

- erstens das Verdoppeln bzw. Halbieren nutzen („Sieben plus neun ist das Doppelte von sieben, plus zwei."),
- zweitens schrittweise rechnen (7 + 9 = 7 + 3 + 6),
- drittens Aufgaben gegensinnig verändern (7 + 9 = 8 + 8) und
- viertens Hilfsaufgaben nutzen (7 + 9 = 7 + 10 – 1).

Wenn wir im Piaget´schen Sinne Operationen als „verinnerlichtes Tun" begreifen, dann setzt das voraus, dass die Handlungen am Material mit den angestrebten Verfahren strukturell übereinstimmen. Bereits die Handlung muss die Struktur des künftigen Kopfrechenverfahrens enthalten. Nur so können sich aus Handlungen durch Verinnerlichung die erwünschten (mentalen) Operationen entwickeln. Anders als bei dem Ziel der Förderung des Grundverständnisses kommt es deshalb bei der Entwicklung von Rechenstrategien entscheidend darauf an, *welche* Handlungen die Kinder am Material vollziehen.

Für das Erreichen beider Ziele – Entwicklung von Zahl- und Operationsverständnis einerseits sowie von Rechenstrategien andererseits – ist es notwendig, dass den Kindern die Handlungen bewusst werden. Denn weder durch bloßes „Machen" noch durch schlichtes „Hinsehen" erschließen sich den Kindern die mathematischen Strukturen in Handlungen bzw. in so genannten Veranschaulichungen. Ein „handlungsorientierter Unterricht" verdient diesen Namen nur dann, wenn er nicht im bloßen Aktionismus verbleibt, sondern zugleich „vorstellungsorientiert" ist in dem Sinne, dass den Kindern die in den Handlungen enthaltenen mathematischen Strukturen bewusst (gemacht) werden. Wie dieser Prozess durch geeignete unterrichtliche Hilfen unterstützt werden kann, wird in den folgenden Kapiteln 2 und 3 gezeigt.

2 Material als Hilfe bei der (Weiter-)Entwicklung von Zahl- und Operationsverständnis

Auf den ersten Blick scheinen Materialien vor allem Lösungshilfen zu sein. Immer dann, wenn eine gegebene Rechenaufgabe von dem Kind noch nicht ohne Hilfsmittel bewältigt werden kann, greift es auf sein Arbeitsmittel zurück. Aus Sicht des Kindes ist diese Funktion als Lösungshilfe sehr wichtig, weil es das Kind in die Lage versetzt, vorgegebene rechnerische Anforderungen zu bewältigen. Aus didaktischer Sicht kann der Einsatz von Material nicht auf diese Funktion reduziert bleiben, denn dann unterschieden sich solche Materialien nicht vom Taschenrechner, der auch nur die Lösung liefert.

Tatsächlich finden in solchen Handlungen zur Lösung von Aufgaben auch schon sehr viel mehr Lernprozesse statt. Die Übersetzung einer Rechengeschichte („Vier Kinder spielen im Sandkasten, fünf Kinder kommen dazu.") oder einer kontextfreien Aufgabe (4 + 5) in eine Handlung (erst 4, dann 5 Plättchen legen, danach abzählen, wie viele es insgesamt sind) fordert und fördert das Grundverständnis für Zahlen und Rechenoperationen. Die Fähigkeiten, Zahlen darstellen (4 Plättchen legen) bzw. auffassen (9 Plättchen abzählen können) sowie Additionsaufgaben in Handlungen des Dazulegens, Subtraktionen in Handlungen des Wegnehmens übersetzen zu können, sind grundlegende Voraussetzungen für die erfolgreiche Teilnahme am arithmetischen Anfangsunterricht.

Im ersten Halbjahr des ersten Schuljahres sollte daher ein unterrichtlicher Schwerpunkt in der Übersetzung von Rechengeschichten in Handlungen an Material liegen. Begonnen werden sollte mit solchen Beispielen, bei denen beide Summanden bzw. Minuend und Subtrahend gegeben sind, also jeweils die Summe bzw. Differenz gesucht ist.

Beispiele:
- Friederike hat 4 Puppen. Zum Geburtstag bekommt sie noch 2 Puppen dazu. Wie viele hat sie dann?
- Friederike hat 4 Puppen. Helene hat 3 Puppen. Wie viele Puppen haben beide zusammen?
- Theo hat 8 Puppen. Er gibt Helene 3 Puppen ab. Wie viele hat er dann noch?

Aus Studien (Stern 1992) wissen wir, dass etwa neun von zehn Schulanfängern solche Rechengeschichten in Handlungen übersetzen und auf diese Weise lösen können. Unsere besondere Aufmerksamkeit benötigen daher diejenigen Kinder, die dazu noch nicht fähig sind. Sie brauchen möglicherweise noch Unterstützung bei der Zahlauffassung und -darstellung, ggf. sogar beim Zählen. Ziel solcher Übungen zur Übersetzung von Rechengeschichten (und später auch von kontextfreien Rechenaufgaben wie

6 + 3 = □ bzw. 7 – 5 = □) in Handlungen ist der Aufbau von mentalen Vorstellungen des Zusammenlegens als Grundvorstellung für die Addition bzw. des Wegnehmens oder Abtrennens als Grundvorstellung für die Subtraktion, so dass die Kinder letztlich nur noch mit den Vorstellungen operieren, auf den konkreten Handlungsvollzug verzichten können. Vier Maßnahmen sind geeignet, diesen Prozess des Aufbaus von Grundvorstellungen zu unterstützen.

1. Handlungen versprachlichen

Handlungen am Material werden durch Versprachlichung bewusster. Die Kinder sollen deshalb ihre Vorgehensweisen erklären und begründen. Wichtig ist dabei, dass nicht nur die eigentliche Lösungshandlung beschrieben wird, sondern jeweils die Beziehungen zwischen Teilen der Rechengeschichte und den zugehörigen Handlungen herausgearbeitet werden, z. B.: „Ich lege zuerst 4 Plättchen für die 4 Puppen von Friederike, dann ...". Dies hilft den Kindern sich bewusst zu werden, welche Handlungen mit welchem Teil der Rechengeschichte korrespondieren. Solche Versprachlichungen sind dann auch Hilfen für diejenigen Kinder, denen die Lösung von Rechengeschichten mit Handlungen noch nicht so gut gelingt.

In diesen kindlichen Erklärungen ihrer Vorgehensweisen, die durch entsprechende Materialhandlungen begleitet werden, zeigt sich eine weitere wichtige Funktion solcher Arbeitsmittel, nämlich als Argumentationshilfe; die Demonstration am Material unterstützt die verbale Beschreibung.

2. Die Beziehungen zwischen Kontext, Handlung, Bild und Symbol herausarbeiten

Das o. a. Beispiel für eine Versprachlichung beschreibt schon eine entwickeltere Form von Lösungshandlungen, nämlich mit Vertretern (Plättchen) für die in der Rechengeschichte vorkommenden realen Gegenstände. Für einige Kinder kann dies ein schon zu hoher Anspruch sein. In solchen Fällen sollten die Rechengeschichten um solche Gegenstände kreisen, die auch vorhanden sind, so dass die Kinder mit ihnen die Handlungen durchführen („durchspielen") können. Ziel der weiteren Aktivitäten ist es, zu immer abstrakteren Darstellungen der im Sachkontext gegebenen arithmetischen Beziehungen zu kommen. Es gilt, die Kinder zu befähigen, Kontext, Handlungen mit den Originalgegenständen, Handlungen mit deren Stellvertretern, Bild und symbolische Notation in Gleichungsform aufeinander beziehen zu können. Auch diese strukturellen Übereinstimmungen zwischen

- Sachkontext und Materialhandlung,
- den Spielhandlungen mit den Originalgegenständen und denen mit ihren Vertretern (z. B. Plättchen),
- den Materialhandlungen und deren bildlicher Darstellung,

- der bildlichen Darstellung und ihrer symbolischen Notation in Gleichungsform

müssen durch Versprachlichung immer wieder hervorgehoben werden. Dabei darf dieser intermodale Transfer zwischen den Modi des Wissens – enaktiv, ikonisch, symbolisch – nicht als Einbahnstraße von den Handlungen über die Bilder zu den Symbolen aufgefasst werden. Es müssen bewusst auch umgekehrte Transferleistungen gefordert und gefördert werden: zu einem Bild eine Rechengeschichte erzählen, zu einer Gleichung oder einem Term Handlungen mit Material durchführen, zu Handlungen mit Plättchen Rechengeschichten verschiedenen Inhalts erfinden u. v. a. m.

3. Mit vielen Sinnen lernen

Im Unterricht dominieren i. d. R. zwei Kanäle des Lernens, nämlich die Sprache und das Visuelle. Hin und wieder sollten diese bewusst ausgeschaltet werden. Unter dem Titel „Mathe mit geschlossenen Augen“ haben kürzlich Bauersfeld und O'Brien (2002) unterrichtspraktische Vorschläge publiziert, die zeigen, wie andere Lernkanäle, z. B. der Tastsinn, stärker herausgefordert werden können. Ein Beispiel: „Einer hält dem anderen mit geschlossenen Augen beide Hände offen hin. Der legt in jede Hand einige Bohnen. Der Erste soll mit unverändert geschlossenen Augen herausfinden, wie viele Bohnen es zusammen sind.“ (Bauersfeld/O'Brien 2002, S. 11) Solche Übungen zum Fühlen und Hören von Zahlen (genauer: von Zahlrepräsentanten) und Rechenaufgaben findet man seit einigen Jahren auch in Schulbüchern. Sie sind nicht bloß „Spielchen“ zum Vergnügen der Kinder, sondern sollen das Zahl- und Operationsverständnis durch ein Lernen mit vielen Sinnen stärken.

4. Den Aufbau mentaler Vorstellungsbilder unterstützen

Manche Kinder entwickeln überraschend schnell innere Vorstellungsbilder. Die Lehrerin demonstriert eine bestimmte Vorgehensweise, das Kind macht es selbst einige Male und schon können diese Kinder auf den konkreten Handlungsvollzug verzichten, weil sie eine Vorstellung von der Handlung haben. Unsere weniger leistungsstarken Kinder gehören selten zu dieser Gruppe von Schülern. Sie brauchen weitere Unterstützung, die ihnen hilft, den Prozess der Entwicklung von Vorstellungen aus Handlungen vollziehen zu können. Eine gute Möglichkeit besteht darin, das Taktile und das Visuelle bewusst auszuschließen, zugleich aber die Vorstellung des Handlungsvollzugs am Material hervorzurufen. Ein Beispiel: Alle Kinder schließen die Augen. Die Lehrerin erzählt eine Rechengeschichte der o. g. Art, dann fragt sie die Kinder, was sie, die Lehrerin, zur Lösung der Aufgabe tun soll. Ein Kind antwortet mit geschlossenen Augen: „Lege 4 Plättchen für die 4 Puppen, die Friederike schon hat.“ Die Lehrerin legt die Plättchen und fragt die Kinder, ob sie diese 4 Plättchen „sehen“ – selbstverständlich mit geschlossenen Augen. Das nächste Kind beschreibt, was dann zu tun ist: „Lege nun 2 Plättchen dazu für die beiden Puppen, die sie noch bekommt." ... Auf diese Weise können Rechengeschichten gelöst werden, indem nur noch die Vorstellungen der Handlung erzeugt werden, auf den eigentlichen Handlungsvollzug durch die Kinder verzichtet wird.

Aufgaben mit Variationen des Platzhalters (3 + □ = 7; □ + 5 = 8) sind für viele Kinder zunächst besonders schwer, weil sie nicht wissen, wie sie solche Aufgaben in Handlungen übersetzen sollen. So konnte Stern (1994) zeigen, dass nur 28 % der von ihr untersuchten Erstklässler die folgende Aufgabe (ggf. mit Hilfe von Material) lösen konnten: „Maria hat 5 Murmeln. Hans hat 8 Murmeln. Wie viele Murmeln hat Hans mehr als Maria?" Dagegen konnten 96 % der gleichen Kinder die folgende anscheinend strukturgleiche Aufgabe lösen: „Maria hat 5 Murmeln. Hans hat 8 Murmeln. Wie viele Murmeln muss Maria noch bekommen, damit sie genau so viele Murmeln hat wie Hans?" Diese zweite Aufgabe gibt den Kindern mit der Formulierung „bekommen" einen Hinweis auf die durchzuführende Materialhandlung; das abstrakte „mehr" in der ersten Aufgabe gibt diesen Hinweis nicht.

Für den Unterricht bedeutet dies, dass auch die Aufgaben mit Variation des Platzhalters zunächst handelnd gelöst werden müssen. Sehr gut können solche Aufgaben mit Hilfe des „Zauberbeutels" (vgl. Radatz u. a. 1996, S. 64 f.) dargestellt werden. Ein Beispiel zu der Aufgabe □ + 3 = 8: Die Lehrerin zeigt den Kindern einen Beutel, in dem bereits einige Würfel liegen. Wie viele es sind, wird nicht verraten. Dann werden 3 weitere Würfel in den Beutel gegeben; alle Kinder schauen dabei zu. Danach wird gezählt; jetzt sind es 8 Würfel. Wie viele waren es zu Anfang? Auch diese Übungen sollten nach einiger Zeit konkreter Durchführungen durch nur noch vorgestellte Handlungen ersetzt werden: „Stellt Euch vor, im Beutel sind schon einige Würfel. Wenn ich noch drei dazu lege, dann sind es insgesamt acht Würfel. Wie viele waren es zu Anfang?"

3 Material als Hilfe bei der Entwicklung von Rechenstrategien

In der soeben beschriebenen Phase des Unterrichts werden viele Kinder die eigentliche Rechenaufgabe noch durch Abzählen lösen. Das ist durchaus akzeptabel, denn es geht ja um den Aufbau und die Erweiterung des Operationsverständnisses, noch nicht um die Entwicklung von Rechenstrategien. Diese Situation ändert sich mit der Behandlung des Zehnerübergangs. Denn dieses Thema ist nicht nur ein weiterer Bereich, in dem das Grundverständnis für die ersten Rechenoperationen vertieft werden kann, sondern bietet erstmals die Chance, Rechenaufgaben mit Hilfe verschiedener operativer Strategien zu lösen, und zwar solcher Strategien, die modellhaft für alles weitere additive Rechnen sind.

Lehrerinnen und Lehrer müssen daher bei der Behandlung des Zehnerübergangs eine weit reichende Entscheidung treffen. Wenn sie dieses Thema nur als einen weiteren Anwendungsbereich zur Vertiefung der Grundvorstellungen von Addition und Subtraktion ansehen, dann ist es unerheblich, mit welchen Verfahren die Kinder über den Zehner rechnen. Alle individuellen Verfahren können das Grundverständnis stärken, selbst das zählende Rechnen. Deshalb sollten auch mit dem Ziel der Stärkung des Grundverständnisses *zunächst* die individuellen Wege der Kinder akzeptiert werden. Ein Akzeptieren zählender Bewältigung des Zehnerübergangs *auf Dauer* halten wir jedoch für didaktisch falsch, weil dies die Gefahr der Verfestigung zählenden Rechnens in sich birgt – mit allen Nachteilen bis hin zur möglichen Entwicklung von Rechenstörungen.

Deshalb plädieren wir dafür, die Chance, erste operative Strategien des Rechnens im Kontext der Behandlung des Zehnerübergangs zu entwickeln, auch zu nutzen. In diesem Fall werden die Anforderungen an die Art und Weise der kindlichen Materialhandlungen jedoch größer und differenzierter. Denn wenn Kopfrechenstrategien aus Handlungen an Materialien erwachsen, dann müssen die Handlungen strukturell mit den angestrebten Strategien übereinstimmen. Das bedeutet, dass wir uns zu diesem Zeitpunkt nicht mehr zufrieden geben dürfen mit Handlungen des Abzählens in Einerschritten, weil diese nur das zählende Rechnen stabilisieren. Deshalb wird ein Arbeitsmittel benötigt, das es gestattet, Zahlen als Ganzheiten mit einem „Fingerstreich" darzustellen bzw. auf einen Blick quasi-simultan aufzufassen. In unserer Bielefelder Beratungsstelle für Kinder mit Rechenstörungen arbeiten wir mit strukturierten Zwanziger- bzw. Hunderter-Rechenrahmen, die – nach entsprechender Einübung – solche schnellen Zahldarstellungen und – auffassungen ermöglichen.

Entwicklung operativer Rechenstrategien aus Handlungen am Rechenrahmen

Dieses Material legt für die Lösung einer Aufgabe wie 7 + 9 drei verschiedene nicht-abzählende Materialhandlungen nahe, die mit drei verschiedenen operativen Strategien des Rechnens über den Zehner korrespondieren.

Das Verdoppeln nutzen

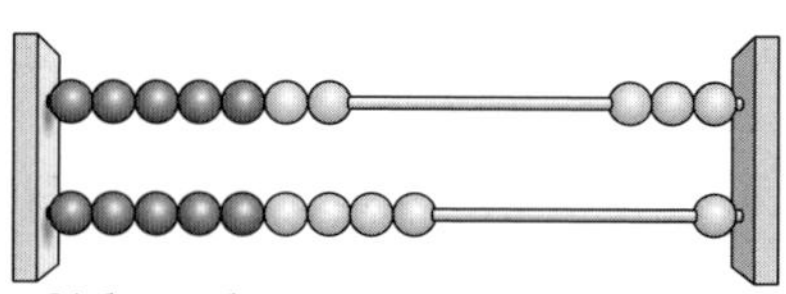

„Sieben plus neun ist das Doppelte von sieben, plus zwei."

(a) Lösung mit Hilfe des Verdoppelns

Manche Kinder stellen bei der Aufgabe 7 + 9 von sich aus beide Summanden getrennt dar, die 7 auf der oberen Stange, die 9 unten. Entscheidend ist nun, wie die Kinder den Wert der Summe ermitteln. Wenn sie in dieser Darstellung das „Doppelte von sieben und zwei weitere" sehen,

außerdem das Doppelte von 7 auswendig wissen und so zur Lösung 14 + 2 = 16 kommen, dann nutzten sie das Verdoppeln als eine mögliche Strategie, über den Zehner zu rechnen.
Zwei Punkte werden an diesem Beispiel deutlich. Konkrete Zahldarstellungen am Material können den Kern einer guten Kopfrechenstrategie enthalten. Jedoch gelingen entsprechende Handlungen dies nicht voraussetzungslos. Die Kinder müssen für solche Lösungswege bereits Erfahrungen gesammelt haben mit Darstellungen des Verdoppelns und Fast-Verdoppelns und sollten nach Möglichkeit das Doppelte aller Zahlen bis 10 auswendig wissen.

(b) Lösung mit Hilfe des gegensinnigen Veränderns
Eine besonders elegante Art der Lösung der Aufgabe 7 + 9 besteht darin, sie durch gegensinniges Verändern in 8 + 8 zu verwandeln und diese Aufgabe durch Auswendigwissen zu lösen. Nur ganz wenige Kinder kommen auf die Idee, Materialhandlungen zu vollziehen, die diese operative Strategie des Rechnens über den Zehner enthält. Zunächst werden beide Summanden wie bei (a) getrennt auf beiden Stangen dargestellt. Vermutlich in dem Bestreben, eine symmetrische Figur zu erzeugen, schieben die Kinder eine der 9 Kugeln zur Seite, dafür eine weitere Kugel zu den 7 dazu. Auf diese Weise stellen sie das Doppelte von 8 dar.

Lösung mit Hilfe des gegensinnigen Veränderns: Aus 7 + 9…

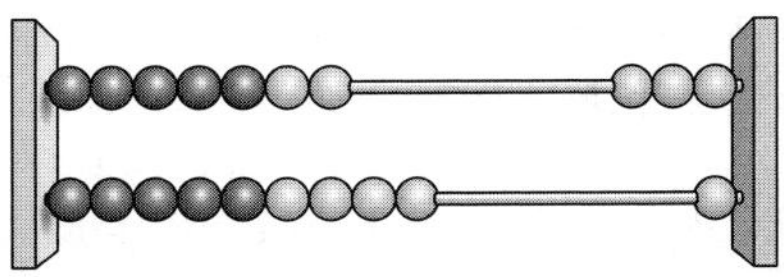

… wird durch gegensinniges Verändern 8 + 8.

In den sehr seltenen Fällen, in denen wir bei Kindern solche Materialhandlungen beobachten konnten, haben wir ihr Vorgehen besonders gewürdigt. Wir haben jedoch nicht den Anspruch, dass alle Kinder dieses Verfahren im 1. Schuljahr lernen sollen.

(c) Schrittweises Rechnen
Die Besonderheit des Rechenrahmens, genau 10 Kugeln auf einer Stange zu haben, legt Handlungen nahe, die mit dem schrittweisen Rechnen bis 10 und dann weiter korrespondieren. Das Kind stellt zunächst den ersten Summanden dar, füllt die obere Stange um die restlichen 3 Kugeln bis 10 auf und schiebt die noch fehlenden 6 Kugeln auf der zweiten Stange.

Bei vergleichbaren Handlungen an unstrukturierten Materialien und erst recht beim materialunabhängigen Rechnen ergibt sich immer das unterrichtliche Problem, das Rechnen gerade bis 10 zu motivieren, denn für Erstklässler hat die Zahl 10 noch nicht die herausragende Bedeutung als

Stufenzahl in unserem dezimalen Stellenwertsystem. Dieses Problem nimmt uns die dem Rechenrahmen inhärente dezimale Struktur ab, so dass das Rechnen bis 10 nicht mit konstruierten Geschichten z. B. vom Frosch, der immer nur bis 10 und dann weiter springt, und dem Känguru, das zu großen Sprüngen fähig ist (vgl. Steinbring 1994), motiviert werden muss.

Schrittweises Rechnen: Zunächst wird der erste Summand dargestellt, …

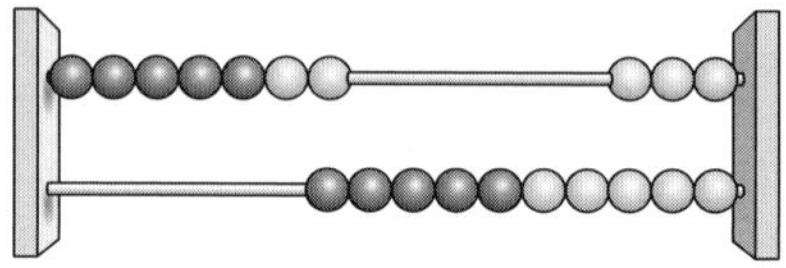

… dann werden die noch bis 10 fehlenden 3 Kugeln auf der oberen Stange geschoben, …

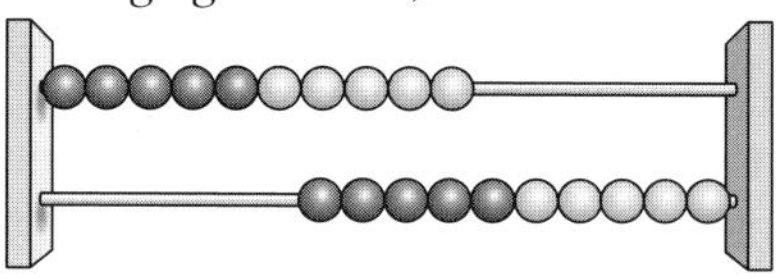

… schließlich die vom zweiten Summanden noch fehlenden 6 Kugeln auf der unteren Stange dargestellt.

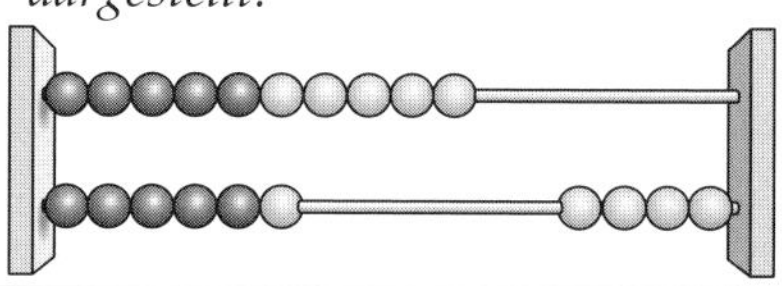

Die hier dargestellte Handlungsfolge entspricht exakt dem operativen Verfahren des schrittweisen Rechnens. Sie kann (siehe Kasten) protokolliert werden.

Dieses Verfahren ist in der jüngeren Vergangenheit zum Teil heftig kritisiert worden. Wenn sich die Kritik auf ein fast schon drillmäßiges Einüben der Schreibform bezieht, wenn selbst von Kindern, die diese Art der Rechnung bereits souverän im Kopf vollziehen, weiterhin diese Notationsform verlangt wird, dann ist diese Kritik berechtigt. Berechtigt ist sie auch dann, wenn dieses Verfahren als einziges im Unterricht akzeptiert wird. Mit anderen Worten: Die Kritik an den – tatsächlichen oder nur vermuteten – Auswüchsen der unterrichtlichen Behandlung dieses Verfahrens ist berechtigt, nicht jedoch die Kritik am Verfahren selbst. Denn dieses schrittweise Rechnen ist von den drei genannten Verfahren als einziges in dem Sinne universell, dass es immer genutzt werden kann, unabhängig von der spezifischen Wahl der Zahlen. Gegensinniges Verändern ist nur nahe liegend bei zwei Summanden, die sich um 2 unterscheiden oder in der Nähe eines vollen Zehners liegen. So ist es (uns Erwachsenen) gut möglich, 6 + 8 über das Doppelte von 7 zu lösen, 9 + 5 über 10 + 4 zu rechnen. Dass dagegen die Aufgabe 4 + 8 auch über das Doppelte von 6 lösbar ist, scheint schon nicht mehr so nahe liegend zu sein, auch nicht von den Handlungen am Re-

7 + 9 = □			oder verkürzt:			7 + 9 = 16
7 + 3 = 10						7 + 3 = 10
10 + 6 = 16						10 + 6 = 16
7 + 9 = 16						

chenrahmen her. Ähnlichen Einschränkungen ist das Nutzen des Verdoppelns bzw. Fast-Verdoppelns unterworfen. Nur wenn beide Summanden nahe beieinander liegen, bietet sich dieses Verfahren an. 3 + 8 wird kaum jemand über die Verdoppelung von 3 plus der Differenz aus 3 und 8 rechnen.

Aufmerksame Leserinnen und Leser werden bei den oben dargestellten drei operativen Strategien des Rechnens über den Zehner eine vierte Strategie vermisst haben, nämlich die des Rechnens mit einer Hilfsaufgabe. 7 + 9 kann leicht über 7 + 10 – 1 gerechnet werden und wir erwarten, dass Kinder auf Dauer diesen Weg als einen möglichen „Rechenvorteil" nutzen. Daher sollte er auch im Unterricht thematisiert werden. Er fehlt in der obigen Darstellung, weil die zur Strategie passenden Handlungen (7 auf der oberen Stange darstellen, 10 auf der unteren; dann eine Kugel von den 10 zurückschieben) vom Material her nicht nahe gelegt werden. Solche Handlungen werden von Kindern wohl nur dann vollzogen, wenn sie die ihnen bereits vertraute Strategie des Rechnens mit einer Hilfsaufgabe am Rechenrahmen demonstrieren wollen. Ziel der obigen Darstellungen war dagegen aufzuzeigen, wie aus Handlungen, die vom Material her (mehr oder weniger) nahe liegend sind, operative Strategien erwachsen können. Diese Frage der Reihenfolge erscheint vielleicht auf den ersten Blick spitzfindig und vergleichbar mit der Frage, ob zunächst das Huhn oder das Ei dagewesen sei. Tatsächlich ist die Reihenfolge aber von zentraler Bedeutung, wenn wir davon ausgehen, dass (mentale) Operationen sich aus Handlungen entwickeln.

Auf dem Weg zu diesem Ziel gilt es, zwei Hürden zu überwinden. Erstens setzt schrittweises Rechnen voraus, dass die Kinder alle Zerlegungen aller Zahlen bis 10 auswendig wissen. Hilfreiche Übungsformen dafür sind in Radatz u. a. 1996, S. 70 ff. und in Radatz u. a. 1999, S. 40 f. zu finden. Zweitens vollzieht sich der Prozess der Verinnerlichung der Handlungen hin zu nur noch mentalen Operationen gerade bei den leistungsschwachen Kindern nicht von selbst. Erfahrene Lehrerinnen und Lehrer kennen dieses Problem: Immer wieder werden Handlungen am Material eingeübt. Wenn die Kinder danach die Aufgaben im Kopf, also ohne Material, lösen sollen, verfallen sie wieder auf ihr zählendes Rechnen, z. B. an den Fingern. Offensichtlich gelingt diesen Kindern der Brückenschlag von der Handlung zur Operation nicht ohne zusätzliche Hilfe.

An dieser Stelle empfehlen wir ein Verfahren, das wir vom Prinzip her schon im Kapitel 2 beschrieben haben. Die Kinder schließen die Augen und diktieren ihrem Partner oder ihrer Lehrerin im Förderunterricht die Handlungen am Rechenrahmen: „Stelle die 7 ein. 3 dazu, dann sind es 10. Jetzt noch die restlichen 6 auf der unteren Stange, macht 16." Vorbereitet werden können solche Übungen – nach den selbstverständlich notwendigen eigenen Handlungen der Kinder am Material – auch dadurch, dass die Kinder nur noch auf das Material schauen dürfen und beschreiben, was sie machten, wenn sie es in der Hand hätten. Solche Übungen, die die Vorstellung der Handlungen herausfordern, aber keinen konkreten Handlungsvollzug mehr zulassen, haben den entscheidenden Vorteil, dass auch bei einer materialunabhängigen Lösung der Aufgabe die Vorstellung des Materials noch erzeugt und so das Ausweichen auf das zählende Rechnen verhindert wird. Nach unseren Erfahrungen in der Beratungsstelle gelingt es auf diese Weise selbst hartnäckigen zählenden Rechnern, das schrittweise Rechnen als Kopfrechenstrategie zu entwickeln. Aus Handlungen werden Vorstellungen, zunächst handlungsbegleitend, dann handlungsersetzend.

4 Materialhandlungen als Thema der fachlichen Diskussion

Wenn die Materialhandlungen der Kinder – wie im Kapitel 3 gezeigt – die entscheidende Basis für die Entwicklung von Rechenstrategien sind, dann müssen sie im Zentrum unserer Aufmerksamkeit stehen, nicht erst die schriftlich fixierten Lösungen der Rechenaufgaben. Denn nicht wenige Fehler, die als Rechenfehler identifiziert werden, resultieren aus fehlerhaften Materialhandlungen oder sind Folge eines unzureichenden Verständnisses des Arbeitsmittels.

Dies gilt selbstverständlich nicht nur für den Umgang mit Material im ersten Schuljahr. Auch die Erarbeitung von Strategien der Addition und Subtraktion im Zahlenraum bis 100 erfolgt materialgestützt. Wir empfehlen dafür die Verwendung des Hunderter-Rechenrahmens als strukturgleiche Fortsetzung des Zwanziger-Rechenrahmens aus dem ersten Schuljahr. Dieses Material ist sehr gut geeignet, Aufgaben vom Typ ZE ± E mit Zehnerüberschreitung völlig analog zur ersten Zehnerüberschreitung zu erarbeiten. Bei der Addition bzw. Subtraktion voller Zehner (Beispiel: 37 + 20) kommt dieses Material jedoch an seine Grenzen, weil das Hinzufügen von 20 Kugeln als zwei volle Zehner zu den bereits dargestellten 37 nicht zu einer Standarddarstellung der Zahl 57 führt. Deshalb erarbeiten wir diesen Aufgabentyp in unserer Beratungsstelle an der (bezifferten) Hunderter-Tafel. Additionen bzw. Subtraktionen voller Zehner entsprechen bei diesem Material Wegen nach unten bzw. oben. Selbstverständlich werden diese Wege auch „im Kopf" gegangen. Für den Aufgabentyp ZE ± ZE mit Zehnerüberschreitung verzichten wir selbst bei Kindern mit Rechenstörungen auf den konkreten Handlungsvollzug am Material. Bei Aufgaben dieser Art sollen die Kinder die Verrechnung der vollen Zehner mit der *Vorstellung* der Hunderter-Tafel, die Zehnerüberschreitung mit der *Vorstellung* des Rechnens am Rechenrahmen vollziehen.

Ein auf den ersten Blick geeigneteres Material scheint das Hunderter-Feld zu sein. Es sieht genau so aus wie der Hunderter-Rechenrahmen und erlaubt – wie die Hunderter-Tafel – Wege nach unten bzw. oben als Handlungskorrelate zur Addition bzw. Subtraktion voller Zehner. Jedoch unterscheidet es sich in einem wesentlichen Punkt vom Hunderter-Rechenrahmen: Es erlaubt keine Handlungen des Verschiebens von Kugeln, sondern nur solche des Antippens von Feldern.

In einer kürzlich publizierten Studie haben Rottmann und Schipper (2002) untersucht, wie Zweitklässler das Hunderter-Feld bei der Lösung von Additions- und Subtraktionsaufgaben im Zahlenraum bis 100 nutzen. Die von der Fachlehrerin als leistungsstark in Mathematik eingestuften Kinder haben die Aufgaben fast ausschließlich im Kopf, ohne Materialverwendung gerechnet; dabei waren sie meistens erfolgreich. Die als leistungsschwach eingestuften Kinder haben dagegen in der überwiegenden Mehrheit der Fälle auf das Material zurückgegriffen und dabei zahlreiche Fehler gemacht. Einige Beispiele dafür werden im Folgenden vorgestellt.

Für ein erfolgreiches Arbeiten mit Material ist es zunächst wichtig, dass die Kinder dessen Struktur verstanden haben. Dass schon diese elementare Voraussetzung für eine erfolgreiche Materialverwendung nicht immer gegeben ist, zeigt das folgende Beispiel.

Eine häufige Fehlerquelle besteht nämlich darin, dass die Kinder eine zweistellige Zahl der Form 10m + n in der m-ten Zeile an n-ter Stelle suchen. In diesem Beispiel soll Bernd die Aufgabe 25 + 9 rechnen. Er sucht die 25 in der zweiten Reihe an fünfter Stelle, markiert also die 15, zählt um 9 Felder weiter und identifiziert das so markierte Feld 24 mit seiner fehlerhaften Zeilen-Strategie als 34. Trotz falscher Zahldarstellung und falscher Zahlauffassung gelangt er also rechnerisch zum richtigen Ergebnis, weil sich beide Fehler auf Grund der gleichen Strategie kompensieren.

Diese Kompensation erfolgt jedoch nicht immer. So gelangt das gleiche Kind bei der Aufgabe 58 + 37 zur falschen Lösung 85, indem es die Zahl 58 mit seiner falschen Zeilen-Strategie auf dem Feld 48 markiert, dann um zunächst 38 Einerschritte (!) weiter zählt, diesen Zählfehler durch einen Schritt rückwärts korrigiert und das so erreichte Feld 85 nun

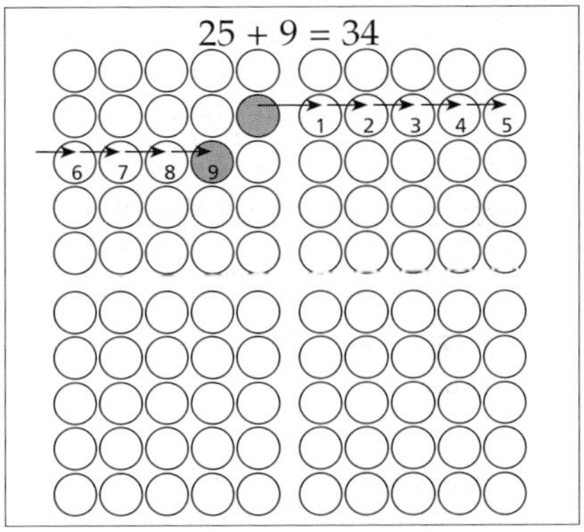

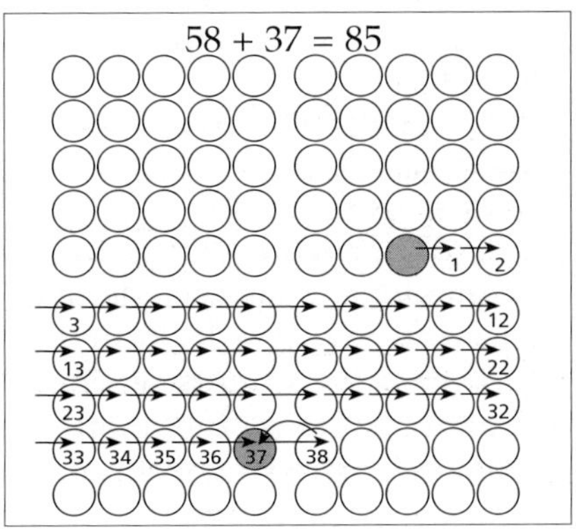

nicht mit seiner fehlerhaften Strategie als 95 („neunte Reihe, fünftes Feld") sondern im Sinne der Zahlauffassung richtig als 85 identifiziert. Die Nähe dieses Feldes 85 zum unteren Rand ist vermutlich die Ursache dafür, dass Bernd dieses Mal nicht auf seine Fehlstrategie zurückgreift und deshalb zu einem rechnerisch falschen Ergebnis kommt.

Nicht wenige Kinder haben Probleme, die kardinale bzw. ordinale Zahldarstellung bzw. -auffassung bei der Verwendung des Materials auseinander zu halten. Sie mischen beide Verwendungsmöglichkeiten und kommen so zu Fehlern. Diese Probleme tauchen insbesondere bei der Subtraktion auf, denn solche Aufgaben können auf zwei verschiedenen Wegen mit Materialhandlungen richtig gelöst werden, durch Mischung beider Verfahren aber die typischen ±1-Fehler erzeugen. Dies sei zunächst am einfachen Beispiel 7 – 3 gezeigt.

Bei der Verwendung des Materials im Sinne einer kardinalen Zahldarstellung steht die Idee des Wegnehmens im Vordergrund. Angetippt und mit den Zahlwörtern eins, zwei, drei belegt werden diejenigen Plättchen, die entfernt werden sollen. Konsequenterweise liefert die Anzahl der übrig gebliebenen Plättchen die Lösung. Dabei ist es unerheblich, ob diese Lösung durch kardinale Zahlauffassung (4 Plättchen bleiben übrig) oder im ordinalen Sinne erfolgt: Die (ordinale) Zahleigenschaft des letzten, nicht entfernten Plättchens liefert die Lösung.

Kardinale Verwendung von Material zur Lösung der Aufgabe 7 – 3 = 4

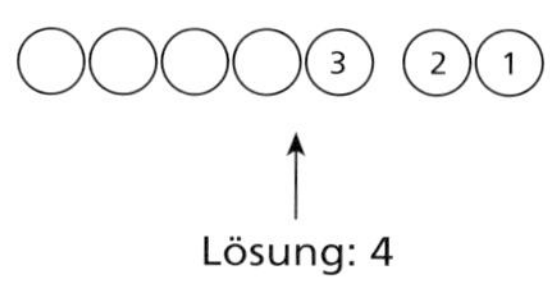

Eine ordinale Deutung des Materials spiegelt sich wider in einem Rückwärtsgehen unter Abzählen der einzelnen Schritte. Obgleich die Kinder auch hierbei Plättchen antippen, werden nicht diese gezählt; vielmehr wird dadurch die Anzahl der Rückwärtsschritte ermittelt. Zunächst wird die Zahl 7 mit dem siebten Plättchen identifiziert, dann erfolgt unter Aussprechen der Zahlwörter eins, zwei, drei der Prozess des Rückwärtsgehens um drei Schritte, wobei fortlaufend die Plättchen Nummer 6, 5, und 4 angetippt werden. Entsprechend liefert die Zahleigenschaft des zuletzt angetippten Plättchens die Lösung der Aufgabe.

Ordinale Verwendung von Material zur Lösung der Aufgabe 7 – 3 = 4

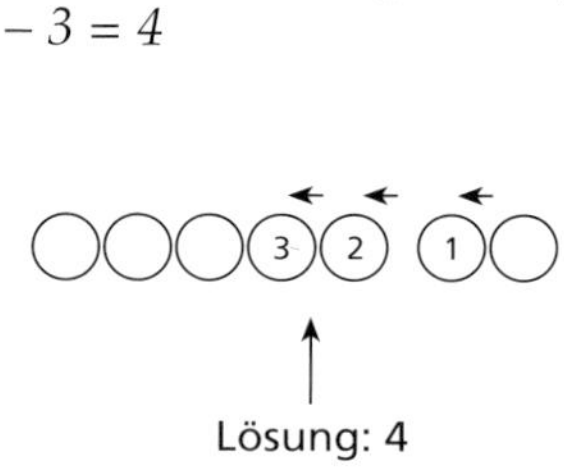

Fehler um +1 oder um –1 bei solchen Subtraktionsaufgaben resultieren daraus, dass beide Vorgehensweisen miteinander gemischt werden. So entsteht der Fehler 7 – 3 = 5 dadurch, dass das Antippen der drei letzten Plättchen und deren Belegung mit den Zahlwörtern eins, zwei, drei kardinal, dann aber die Ermittlung der Lösung im ordinalen Sinne erfolgt: Das mit dem letzten Zahlwort belegte Plättchen repräsentiert anscheinend die Lösung. Ebenfalls durch Mischung beider Vorgehensweisen entsteht der Fehler 7 – 3 = 3. Die Handlungen am Material entsprechen zunächst der ordinalen Verwendung, die Ermittlung des Werts der Differenz erfolgt dann jedoch im kardinalen Sinne: „Der Nächste sagt mir die Lösung."

Solche aus dem ersten Schuljahr bekannten, häufig auch beim Rechnen an den Fingern zu beobachtenden Fehler finden sich auch noch bei Materialhandlungen im zweiten Schuljahr.

Fehler um +11 als Konsequenz der Kombination zweier Fehlerstrategien: 94 – 52 = 53

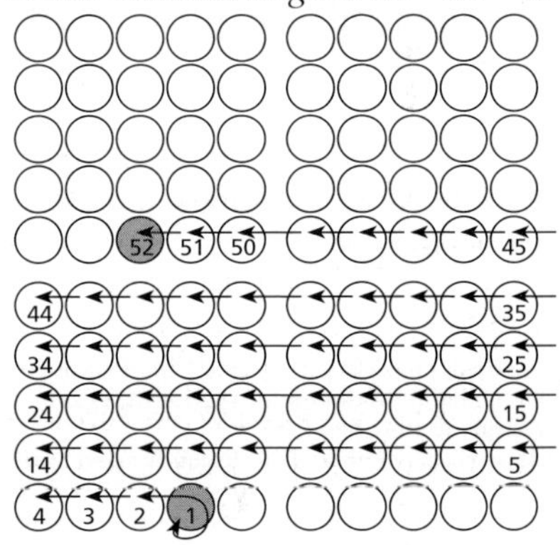

So kommt Anna bei der Aufgabe 94 – 52 zur Lösung 53, indem sie schon das Feld 94 mit dem Zahlwort 1 belegt. Sie beginnt also im Sinne der kardinalen Vorgehensweise diejenigen Felder abzuzählen, die entfernt werden sollen, zieht aber nicht die Konsequenz, dass bei einer solchen Vorgehensweise nicht das zuletzt angetippte Feld die Lösung liefert, sondern die Anzahl der verbliebenen Felder bzw. (im ordinalen Sinne) die Zahleigenschaft erst des nächsten Feldes im Rückwärtszählprozess den Wert der Differenz angibt. Das Unterlassen dieses letzten Schrittes in Verbindung mit ihrer fehlerhaften Zeilen-Strategie bei der Zahlauffassung liefert so ein um +11 abweichendes Ergebnis.

Diese wenigen Beispiele zeigen, wie wichtig es ist, die Materialhandlungen der Kinder im Unterricht genau zu beobachten, weil sie Informationen über die Entstehung der Fehler geben und so gezielte Hilfen möglich machen. Diese Handlungen jedoch interpretieren zu können, setzt voraus, dass bereits ein Verständnis für mögliche Fehlvorstellungen von Kindern vorhanden ist. Dieses Verständnis wiederum wird durch Beobachtung solcher Handlungen gefördert. Aus dieser Zirkularität – Verstehen als Voraussetzung und Folge der Beobachtung – kommt man nur durch gestützte Einübung heraus.

Aus diesem Grunde sollten solche Übungen zur Interpretation kindlicher Materialhandlungen unverzichtbarer Bestandteil der Lehrerausbildung sein. Wenn die Ausbildung künftiger (Grundschul-)Lehrerinnen und Lehrer tatsächlich berufsvorbereitend sein soll, dann gehört die Auseinandersetzung mit gelingenden und misslingenden Lernprozessen von Kindern zum Kernbestand dieser Ausbildung; und Materialhandlungen sind ein bedeutsamer Teil dieses Themas.

In gleicher Weise sollten erfolgreiche und – erst recht – nicht erfolgreiche Materialhandlungen in der Lehrerfortbildung thematisiert werden. Für schulinterne Maßnahmen dieser Art empfehlen wir daher ebenfalls, solche Interpretationen kindlicher Materialhandlungen zu einem Gegenstand der Beratung zu machen. Die o. a. Abbildungen können für erste Übungen verwendet werden, weitere finden Sie im Anhang zu diesem Beitrag. Aufschlussreicher noch als diese Beispiele sind sicher solche aus dem eigenen Unterricht. Nehmen Sie sich die Zeit, sich zu einem einzelnen Kind zu setzen und dessen Handlungen genau zu beobachten. Denn diese zeigen Ihnen nicht nur, wie erfolgreich Ihr Unterricht bei diesem Kind war, sondern offenbaren auch, welche weitere Hilfe das Kind noch benötigt. Wenn Sie besonders mutig sind, zeichnen Sie solche Materialhandlungen „Ihrer" Kinder per Video auf und präsentieren sie Ihrem Kollegium zur Beratung. Das aber wäre sicher schon eine sehr weit entwickelte Form der Behandlung des Themas „Lernen mit Material" im Rahmen der kollegialen Diskussion.

Literatur

Bauersfeld, H./O'Brien, T. (2002): Mathe mit geschlossenen Augen. Mülheim/Ruhr: Verlag an der Ruhr.
Floer, J. (1996): Mathematik-Werkstatt, Lernmaterialien zum Rechnen und Entdecken für Klassen 1 bis 4. Weinheim und Basel: Beltz.
Radatz, H. u. a. (1996): Handbuch für den Mathematikunterricht – 1. Schuljahr. Hannover: Schroedel.
Radatz, H. u. a. (1998): Handbuch für den Mathematikunterricht – 2. Schuljahr. Hannover: Schroedel.
Radatz, H. u. a. (1999): Handbuch für den Mathematikunterricht – 3. Schuljahr. Hannover: Schroedel.
Rottmann, T./Schipper, W. (2002): Das Hunderter-Feld – Hilfe oder Hindernis beim Rechnen im Zahlenraum bis 100? In: Journal für Mathematik-Didaktik, 23, Heft 1, S. 51–74.
Schipper, W./Hülshoff, A. (1984): Wie anschaulich sind Veranschaulichungshilfen? In: Die Grundschule, 16, H.4, S. 54–56.
Steinbring, H. (1994): Frosch, Känguruh und Zehnerübergang. Epistemologische Probleme beim Verstehen von Rechenstrategien im Mathematikunterricht der Grundschule. In: Maier, H./Voigt, J. (Hg.) (1994): Verstehen und Verständigung. Arbeiten zur interpretativen Unterrichtsforschung. Köln: Aulis.
Stern, E. (1992): Warum werden Kapitänsaufgaben »gelöst«? Das Verstehen von Textaufgaben aus psychologischer Sicht. In: Der Mathematikunterricht, 38, Heft 5, S. 7–29.
Stern, E. (1994): Die Erweiterung des mathematischen Verständnisses mit Hilfe von Textaufgaben. In: Die Grundschule, 26, Heft 3, S. 23–25.
Sundermann, B./Selter, Ch. (2000): Quattro Stagioni – Nachdenkliches zum Stationenlernen aus mathematikdidaktischer Perspektive. In: Meier, R. u. a. (Hg.): Üben und Wiederholen, Friedrich Jahresheft 2000, Seelze, S. 110–113.

Frau Dr. Carla Merschmeyer-Brüwer danke ich für kritisch-konstruktive Rückmeldungen zur ersten Manuskriptfassung, Thomas Rottmann für die Abbildungen im Kapitel 5 und im Anhang.

Anhang

Welche Fehlvorstellungen von Kindern zeigen sich in den folgenden Materialhandlungen?

82 – 36 = 57

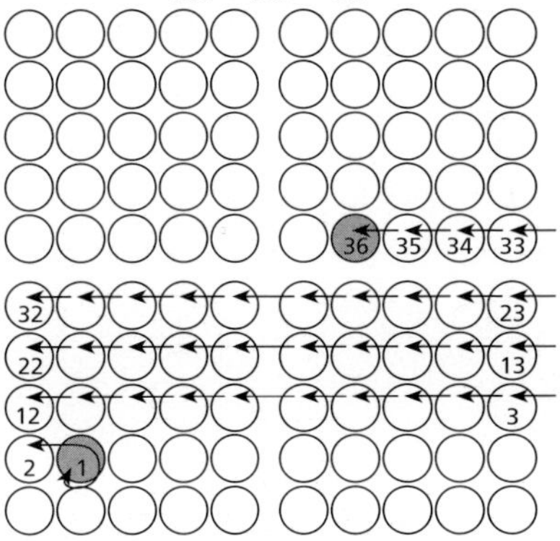

25 + 9 = 61

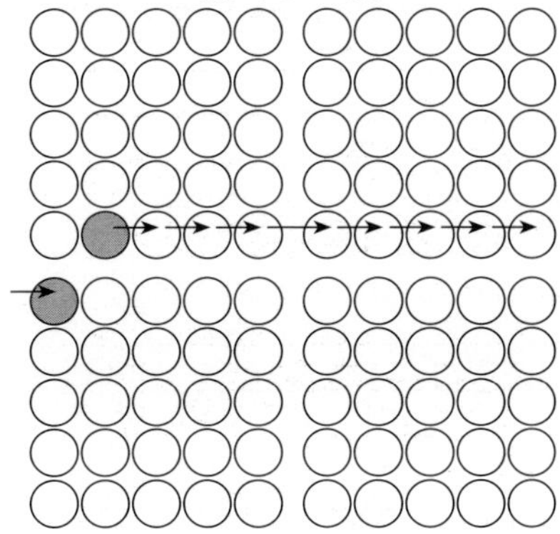

47 – 5 = 69

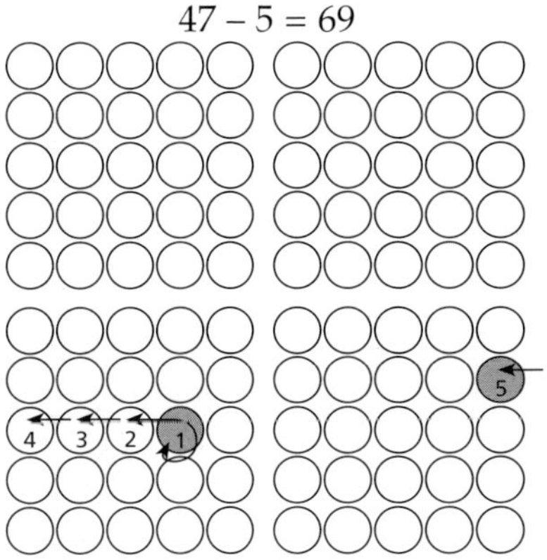

94 – 52 = 79

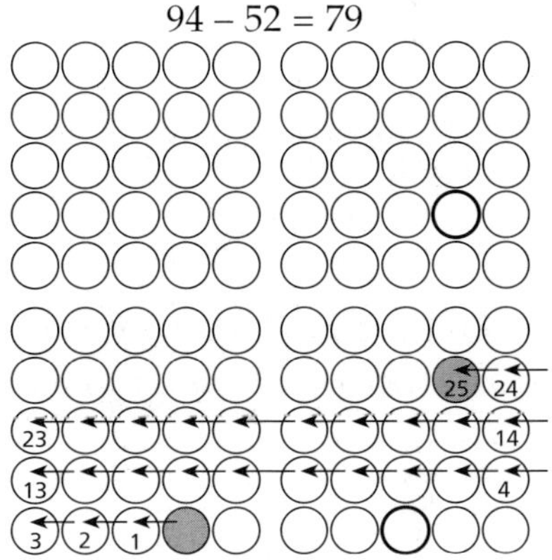

72 + 6 = 77

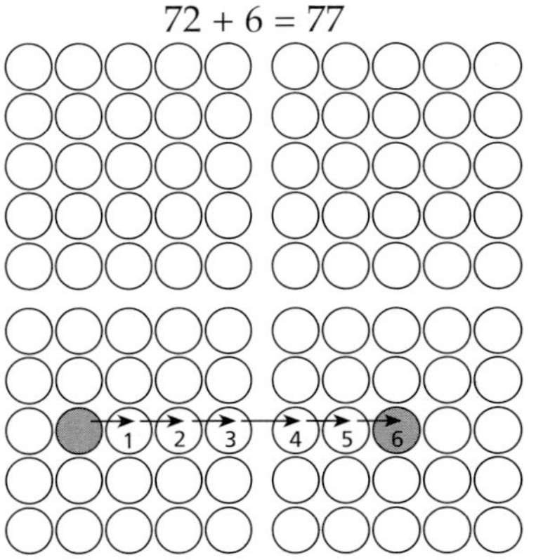

85 – 30 = 28

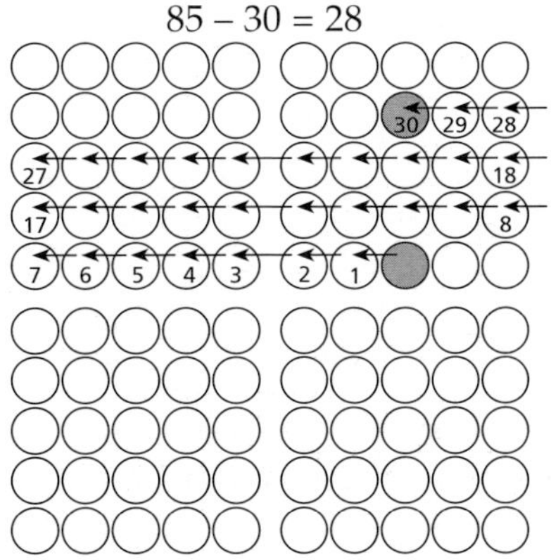

UTE BIRNSTENGEL-HÖFT UND ANNE FELDHAUS

Von der Fortbildung zur Fachberatung? Von der Fachberatung zur Fortbildung?

Rahmen, Anlässe, Erfahrungen

Wie gestalten wir den Anfangsunterricht?
Mit welcher Mathematik? Mit Geometrie?
Welches Schulbuch sollen wir wählen? Nach welchen Kriterien?
Wie können wir Leistungen angemessen bewerten?
Was ist eine gute Aufgabe?
Was machen wir mit rechenschwachen Kindern?
...

Der Rahmen

Um die Unterrichtsentwicklung in Grundschulen zu unterstützen, hat sich das Schulamt für die Stadt Köln – über herkömmliche Fortbildungsangebote hinaus – für *fachbezogene* Beratungsprojekte („Fachberatung") entschieden.

Alle Kollegien können sich in den Lernbereichen Sprache, Mathematik und Sachunterricht durch ausgewählte (externe) fachkundige Personen beraten lassen. Die Besuche erfolgen in der Regel im Zweier-Team. Ziel ist, die fachliche Diskussion in den Kollegien anzuregen, zu begleiten und zu unterstützen.

Fachberaterinnen und Fachberater verfügen ihrerseits über eine eigene Diskursebene. Im zeitlichen Abstand von zwei Monaten treffen sie sich regelmäßig mit Vertreterinnen und Vertretern der Universität (Fachdidaktik), um thematische Schwerpunkte zu bearbeiten und Erfahrungen auszutauschen. Fragestellungen, welche meist aus Beratungswünschen (siehe oben) oder Beratungserfordernissen resultieren, werden auf der Basis aktueller Literatur diskutiert. Im Rahmen von Tagungen werden darüber hinaus Workshops zu speziellen Themen angeboten. Im Regel- oder im Bedarfsfall sprechen Schulleiterinnen und Schulleiter oder Vertreterinnen und Vertreter der Kollegien die Fachberaterinnen und Fachberater an. Sie laden sie mit dem Ziel ein, eine an den Interessen des Kollegiums orientierte fachliche Beratung einzuleiten.

Der innerschulische Informations- und Diskussionsstand ist recht unterschiedlich – ebenso der Anlass, Fachberaterinnen und Fachberater einzuladen. In vielen Kollegien haben sich Auffassungen und Interaktionsstrukturen verfestigt. Der Blick von außen bietet neue Chancen, wenn man sich öffnet.

Anlässe und Beispiele

Ein *ministerieller Erlass* kann z. B. Beratungsbedarf auslösen (Qualitätsentwicklung und Qualitätssicherung durch Parallelarbeiten und Aufgabenbeispiele, NRW 1998). Die missverständliche Bezeichnung „Vergleichsarbeiten" erzeugt vielerorts Unmut und Skepsis. So ist es bei diesem Thema in der Regel zunächst erforderlich, mit den Kollegien eine – oft hitzige – Diskussion zu führen, um die Chancen aufzuzeigen, die sich durch einen intensiven Austausch über Auswahlkriterien und Bewertungsmaßstäbe eröffnen. Erst aus einer solchen Sichtweise heraus ist es möglich, das Besondere an den vorgeschlagenen Aufgabenbeispielen herauszustellen, Standards zu diskutieren und kollegiale Absprachen anzuregen. Der Prozess verläuft unterschiedlich. Bei einem Teil der Kollegien ergeben sich grundsätzliche Fragen zum Mathematiklernen und damit ein fortgesetzter Beratungs- und Fortbildungsbedarf. Andere Kollegien führen die Diskussion über Parallelarbeiten und deren Auswertung eigenständig weiter.

Ein weiteres Beispiel ist die Entwicklung von *Schulprogrammen*.

Nachdem sich Schulprogrammarbeit zunächst mehr auf Fragen der Erziehung und des Schullebens konzentrierte, richtet sich die Aufmerksamkeit der Kollegien nun deutlicher auf Fragen des Unterrichts und konzeptionelle Überlegungen zu einzelnen Fächern bzw. Lernbereichen.

Der Wunsch, Unterricht zu „öffnen", stellt für den Lernbereich Mathematik eine nicht geringe Herausforderung dar – wenn man unter Öffnung nicht nur die äußere Organisationsform versteht. Mathematik als abgeschlossenes, fertiges System zu betrachten, welches ggf. als freundlich verpacktes Fertigprodukt zu vermitteln ist – eine solche Position wird von Lehrerinnen und Lehrern zunehmend in Frage gestellt. Hieraus ergeben sich Fortbildungswünsche nach substanziellen inhaltlichen Anregungen und Aufgabenformaten über das methodische Vorgehen hinaus.

Neben der Arbeit am Schulprogramm lösen, wie eingangs bereits erwähnt, anstehende *Einzelfragen* eine Einladung aus. Der Wunsch nach Veränderung der Schuleingangsphase, die Ermittlung von Kompetenzen bei Schulanfängerinnen und Schulanfängern, Schulbuchdiskussionen oder auch Unzufriedenheit mit der herrschenden Praxis in einzelnen Bereichen des Mathematikunterrichts (Sachrechnen, Leistungsbewertung, Geometrie) und auffällige Schülerinnen oder Schüler zählen zu den Motiven für eine Anfrage. Sie führen schließlich zu Fortbildungsveranstaltungen für das gesamte Kollegium oder zu Beratungsgesprächen mit einzelnen Kolleginnen und Kollegen – bis hin zur Einzelfallhilfe für Schülerinnen oder Schüler.

„Mathematik ist dran" – auch das ist ein Grund für Einladungen. Schulen haben Anspruch auf schulinterne Fortbildungsmaßnahmen und es ist ihr Anliegen, möglichst viele Fächer und Bereiche der Schulpraxis zu berücksichtigen. Aus Fortbildungsveranstaltungen dieser Art ergibt sich jedoch erfahrungsgemäß weniger ein Bedürfnis nach fortgesetzter Beratung und Unterstützung.

Gestaltungsfragen

Um die Präferenzen der einzelnen Schule zu ermitteln, ist (mindestens) ein *Vorgespräch* erforderlich. Als besonders vorteilhaft erweist sich der Erstkontakt, wenn eine Planungsgruppe/Steuergruppe bereits Vorstellungen über die Beratungs- oder Fortbildungswünsche gesammelt hat. Das Gespräch vermittelt einen Eindruck vom Lernumfeld der Schülerinnen und Schüler und liefert Hinweise über die „Lerngeschichte" des Kollegiums, über Aktivitäten, Fortbildungen, Arbeitsgruppen, Arbeitsweisen und Kooperationsformen.

Bisweilen dient ein solches Vorgespräch auch erst der Themenfindung, da Interessen und Bedürfnisse noch unscharf sind oder weil sich ursprüngliche Schwerpunkte im Laufe des Gesprächs verändern. Für viele Kollegien ist es noch neu und ungewöhnlich, dass ihre Wünsche, Vorstellungen und Bedürfnisse im Vordergrund stehen und dass es nicht das Anliegen der Fachberatung ist, vorgefertigte Fortbildungsveranstaltungen durchzuführen. Auch Literatur und benötigte Arbeitsmittel sind Teil der Absprache. Jedes Vorgespräch ist also eine inhaltliche und interaktive Herausforderung für die Fachberaterinnen und Fachberater. So entsteht schließlich der Rahmen für zweistündige, halb- oder ganztägige Veranstaltungen.

Der Informations- und Diskussionsstand zum Thema „Mathematikunterricht" ist, wie bereits erwähnt, zwischen und in den Schulen recht unterschiedlich. Die Voraussetzungen, Einstellungen und Fähigkeiten reichen von Mathematikbegeisterten, die dieses Fach in der Regel studiert und ihre Kenntnisse erweitert bzw. aktualisiert haben, bis hin zu solchen Kolleginnen und Kollegen, die fachlich entweder nicht oder nicht freiwillig ausgebildet wurden, Mathematik noch nie mochten und bereits in ihrer eigenen Schulzeit keinen Zugang fanden.

Für die Durchführung der gemeinsam geplanten Veranstaltungen hat sich folgende Strukturierung bewährt: Am Anfang steht die aktive Auseinandersetzung mit ausgewählten „substanziellen" oder „tragfähigen" Aufgabenstellungen aus Schulbüchern oder aus der fachdidaktischen Literatur. Sie soll den Teilnehmerinnen und Teilnehmern Erfahrungen und Austausch ermöglichen. Die Aufgaben lassen eigene Zugangs- und Lösungswege zu, erfordern kooperative Arbeitsweisen und erlauben Einsichten in Zusammenhänge. Die Analyse von Gütekriterien auf dem Hintergrund der eigenen Unterrichtspraxis ist für die Erörterung förderlich – auch wenn die Diskussion kontrovers verläuft.

Die Suche nach ähnlichen Beispielen für den eigenen Unterricht ist häufig der nächste Schritt. Durchführung und Reflexion bieten den Kollegien die Basis für eine weitere Zusammenarbeit, den Fachberaterinnen und Fachberatern die Chance, die Auswertung in Kleingruppen zu begleiten und zu unterstützen.

Innerhalb solcher Veranstaltungen ergeben sich auch Fragestellungen, die mitunter nur für einige Teilnehmerinnen oder Teilnehmer von Bedeutung sind, z. B. ein Bedarf nach gezielter Unterstützung und Beratung in der konkreten Arbeit mit einzelnen Kindern.

Eine solche Zusammenarbeit führt – für beide Seiten – zu einem wesentlich intensiveren und damit ergiebigen Austausch. Für die Kolleginnen und Kollegen ist es zunächst überraschend, dass ihnen auch diese Form der Beratung zur Verfügung steht.

Versuch einer Bilanz

Erfahrungen zeigen, dass Veranstaltungen mit dem Kollegium eine Möglichkeit der Fortbildung sein können, um die Entwicklung des Mathematikunterrichts in Grundschulen anzuregen und die Kompetenzen von Lehrerinnen und Lehrern zu erweitern. Dabei knüpft „Fachberatung" an konkrete Fragen und Probleme einzelner Lehrerinnen, Lehrer oder Stufenteams an. Diese Fragestellungen können sich aus Fortbildungsveranstaltungen ergeben oder in Vorgesprächen artikuliert werden.

Eine Reflexion der Unterrichtspraxis ist eigentlich nur in kleinen Gruppen erfolgreich. In solchen Kleingruppen können auch Schülerarbeiten analysiert sowie Fördermöglichkeiten erarbeitet und erprobt werden. Daraus ergeben sich wiederum Fortbildungswünsche.

Aus einem solchen Verständnis heraus ergänzen und unterstützen sich „Fortbildung" und „Fachberatung". Aus einem ersten Wunsch nach „Fortbildung" entstehen Beratungsanlässe, und Beratungsprozesse wecken wiederum spezielle Fortbildungswünsche.

Literatur

MSWF (Hg.): Qualitätsentwicklung und Qualitätssicherung – Aufgabenbeispiele Klasse 3: Mathematik. Schriftenreihe Schule in NRW, Nr. 9036/1. Frechen: Ritterbach 2002

BRIGITTE SPINDELER UND HANS WIELPÜTZ

Eine Lehrerinnenbibliothek zum Mathematiklernen

Ich gehe davon aus, dass Lehrer lesen.
Sollte ich mich da täuschen,
so würde ich über die Implikationen
lieber nicht nachdenken.
Neil Postman

Bevor über den Aufbau oder die Erweiterung einer Bibliothek nachgedacht wird, ist zu klären, zu welchem Zweck und von wem die Literatur genutzt werden soll. Die nachstehende Empfehlung ist für *alle* Lehrerinnen und Lehrer des Kollegiums gedacht: für die fachfremd Unterrichtenden, für die Experten, für die Erfahrenen und für die Berufsanfänger – aber auch für die Interessierten, die Mathematik nicht unterrichten.

Schon der Austausch darüber, welche Bücher bereits vorhanden sind und welche warum für eine erweiterte Bibliothek angeschafft werden sollen, kann eine richtungweisende Diskussion auslösen. Bei der hier empfohlenen Literatur handelt es sich *nicht* um ein Angebot für den raschen Griff ins Regal, für eine Stundenvorbereitung am nächsten oder übernächsten Tag. Die Titel wurden nicht für eine oberflächliche Rezeption, sondern unter dem Gesichtspunkt einer nachhaltigen Unterrichtsentwicklung ausgewählt. Sie eröffnen einen neuen Blick auf das Fach, fördern ein verändertes Bewusstsein und können zu einem tief greifenden Wandel der Unterrichtspraxis beitragen. Ziel eines sich so entwickelnden Mathematikunterrichts ist mehr Einsicht und Verständnis und somit ein höheres Maß an mathematischer Grundbildung – bei den Schülern und bei der Lehrerin.

Die Handbücher produktiver Rechenübungen, Band 1 und Band 2, von ***E. Ch. Wittmann*** und ***G. N. Müller*** sind grundlegend für einen innovativen Arithmetikunterricht. Sie liefern ein Konzept für die gesamte Grundschulzeit unabhängig von einem Lehrbuch.

Der erste Band *Vom Einspluseins zum Einmaleins* ist gekennzeichnet durch eine sorgfältige Auswahl der Anschauungs- und Übungsmaterialien, deren sparsame, aber kontinuierliche Verwendung eine strukturierte Zahlauffassung zum Ziel hat.

Die wiederkehrenden Aufgabenformate – Zahlenmauern, Rechendreiecke, Zauberdreiecke u. a. – fördern zum einen eine andere, abwechslungs- und beziehungsreiche Übungspraxis. Andererseits handelt es sich um Fragestellungen, die entdeckendes Lernen und systematische Betrachtungsweisen von Anfang an herausfordern. Die Aufgabenformate ziehen sich wie ein roter Faden durch beide Bände. Sie sind – wie gute Texte im Sprachunterricht – gehaltvoll und bieten Differenzierungsmöglichkeiten aus der Sache heraus.

Schwerpunkt des zweiten Bandes *Vom halbschriftlichen zum schriftlichen Rechnen* ist das halbschriftliche Rechnen. Die ausführliche Behandlung und Erörterung halbschriftlicher Strategien bereitet zwar den Weg zu den schriftlichen Rechenverfahren und wird so zu einem unverzichtbaren Fundament für ein wirkliches Verständnis. Halbschriftliches Rechnen ist jedoch kein Durchgangsstadium, das man rasch hinter sich lässt. Es hat eine eigenständige Bedeutung im Mathematikunterricht der Grundschule. Dieser veränderte „Stellenwert" kommt deutlich zum Ausdruck.

In jedem Schuljahr ist ein Kapitel dem sachstrukturierten Üben gewidmet. Ansprechende Kontexte beziehen sich auf den jeweils erschlossenen Zahlenraum.

Unter der Überschrift *Blitzrechnen* sind für jedes Schuljahr 10 Übungen zusammengestellt, die zunächst themenbegleitend grundgelegt und dann automatisiert werden. Die Auswahl dient als Fundus und Leitfaden für das Kopfrechnen während der gesamten Grundschulzeit.

Als Einstiegsliteratur für den Geometrieunterricht empfiehlt sich die ***Didaktik der Geometrie*** von ***M. Franke***. Auf der Basis theoretischer Annahmen zur Entwicklung des räumlichen Vorstellungsvermögens, geometrischer Begriffsbildung und geometrischer Kompetenzen will das Buch durch konkrete Beispiele zu einem möglichst selbständigen, aktiv-entdeckenden Geometrieunterricht anregen.

Im unterrichtspraktischen Teil werden die Themenbereiche „Räumliche Objekte", „Ebene Figuren", „Symmetrie ebener Figuren", „Messen geometrischer Objekte" und „Zeichnen" behandelt. Die Leserin findet gut zu realisierende, handlungsorientierte Vorschläge, die Raum zum Entdecken bieten und in einen inhaltlichen Zusammenhang gestellt sind.

So bildet eine Mischung aus theoretischer Grundlegung und unterrichtspraktischen Anregungen die Grundlage für einen soliden Geometrieunterricht, der nicht nur sporadisch stattfindet.

Weitere unterrichtspraktische Vorschläge findet die Leserin auch im ***Handbuch für den Geometrieunterricht an Grundschulen*** von ***H. Radatz*** und ***K. Rickmeyer.***

Lehrerinnen und Lehrer sollten eine klare Vorstellung haben, was alles unter der historisch gewachsenen Bezeichnung „Sachrechnen" subsumiert wird. Dieses Ziel verfolgt u. a. die ***Didaktik des Sachrechnens in der Grundschule*** von ***M. Franke.***

Nach einem Rückblick in die Geschichte des Sachrechnens widmet sich die Autorin den möglichen Zielen und Funktionen des Sachrechnens aus heutiger Sicht, der Beschreibung von Aufgabenklassen, dem Lösen von

Sachaufgaben sowie Fragen der Gestaltung des Sachrechenunterrichts. Ein ausführliches Kapitel zur Behandlung von „Größen", zum Ausbilden von Größenvorstellungen sowie zum „Schätzen" beschließt den informativen Band.

Nach wie vor ist das bereits 1985 erschienene Buch ***Sachrechnen in der Grundschule*** von ***H. Winter*** richtungweisend für ein grundschuladäquates Sachrechenkonzept. Im Anschluss an einen Problemaufriss werden die Funktionen des Sachrechnens als *Lernstoff*, als *Lernprinzip* sowie als *Lernziel*, als Beitrag zur Erschließung der Umwelt, näher erläutert.

Die vorgeschlagenen Unterrichtsprojekte sind nach Schuljahren geordnet und bilden eine Sammlung unterschiedlicher Vorhaben. Schon für das erste Schuljahr bietet Winter drei fächerverbindende Projekte an. Er versteht sie als Anregung, regionale und lokale Gegebenheiten auf ergiebige und mathematisch lohnenswerte Situationen hin zu sondieren und zu einem projektorientierten Vorhaben auszubauen. Kategorien wie Authentizität, Zugänglichkeit, Reichhaltigkeit, Praxisnähe sowie Schwierigkeiten bei der Modellbildung bieten zahlreiche Variations- und Differenzierungsmöglichkeiten. Für die praktische Umsetzung ist an einigen Stellen eine Aktualisierung erforderlich (eine Neuauflage ist derzeit in Vorbereitung).

Für eine grundlegende Verständigung über Mathematikunterricht innerhalb des Kollegiums eignet sich die ***Einführung in die Mathematikdidaktik*** von ***G. Krauthausen*** und ***P. Scherer.*** Das Buch ist ursprünglich für Studierende konzipiert, bietet aber aufgrund breit angelegter Informationen genügend Anlässe, um die dort vertretene Philosophie des Mathematiklernens mit Gewinn auch gegen eine eingefahrene Unterrichtsroutine zu erörtern.

Im Zentrum stehen zunächst die Inhaltsbereiche Arithmetik, Geometrie und Sachrechnen. Den Autoren geht es nicht um eine isolierte Behandlung, sondern um eine beziehungsreiche Verknüpfung. Im zweiten Teil werden Grundideen des Mathematiklernens thematisiert. Das dritte Kapitel widmet sich der Organisation von Lernprozessen. Das mit „Spannungsfelder des Mathematikunterrichts" überschriebene letzte Kapitel bietet sich für einen kollegialen Diskurs in besonderer Weise an.

Die *Einführung in die Mathematikdidaktik* ist als Arbeitsbuch konzipiert und kann somit auch als Leitfaden für kollegiumsinterne Lern- und Verständigungsprozesse genutzt werden. Der Facettenreichtum sichert einen guten Überblick. Zahlreiche Literaturverweise lassen ggf. Vertiefungen zu. Gut platzierte Arbeitsaufträge fordern zu einer aktiven Auseinandersetzung auf.

Das Buch ***Mit Kindern rechnen***, für den *Grundschulverband* herausgegeben von ***G. N. Müller*** und ***E. Ch. Wittmann***, wird durch einen Basisartikel zum aktiv-entdeckenden und sozialen Lernen eingeleitet. Es folgen Beiträge u. a. zum Sachrechnen, zur Erhebung arithmetischer Vorkenntnisse, zu Aufgabenformaten, zu Eigenproduktionen im Arithmetikunterricht, zum halbschriftlichen Rechnen auf eigenen Wegen sowie zu einem ganzheitlichen Einstieg in neue Zahlenräume – auch für lernschwache Schüler. Die Beiträge repräsentieren zentrale Themen des Mathematikunterrichts und bieten sich daher für eine exemplarische Erörterung im Kollegium an.

Wie Kinder rechnen von ***Ch. Selter*** und ***H. Spiegel*** befasst sich in beeindruckender Weise mit der Analyse kindlicher Lernwege. Man kann das „eigen-sinnige" Denken und Rechnen der Kinder nur dann anregen und unterstützen, wenn man die mitunter auch verschlungenen Lösungswege versteht, sich zumindest darum bemüht bzw. nachfragt.

Immer wieder unterstreichen die Autoren die überraschende Andersartigkeit kindlicher Denk- und Rechenwege im Vergleich zu konventionellen Vorstellungen. Die Forschungsberichte stimmen nachdenklich. Die Analyse von Arbeitsdokumenten, die im Mathematikunterricht mit Grundschulkindern entstanden sind, gestattet nicht nur Einblick in eine aufschlussreiche Forschungstätigkeit. Sie liefert darüber hinaus praktische Hinweise und Vorschläge, um dem kindlichen Lernen auf die Spur zu kommen. So findet die Leserin am Ende des Buches Empfehlungen zur Durchführung eigener Erkundungsprojekte. Geschieht dies in Kooperation mit anderen Kolleginnen, so wird ein fruchtbarer Lernprozess im Kollegium in Gang gesetzt.

Mit ***Kinder & Mathematik*** wenden sich die gleichen Autoren nicht nur an Lehrerinnen und Lehrer, sondern auch an Eltern, Großeltern und Erzieherinnen. Das Buch ist glänzend geschrieben, der Adressatenbezug („Was Erwachsene wissen sollten") überaus gelungen, die Auswahl der Beispiele ebenso humorvoll wie nachdenklich – insgesamt ein Versuch, so Ranga Yogeshwar in einem Vorwort, die Mathematik den Buchhaltern und Krämern zu entreißen und sie den Kindern wiederzugeben.

Mit Kindern lernen, herausgegeben von ***E. Hengartner***, knüpft an die Intentionen von Selter und Spiegel unmittelbar an. Herausgeber und Autoren wollen ihr Buch als Arbeitsbuch verstanden wissen und verfolgen dabei vier Schwerpunkte: Standortbestimmungen, offene Aufgaben, gezielte Erkundungen und klinische Interviews.

Die Bereitschaft zum Erkunden von Denkwegen, angemessener Spielraum für alternative Lösungsideen und Zutrauen in die Möglichkeiten der Kinder bilden die Voraussetzung für eine so verstandene Kindorientierung. Die Bereitstellung anspruchsvoller, beziehungshaltiger Aufgaben, Beobachten, Zuhören und Analysieren werden damit zu vorrangigen Aufgaben der Lehrerin.

Das Kapitel *Offene Aufgaben* bietet einen reichhaltigen Fundus an substanziellen Fragestellungen. Im Abschnitt *Gezielte Erkundungen* finden sich Beispiele, die schon beim Lesen Lust auf eigene Erprobung machen. *Klinische Interviews* ergänzen und verdeutlichen die didaktische Grundüberzeugung.

Die Integration von Praxisorientierung und Unterrichtsforschung verbindet in intelligenter Weise theoretische und praktische Ansprüche. Ohne fundierte Reflexion ist eine wirklich entwickelte Praxis nicht zu haben.

Das ***Handbuch für den Mathematikunterricht*** von ***H. Radatz, W. Schipper, R. Dröge*** und ***A. Ebeling*** liegt für alle Grundschuljahre vor. Der wiederkehrende Aufbau in den Bänden erleichtert die Orientierung. Den jahrgangsbezogenen Ausführungen zur Arithmetik, zur Geometrie, zum Sachrechnen und zu den Größen werden jeweils allgemeine Themen des Mathematikunterrichts vorangestellt. An das Literaturverzeichnis schließt sich ein Sachwortverzeichnis an. Es erleichtert den Zugriff und die Nutzung der Bände. Am Ende findet die Leserin für jedes Schuljahr Kopiervorlagen. Im Handbuch für das erste Schuljahr werden Gestaltungsfragen des Mathematikunterrichts, die Situation des Schulanfangs sowie Bedeutung und Auswahl von Anschauungsmaterialien erörtert (vgl. auch den Beitrag von Schipper im vorliegenden Band).

Im Band 2 widmen sich die Autoren der Leistungsmessung und der Leistungsbewertung, der Leistungskontrolle und Leistungsbeobachtung, dem Differenzierungsanspruch, dem Einsatz des Taschenrechners sowie dem Verhältnis von Lehren und Lernen.

Der allgemeine Teil von Handbuch 3 greift die Aspekte Fördern und Fordern, Kopfrechnen, differenzierte Mathematikarbeiten, Tafelarbeit und Tafelbild sowie Einsatz des Computers im Mathematikunterricht der Grundschule auf.

Band 4 erörtert Fragen der zukünftigen Entwicklung des Mathematikunterrichts, Funktion, Grundsätze und Alternativen von Hausaufgaben sowie das Problem des Übergangs in weiterführende Schulen. Aufbau und Facettenreichtum machen die Handbücher zu einer wertvollen Hilfe bei der Vorbereitung, Gestaltung und Reflexion des Unterrichts.

Zu den Lernbereichen ***Sprache und Mathematik*** haben ***U. Ruf*** und ***P. Gallin*** ein Lehrmittel besonderer Art herausgegeben. Es trägt den Titel: ***Ich – du – wir. Ich mache das so! Wie machst du es? Das machen wir ab.***

Im Gegensatz zu den bislang vorgestellten Titeln handelt es sich hierbei um ein Buch für Lehrerinnen, Eltern und Kinder. Die Autoren bezeichnen es als „Reisetagebuch“. Lernen wird als Entdeckungsreise verstanden und beschrieben, hier: ins Reich der Wörter und Zahlen.

Im Zentrum stehen Lernaufträge, die sich an Kernideen orientieren. Stets geht es um Offenheit für individuelles und gemeinsames Lernen im Spannungsfeld zwischen Erfindung und Norm: from invention to convention, vom Singulären zum Regulären. Mathematik wird nicht als Fertigprodukt vermittelt. Spuren des individuellen oder gemeinsamen Forschens werden von den Kindern festgehalten und von der Lehrerin mit einem Kommentar versehen („Spuren legen und Spuren lesen“).

Schreiben verrät mehr über die Denkwege, liefert diagnostische Hinweise und bietet Anlässe für einen Dialog zwischen Kind, Stoff und Lehrperson. Beschreiben und Begründen sind Tätigkeiten, die im Mathematikunterricht bisher kaum oder gar nicht entwickelt sind, obwohl der Unterricht häufig von jener Lehrperson verantwortet wird, die auch den Sprachunterricht erteilt.

Das Buch der Schweizer Autoren ist kein Lehrmittel herkömmlicher Art und dennoch auf ungewöhnliche Weise instruktiv und attraktiv („lehrreich"). Deshalb empfehlen wir es als originellen Titel für den Grundstock in einer von uns bevorzugten Lehrerinnenbibliothek.

Eine abschließende Bemerkung, damit keine Missverständnisse entstehen.

Ohne Frage gibt es zahlreiche mathematikdidaktische Veröffentlichungen, die ebenfalls eine Empfehlung oder Würdigung verdient hätten. Dies würde allerdings den hier zur Verfügung stehenden Rahmen überschreiten. Mit Absicht haben wir uns daher beschränkt und verweisen auf die Literaturangaben zu den einzelnen Beiträgen bzw. auf die Besprechungen in den einschlägigen Grundschulzeitschriften.

Literatur:*

Müller, G. N./Wittmann, E. Ch: Handbuch produktiver Rechenübungen Band 1. Vom Einspluseins zum Einmaleins. Stuttgart: Klett 1997

Müller, G. N./Wittmann, E. Ch.: Handbuch produktiver Rechenübungen Band 2. Vom halbschriftlichen zum schriftlichen Rechnen. Stuttgart: Klett 1998.

Franke, M.: Didaktik der Geometrie. Heidelberg, Berlin: Spektrum 2000.

Radatz, H./Rickmeyer, K.: Handbuch für den Geometrieunterricht an Grundschulen. Hannover: Schroedel 1991.

Franke, M.: Didaktik des Sachrechnens in der Grundschule. Heidelberg, Berlin: Spektrum 2003.

Winter, H.: Sachrechnen in der Grundschule. Frankfurt a. M.: Cornelsen 1985.

Krauthausen, G./Scherer, P.: Einführung in die Mathematikdidaktik. Heidelberg, Berlin: Spektrum 2001.

Müller. G. N./Wittmann, E. Ch. (Hg.): Mit Kindern rechnen. Frankfurt a. M.: Arbeitskreis Grundschule – Der Grundschulverband 1995.

Selter, Ch./Spiegel, H.: Wie Kinder rechnen. Leipzig, Stuttgart, Düsseldorf: Klett 1997.

Spiegel, H./Selter, Ch.: Kinder & Mathematik. Was Erwachsene wissen sollten. Seelze-Velber: Kallmeyer 2003.

Hengartner, E. (Hg.): Mit Kindern lernen. Standorte und Denkwege im Mathematikunterricht. Zug: Klett und Balmer 1999.

Radatz, H./ Schipper, W./ Dröge, R./ Ebeling, A.: Handbuch für den Mathematikunterricht 1. Schuljahr. Hannover: Schroedel 1996.

Radatz, H./ Schipper, W./ Dröge, R./ Ebeling, A.: Handbuch für den Mathematikunterricht 2. Schuljahr. Hannover: Schroedel 1998.

Radatz, H./ Schipper, W./ Dröge, R./ Ebeling, A.: Handbuch für den Mathematikunterricht 3. Schuljahr. Hannover: Schroedel 1999.

Schipper, W./ Dröge, R./ Ebeling, A.: Handbuch für den Mathematikunterricht 4. Schuljahr. Hannover: Schroedel 2000.

Ruf, U./Gallin, P.: Sprache und Mathematik. Ich mache das so! Wie machst du es? Das machen wir ab. Zürich: Lehrmittelverlag des Kantons 1995.

* in der Reihenfolge der Besprechung

KATHRIN COTTMANN, REINHARD FORTHAUS, DANIELA KÖRBER, MARTINA RÖHR, SILVIA SZACKNYS-KURHOFER, CHRISTOPH SELTER, HANS WIELPÜTZ

Ein Rahmenentwurf zum Mathematiklernen in der Primarstufe

1 Aufgaben des Faches Mathematik

Der Mathematikunterricht in der Grundschule
- bildet Verständnis, Sicherheit und Flexibilität im Umgang mit Zahlen und mit Rechenoperationen heraus
- entwickelt einen verständigen Umgang mit Formen, Maßen, Lagebeziehungen und mit geometrischen Grundoperationen
- erschließt in der Auseinandersetzung mit authentischen, herausfordernden Aufgaben Aspekte der Lebenswirklichkeit mathematisch
- befähigt zur Lösung mathematikhaltiger Probleme
- fördert positive Einstellungen zum Mathematiklernen.

Die Schülerinnen und Schüler werden kontinuierlich angeregt, durch eigene Aktivität und in Interaktion mit anderen Fähigkeiten und Fertigkeiten, Kenntnisse sowie Einstellungen und Haltungen zu erwerben.

1.1 Fähigkeiten und Fertigkeiten

Der Mathematikunterricht soll die Selbstständigkeit, die mathematische Mündigkeit, die Argumentations-, die Ausdrucks- und die Kooperationsfähigkeit der Kinder fördern. Daher sollen sich die Kinder in zunehmendem Maße folgende **Fähigkeiten** aneignen:
- beim Erfinden und beim Bearbeiten von Aufgaben **kreativ sein**
- Sachsituationen **mathematisieren**
- Zusammenhänge und Auffälligkeiten nachvollziehbar **begründen**
- eigene Überlegungen zu mathematischen Sachverhalten **darstellen**
- mit Mitlernenden **kooperieren**.

Der Mathematikunterricht entwickelt und fördert Vorgehensweisen, die über das Fach hinaus von Bedeutung sind, wie Ordnen, Verallgemeinern, Beispiele angeben, Entsprechungen aufdecken oder Gedanken auf Ähnliches übertragen. Die Schülerinnen und Schüler sollen insbesondere folgende **Fertigkeiten** erwerben:
- die vier Grundrechenarten sicher und flexibel ausführen und anwenden
- über geometrische Grunderfahrungen zu Fläche, Umfang, Symmetrie, geometrischen Objekten (ebene Figuren und Körper) verfügen und geometrische Grundfertigkeiten anwenden
- Sachaufgaben in verschiedenen Darstellungsweisen erschließen und bearbeiten.

1.2 Kenntnisse

Ausbildung und Anwendung mathematischer Fertigkeiten und Fähigkeiten setzen einen stetig wachsenden und schließlich sicheren Bestand an Kenntnissen voraus, insbesondere

- grundlegende Zahl- und Operationsvorstellungen
- die sichere Beherrschung der Grundaufgaben
- Grundkenntnisse über geometrische Formen und Operationen
- sachrechnerisches Grundwissen und realistische Größenvorstellungen.

1.3 Einstellungen und Haltungen

Der Mathematikunterricht unterstützt die Kinder in ihrem individuellen Lernen durch Hilfen und Rückmeldungen. So erfahren sie, dass sie etwas können und dass ihre mathematische Aktivität bedeutungsvoll ist. Ein solcher Unterricht fördert positive Einstellungen zum Mathematiklernen auch über die Grundschulzeit hinaus.
Auf diese Weise entwickeln sich

- Selbstvertrauen in die eigenen mathematischen Kompetenzen
- Interesse und Neugier an mathematikhaltigen Phänomenen
- Motivation, Ausdauer und Konzentration im Prozess des mathematischen Arbeitens
- ein konstruktiver Umgang mit Fehlern und Schwierigkeiten
- Einsicht in den Nutzen des Gelernten für die Bewältigung von mathematikhaltigen Problemen und Lebenssituationen.

2 Lernen und Lehren

2.1 Fachspezifische Lernformen

Der Mathematikunterricht knüpft in allen Schuljahren an die unterschiedlich ausgeprägten Fähigkeiten, Fertigkeiten, Kenntnisse und Einstellungen der Kinder an. Er fördert die weitere Entwicklung zielbewusst durch gehaltvolle und beziehungsreiche Lernangebote.

Mathematikunterricht bewegt sich in einem produktiven Spannungsverhältnis von Erfindung und Norm. Im Mittelpunkt steht nicht die Vermittlung von fertigem Wissen an Unwissende, sondern die Vermittlung zwischen Lernenden und Mathematik. Zentrale Leitideen sind

- das entdeckende Lernen
- das beziehungsreiche Üben
- das individuelle und das gemeinsame Lernen sowie
- der ausgewogene Gebrauch der verschiedenen Darstellungsformen.

Entdeckendes Lernen

Den Aufgaben und Zielen des Mathematikunterrichts, den Erkenntnissen über das menschliche Lernen und den Einsichten über das Wesen der

Mathematik wird in besonderer Weise eine Konzeption gerecht, in der das Mathematiklernen durchgängig als konstruktiver, entdeckender Prozess verstanden wird. Fehler gehören zum Lernen. Sie sind häufig Konstruktionsversuche auf der Basis vernünftiger Überlegungen und liefern wertvolle Einsichten in die Denkweisen der Kinder.

Der Unterricht eröffnet möglichst viele Gelegenheiten zum selbstständigen Lernen. Die Lehrerin hat die Aufgabe, herausfordernde Sinnzusammenhänge anzubieten, ergiebige Aufgabenstellungen und Arbeitsmittel bereitzustellen und Formen der Kommunikation aufzubauen und zu erhalten, die dem Lernen aller Kinder förderlich sind.

Substanzielle Aufgaben haben eine zentrale Bedeutung für guten Unterricht. Sie beinhalten differenzierte Fragestellungen auf unterschiedlichem Niveau, ermöglichen verschiedene Lösungswege und fordern vielfältige Formen des Kreativ-Seins, Mathematisierens, Begründens, Darstellens und Kooperierens.

Beziehungsreiches Üben

Üben muss vorhandenes Verständnis sichern, vernetzen und vertiefen. Es dient der Geläufigkeit und der Beweglichkeit. Deshalb sind Übungen möglichst problemorientiert, operativ oder anwendungsbezogen angelegt. Viele Inhalte erfordern einen hinreichenden Anteil an anschauungsgestützten Übungen.

Automatisierende Übungen dürfen nicht verfrüht erfolgen. Sie bauen auf einer sicheren Verständnisgrundlage auf. Mündliche Rechenübungen finden regelmäßig statt. Sie dienen nicht ausschließlich der Automatisierung. Der Hauptteil des Übens wird im Unterricht geleistet. Hausaufgaben haben ergänzenden Charakter.

Der Mathematikunterricht trägt dazu bei, dass die Kinder in zunehmendem Maße eigenverantwortlich üben. Dazu muss ihnen bekannt sein, was sie in Zukunft wissen und können sollen. Im Mathematikunterricht wird daher über Ziele und Formen des Übens gesprochen. Anzustreben ist insgesamt eine positive Einstellung zum Üben, das auch Anstrengungen erfordert. Lern- und Ergebniskontrolle von Übungsaufgaben und Übungsspielen sollen möglichst mathematischer Natur sein.

Individuelles und gemeinsames Lernen

Damit alle Kinder tragfähige Grundlagen erwerben können, muss der Mathematikunterricht ihren unterschiedlichen Lernvoraussetzungen und Lernmöglichkeiten durch Lernumgebungen gerecht werden, die den Schülerinnen und Schülern eigene Lernwege eröffnen.

Zur Unterrichtsplanung gehört es daher, sich über die inhaltsbezogenen Vorerfahrungen und Interessen der Kinder zu informieren. Ihre mündlichen und schriftlichen Eigenproduktionen helfen, ihr Denken und Handeln zu verstehen. Sie liefern wichtige Hinweise für das Weiterlernen.

Das Lernen auf eigenen Wegen muss durch das Lernen voneinander ergänzt werden. In der Auseinandersetzung mit anderen lernen die Kinder

- andere Lösungswege kennen
- die eigene Sichtweise zu artikulieren
- sachbezogene Rückmeldungen zu geben und zu nutzen
- über verschiedene Herangehensweisen nachzudenken und sie zu bewerten.

Der Austausch über individuelle Vorgehensweisen in Gruppen und im Klassenverband dient der Verständigung und ist ein Ort der Gesprächserziehung.

Darstellungsformen

Mathematische Begriffe und Operationen können in verschiedenen Darstellungsformen repräsentiert werden, durch Handlungen an Material, durch Bilder, Sprache und mathematische Symbole.

Materialgebundene und bildliche Darstellungen stellen einerseits eine wichtige Lernhilfe, andererseits aber auch Lernstoff mit eigenen Anforderungen für die Kinder dar. Bedeutungen und Formen des Gebrauchs müssen von den Kindern erst verstanden werden. Der Unterricht sollte vor allem solche materialgebundenen und bildlichen Darstellungen nutzen, die sich über die Grundschule hinaus als fortsetzbar erweisen.

Diese sind für eine solide Begriffsbildung unverzichtbar, da sie die Schülerinnen und Schüler zum Aufbau innerer Bilder anregen. Der Lernerfolg hängt wesentlich von der Qualität der eingesetzten Aufgabenstellungen ab. Handeln ohne konzeptionelle Rahmung bleibt folgenlos.

Die Beziehungen zwischen verschiedenen Darstellungsformen müssen insbesondere im Zahlenraum bis 100 immer wieder hergestellt werden, damit Begriffe und Operationen im Denken der Kinder nicht ausschließlich durch Zahl- und Rechenzeichen, sondern auch durch dynamische Vorstellungen repräsentiert werden.

Die Kommunikation im Unterricht vollzieht sich in der Umgangssprache. In ihr werden auch die meisten mathematischen Lerninhalte ausgedrückt. Die bewusste und stetige Schulung auch der fachgebundenen Sprache fördert das Verstehen mathematischer Sachverhalte und die wechselseitige Verständigung. Der Grad der Präzisierung hängt von der jeweiligen Lernsituation ab.

Ein Unterricht, der die Kinder zum Gehen eigener Wege anregt, muss diese auch in zunehmendem Maße zur Lesbarkeit und Übersichtlichkeit bei der Bearbeitung von Aufgaben anhalten. So wird ihnen selbst das Darstellen und anderen das Verstehen ihrer Gedankengänge erleichtert.

2.2. Prinzipien der Unterrichtsgestaltung

Anwendungs- und Strukturorientierung sind zentrale und eng miteinander verknüpfte Unterrichtsprinzipien. Sie verdeutlichen die Beziehungshaltigkeit der Mathematik und zeigen auf, wie diese für vernetzendes Lernen genutzt werden kann.

Anwendungsorientierter Unterricht verbindet mathematische Begriffe und Operationen mit echten oder simulierten, für die Kinder bedeutsamen Situationen. Anwendungsorientierung meint einerseits, dass mathematische Vorerfahrungen in lebensweltlichen Situationen aufgegriffen und weiter entwickelt werden. Andererseits werden Einsichten über die Realität mit Hilfe mathematischer Methoden neu gewonnen, erweitert oder vertieft.

Das Prinzip der **Strukturorientierung** unterstreicht, dass mathematische Aktivität häufig im Finden, Beschreiben und Begründen von Mustern besteht. Dazu müssen die Gesetze und Beziehungen aufgedeckt werden, die Phänomene aus der Welt der Zahlen, der Formen und der Größen strukturieren. So werden auch Vorgehensweisen wie Ordnen, Verallgemeinern, Spezifizieren oder Übertragen entwickelt und geschult.

Für die Auswahl der Inhalte, der Aufgaben und der Materialien ist eine Konzentration auf Grundideen der Arithmetik, der Geometrie und des Sachrechnens erforderlich. Diese werden, dem Spiralprinzip folgend, vom 1. Schuljahr an kontinuierlich aufgegriffen, in neue Zusammenhänge gestellt und stetig weiterentwickelt.

In angemessenem Schwierigkeitsgrad können Fragestellungen aus anderen mathematischen Teilgebieten wie Algebra, Kombinatorik, Wahrscheinlichkeits- oder Bruchrechnung thematisiert werden. Mathematik ist auch Schule des Denkens. Daher sollen Denkaufgaben und Denkspiele den Unterricht bereichern.

2.3 Medien

Im Mathematikunterricht lernen die Schülerinnen und Schüler Möglichkeiten kennen, die die elektronischen Medien für die Verarbeitung und Präsentation von Informationen und für eine Gestaltung eigener Produkte bieten (Textverarbeitung, Tabellenkalkulations- oder Zeichenprogramme).

Informationsplattformen und Software für Grundschülerinnen und Grundschüler müssen allerdings die didaktischen Leitvorstellungen eines entdeckenden Mathematikunterrichts beachten. Unter dieser Voraussetzung übernehmen sie in einem individualisierenden Unterricht mit offenen Lernformen eine sinnvolle Aufgabe.

Taschenrechner gehören zum Alltag. Sie ergänzen das mündliche, halbschriftliche und schriftliche Rechnen und unterstützen Prozesse des Entdeckens mit hohem numerischen Aufwand oder die Kontrolle von Rechnungen. Der verständige Gebrauch setzt sichere Kopfrechenfertigkeiten voraus und trägt dazu bei, diese weiterzuentwickeln.

2.4 Beitrag zum fächerübergreifenden Lernen

Über das fachliche Lernen hinaus ist der Unterricht in der Grundschule fächerübergreifend ausgerichtet. Mathematikunterricht hat auch eine umwelterschließende Aufgabe. Sie gilt für alle Inhaltsbereiche, vor allem aber für das Sachrechnen und seine Beziehungen zum Sachunterricht.

Ein Mathematikunterricht, der dem mündlichen und schriftlichen Beschreiben und Begründen nachhaltige Aufmerksamkeit widmet, erfüllt ein wichtiges Anliegen der Fächer Deutsch und Mathematik. Jenseits von Nützlichkeit (Anwendungsorientierung) und Regelhaftigkeit (Strukturorientierung) müssen auch spielerische und ästhetische Aspekte zum Ausdruck kommen.

3 Bereiche des Faches

Arithmetik, Geometrie und Sachrechnen sind die zentralen Bereiche des Faches. Sie werden durch verbindliche Aufgabenschwerpunkte und Unterrichtsgegenstände konkretisiert. Die Aufteilung nach Jahrgangsstufen 1/2 und 3/4 dient als Planungsrahmen. Er beschreibt, wie sich der Unterricht im Laufe der Schuljahre entwickelt. Die Darstellung gibt keine Reihenfolge der Behandlung vor.

Die konkreten Unterrichtsvorhaben müssen Bereiche, Aufgabenschwerpunkte und Unterrichtsgegenstände, wo immer sinnvoll, miteinander verbinden. Die Grenzen zwischen Arithmetik, Geometrie und Sachrechnen sind fließend.

3.1 Arithmetik

Die zentrale Zielsetzung im Bereich Arithmetik besteht in der Ausbildung von Verständnis, Sicherheit und Flexibilität im Umgang mit Zahlen und mit Rechenoperationen. Die Zahlenräume (20, 100, 1 000, 1 000 000) stellen keine Beschränkung, sondern einen Orientierungsrahmen für die einzelnen Klassenstufen dar.

Im Verlauf der Grundschulzeit sollen die Kinder tragfähige und vielfältige Vorstellungen von Zahlen gewinnen, insbesondere von

- ihrer Repräsentation in verschiedenen Darstellungsformen
- ihren Beziehungen zu anderen Zahlen (Vorgänger – Nachfolger, das Doppelte – die Hälfte, …)
- ihrem Aspektreichtum (Anzahl, Ordnungszahl, Codierungszahl, Rechenzahl, …)
- ihren Eigenschaften (gerade – ungerade, Quadratzahl, Primzahl, …) und
- ihrer Verwendung in der Lebenswelt.

Auf der Grundlage sicherer Operationsvorstellungen sollen die Kinder die vier Grundrechenarten sicher ausführen und flexibel anwenden können. Die Basis allen Rechnens bilden unmittelbar abrufbare Kenntnisse (wie die Aufgaben des Einspluseins) und schnell ausführbare Fertigkeiten (wie Ergänzen zur nächsten Stufenzahl), die auf anschauungsgestützten Vorstellungen von Zahlen und Rechenoperationen aufbauen (schnelles Rechnen).

Auf dieser Grundlage werden verschiedene Strategien des mündlichen und halbschriftlichen Rechnens sowie deren Zwischenformen ausführlich behandelt (Zahlenrechnen). Sie sind als eigenständige und sowohl für die Erfordernisse der Lebenswelt als auch für den weiterführenden Mathematikunterricht zentrale Rechenmethoden anzusehen. Das Durcharbeiten von Zusammenhängen (z. B. Aufgabe und Tauschaufgabe) sowie das Ausnutzen von Rechengesetzen (z. B. beim schrittweisen Rechnen) fördern die Weiterentwicklung der Kompetenzen im Zahlenrechnen.

Die schriftlichen Rechenverfahren (Ziffernrechnen) und ihre Vorformen werden soweit wie möglich zu den mündlichen und halbschriftlichen Vorgehensweisen in Beziehung gesetzt. Dies trägt zum Verständnis der Verfahren bei. Am Ende der Grundschulzeit sollen alle Kinder die schriftliche Addition mit mehreren Summanden, die schriftliche Subtraktion mit einem Subtrahenden sowie die schriftliche Multiplikation mit mehrstelligen Multiplikatoren verstehen, sicher beherrschen und anwenden können. Die Vorgehensweise bei der schriftlichen Subtraktion wird frei gestellt. Das Verfahren der schriftlichen Division durch einstellige und wichtige zweistellige Divisoren (z. B. 10, 12, 20, 25, 50) soll verstanden werden. Bei der Division wird generell die Restschreibweise verwendet.

Besondere Bedeutung kommt dem überschlagenden Rechnen zu, einer im Alltag häufig benötigten Kompetenz. Ausgewählte Aufgaben fördern die Einsicht, dass das Ermitteln genauer Ergebnisse in manchen Problemsituationen nicht nötig, nicht möglich oder nicht sinnvoll ist.

Darüber hinaus lernen die Schülerinnen und Schüler, Rechenanforderungen mit dem hinreichenden Maß an Flexibilität zu bewältigen. Sie sollen für sich begründet entscheiden können, ob sie das schriftliche Normalverfahren, eine geeignete Strategie des Zahlenrechnens oder in Einzelfällen auch den Taschenrechner zur Aufgabenlösung heranziehen.

Aufgabenschwerpunkte	**Unterrichtsgegenstände in den Klassen 1 und 2**	**Unterrichtsgegenstände in den Klassen 3 und 4**
Zahlvorstellungen	• sich im Zahlenraum bis 20 (bis 100) orientieren; dabei das Prinzip der Bündelung und der Stellenwertschreibweise verstehen • die Zahlen bis 20 (bis 100) unter verschiedenen Gesichts-	• sich im Zahlenraum bis 1 000 (bis 1 000 000) orientieren; dabei das Prinzip der Bündelung und der Stellenwertschreibweise vertiefen • die Zahlen bis 1 000 (bis 1 000 000) unter verschiedenen

	punkten darstellen und zueinander in Beziehung setzen, bündeln und zerlegen, Zahleigenschaften aufdecken	Gesichtspunkten darstellen und zueinander in Beziehung setzen, bündeln und zerlegen, Zahleigenschaften aufdecken
Operationsvorstellungen	• Grundvorstellungen der Addition und der Subtraktion (für das Abziehen und das Ergänzen) entwickeln und ausbauen • Grundvorstellungen der Multiplikation und der Division (für das Aufteilen und das Verteilen) entwickeln • die Grundrechenarten miteinander verbinden, dabei Zahlbeziehungen (z. B. das Doppelte – die Hälfte) und Operationseigenschaften aufdecken	• Grundvorstellungen der vier Rechenarten ausbauen • die Grundrechenarten miteinander verbinden, dabei Zahlbeziehungen (z. B. Teilbarkeit) und Operationseigenschaften aufdecken • Fachbegriffe wie addieren, subtrahieren, multiplizieren und dividieren kennen und nutzen lernen
Schnelles Rechnen	*auf anschaulicher und beziehungsreicher Grundlage* • zunächst die Kernaufgaben, später sämtliche Zahlensätze des kleinen Einspluseins automatisieren und deren Umkehrungen bis zur Geläufigkeit üben • Zahlensätze des kleinen Einmaleins automatisieren oder unter Ausnutzung von Beziehungen (Kernaufgaben) ableiten • Fertigkeiten im schnellen Rechnen zunächst im Zahlenraum bis 20, dann bis 100 ausbauen (strukturierte Anzahlerfassung, strukturiertes Zählen, verdoppeln und halbieren, zerlegen und zusammensetzen, auf Stufenzahlen ergänzen, ...)	*auf anschaulicher und beziehungsreicher Grundlage* • sämtliche Zahlensätze des kleinen Einmaleins automatisieren und deren Umkehrungen sicher ableiten • Fertigkeiten im schnellen Rechnen zunächst im Zahlenraum bis 1000, dann bis 1000000 ausbauen (strukturiertes Zählen, auf Stufenzahlen ergänzen, verdoppeln und halbieren, zerlegen und zusammensetzen, Multiplikation mit Stufenzahlen ...)

Zahlenrechnen	• Zahlen im Zahlenraum bis 20 mündlich und im Zahlenraum bis 100 mündlich und halbschriftlich addieren und subtrahieren • unterschiedliche Rechenwege entwickeln und beschreiben, dabei Zahlbeziehungen und Rechengesetze für vorteilhaftes Rechnen ausnutzen	• mit Zahlen des Tausenderraums (des Millionenraums) mündlich und halbschriftlich rechnen • unterschiedliche Rechenwege entwickeln und beschreiben, dabei Zahlbeziehungen und Rechengesetze für vorteilhaftes Rechnen ausnutzen
Ziffernrechnen		• die schriftlichen Verfahren der Addition, der Subtraktion und der Multiplikation verstehen, sicher ausführen und situationsangemessen anwenden; das Verfahren der schriftlichen Division verstehen
Überschlagendes Rechnen	• Ergebnisse überschlagen und auf problemangemessene Plausibilität prüfen	• überschlagendes Rechnen vertiefen, dabei das Runden mit sinnvoller Genauigkeit üben und Ergebnisse auf problemangemessene Plausibilität prüfen
Flexibles Rechnen	• aufgabenbezogen und abhängig von den eigenen Präferenzen eine bestimmte Strategie des Zahlenrechnens auswählen (z. B. schrittweise, stellenweise, Hilfsaufgabe)	• aufgabenbezogen und abhängig von den eigenen Präferenzen eine bestimmte Strategie des Zahlenrechnens auswählen • begründet entscheiden, ob eine Strategie des Zahlenrechnens, das schriftliche Normalverfahren oder der Taschenrechner zum Einsatz kommt • den Taschenrechner als Werkzeug zum Rechnen und zum Entdecken von Gesetzmäßigkeiten kennen lernen, in geeigneten Situationen verwenden und über dessen sinnvollen Einsatz nachdenken.

3.2 Geometrie

Der Geometrieunterricht entwickelt einen verständigen Umgang mit Formen, Maßen, Lagebeziehungen und mit geometrischen Grundoperationen.

Die Wahrnehmungsfähigkeit und das räumliche Vorstellungsvermögen sind dynamisch zu verstehen. Sie werden gezielt geschult. Geometrische Operationen erfolgen zunehmend im Kopf (Kopfgeometrie).

Konstruktive Elemente (wie Bauen oder Legen) sorgen durchgehend für ein operatives Fundament: Handlungen werden real oder in der Vorstellung ausgeführt und analysiert. Die Eigenschaften von geometrischen Objekten (ebene Figuren und Körper) und die Wirkungen von geometrischen Operationen (Zerlegen und Zusammensetzen, Verkleinern und Vergrößern, Spiegeln, Drehen, ...) werden auf diese Weise zunehmend besser erfasst. Es ist ein besonderes Anliegen, die zeichnerischen Fertigkeiten der Schülerinnen und Schüler auszubauen.

Die Zusammenhänge zwischen Geometrie und Umwelt werden untersucht und systematisiert. Der Geometrieunterricht trägt so zur Orientierung in der Lebenswirklichkeit bei. Grunderfahrungen zu geometrischen Grundbegriffen wie Symmetrie oder Flächeninhalt und Umfang werden angebahnt.

Aufgabenschwerpunkte	**Unterrichtsgegenstände in den Klassen 1 und 2**	**Unterrichtsgegenstände in den Klassen 3 und 4**
Raum	• Raumerfahrung und Raumvorstellung gewinnen und ausbauen, dabei Lagebeziehungen (rechts – links etc.) und Formeigenschaften (rund – eckig etc.) kennen lernen und benennen; Wege untersuchen • die visuelle Wahrnehmungsfähigkeit und das räumliche Vorstellungsvermögen schulen	• räumliche Beziehungen erkennen, beschreiben und anwenden (mit Plänen umgehen, Wege beschreiben und skizzieren, Ansichten koordinieren, Himmelsrichtungen kennen lernen) • die visuelle Wahrnehmungsfähigkeit und das räumliche Vorstellungsvermögen erweitern
Ebene Figuren	• Grundformen (Rechteck, Quadrat, Dreieck, Kreis) in der Umwelt entdecken, benennen, herstellen (legen, bauen), untersuchen, beschreiben, vergleichen	• ebene Figuren legen und auslegen, umstrukturieren und zeichnen, dabei Grundvorstellungen zu Flächeninhalt (Einheitsquadrate) und Umfang entwickeln

	• ebene Figuren und einfache Muster legen, zerlegen, zusammensetzen, fortsetzen, beschreiben	• Eigenschaften von Parkettierungen (in der Umwelt) entdecken, beschreiben, untersuchen und nutzen • Erfahrungen zu Ähnlichkeit und Maßstab sammeln (Vergrößern und Verkleinern)
Körper	• Körper (Würfel, Quader, Kugel) in der Umwelt entdecken, benennen und herstellen	• Körper (auch Pyramide und Zylinder) in der Umwelt entdecken, benennen, herstellen, untersuchen, beschreiben, vergleichen; Netze (insbesondere von Würfel und Quader) untersuchen
Symmetrie	• Erfahrungen zur Achsensymmetrie sammeln (Spiegelachsen finden, symmetrische Figuren erzeugen)	• Eigenschaften der Achsen- und der Drehsymmetrie (in der Umwelt) entdecken, beschreiben, untersuchen und nutzen
Zeichnen	• Strecken, Figuren und Muster zeichnen, dabei auch Hilfsmittel nutzen (Lineal, Schablone, Gitterpapier), Strecken messen	• Fähigkeiten im Freihandzeichnen und im Umgang mit Zeichenhilfsmitteln ausbauen (Lineal, Geodreieck, Zirkel, Gitterpapier und Punktraster); zueinander senkrechte bzw. parallele Linien untersuchen und zeichnen; Strecken messen

3.3 Sachrechnen

Zentrales Anliegen eines sachbezogenen Mathematikunterrichts ist die Erschließung der Lebenswirklichkeit. Das erfordert eine kontinuierliche Auseinandersetzung mit authentischen, herausfordernden Aufgaben.

Sowohl reale als auch simulierte Situationen (angeregt etwa durch einen Sachtext) können für Kinder bedeutsam sein. Projektorientierte und fächerübergreifende Vorgehensweisen eignen sich dann, wenn das Thema mathematisch substanzielle Aufgaben enthält.

Die Kinder lernen, Daten zu erheben, selbst in Tabellen oder Diagrammen darzustellen und zu bewerten. Aufgaben, bei denen die Wahrscheinlichkeit einfacher Ereignisse qualitativ einzuschätzen ist, bereichern das Sachrechnen.

Darüber hinaus bearbeiten die Schülerinnen und Schüler realitätsnahe Sachaufgaben in Form von Rechengeschichten, Bildgeschichten, Tabellen und Diagrammen. Die Aufgabenstellungen können vorgegeben oder selbst gewählt sein. Sachaufgaben ermöglichen auch unterschiedliche und weiterführende Fragestellungen sowie individuelle Lösungswege.

In den Größenbereichen Länge, Geld, Zeit, Gewicht und Rauminhalt entwickelt und festigt der Unterricht realistische Größenvorstellungen und sachrechnerische Kompetenzen. Ein Grundbestand an Kenntnissen und Fertigkeiten wird durch regelmäßige Übungen im Kopfsachrechnen gesichert. Dem überschlagenden Rechnen in Alltagskontexten kommt besondere Bedeutung zu.

Aufgabenschwerpunkte	**Unterrichtsgegenstände in den Klassen 1 und 2**	**Unterrichtsgegenstände in den Klassen 3 und 4**
Sachzusammenhänge	• Spiel- und Sachsituationen mathematisch erfassen, nachspielen und beschreiben • fächerübergreifende Problemkontexte bearbeiten: Mathematik als Mittel zur Beschreibung und zur Lösung von Sachproblemen erfahren	• Fragestellungen aus gegebenen oder selbst gewählten Spiel- und Sachsituationen ableiten sowie Ergebnisse innerhalb des Sachzusammenhangs mathematisch interpretieren • projektorientierte Problemkontexte bearbeiten: Unterricht inhaltlich und methodisch mitplanen, Mathematik als Mittel zur Beschreibung und zur Lösung von Sachproblemen systematisch einsetzen, Ergebnisse sachangemessen reflektieren
Daten und Häufigkeiten	• Mengen von Dingen aus der Lebenswirklichkeit beschreibend vergleichen, ordnen und sortieren, einfache Tabellen bzw. Diagramme lesen und erstellen	• Daten (auch stichprobenhaft) aus der Lebenswirklichkeit sammeln, den Medien oder didaktisch aufbereiteten Texten (z. B. Sachtexten) entnehmen, Tabellen und Diagramme interpretieren und erstellen, die Wahrscheinlichkeit von einfachen Ereignissen qualitativ einschätzen

Sachaufgaben	• Sachaufgaben als Rechengeschichten oder Bildsachaufgaben stellen, bearbeiten und lösen, aufgabenbezogene Bearbeitungshilfen (wie z. B. Skizzen) kennen lernen und Ergebnisse auf ihre Problemangemessenheit prüfen	• Sachaufgaben, auch mit mehreren Rechenschritten, in verschiedenen Darstellungsweisen (z. B. in Form von Sach- oder Gebrauchstexten) stellen, bearbeiten, lösen und Ergebnisse auf ihre Problemangemessenheit prüfen
Größenvorstellungen	• Grundvorstellungen zu Geldwerten, Zeitspannen und Längen entwickeln und ausbauen • realistische Bezugsgrößen kennen und nutzen lernen (Preise, Zeitspannen, Längen)	• Grundvorstellungen zu Gewichten und Rauminhalten entwickeln und ausbauen; Grundvorstellungen zu Geldwerten, Zeitspannen und Längen auf den erweiterten Zahlenraum übertragen • zu jedem Größenbereich wichtige realistische Bezugsgrößen aus der Erfahrungswelt kennen und nutzen lernen
Umgang mit Größen	• mit Münzen und Banknoten umgehen (Geldbeträge darstellen, ordnen, wechseln, bezahlen, zurückgeben) • Erfahrungen mit der Zeit, mit der Uhr und mit dem Kalender sammeln (messen, schätzen, vergleichen) • Längen mit standardisierten und mit selbstgewählten Einheiten messen und schätzen • Grundeinheiten dieser Größenbereiche kennen lernen (ct, €; cm, m; Sekunde, Minute, Stunde, Tag, Woche, Monat)	• Kompetenzen im Umgang mit Geldwerten, Längen und Zeit (auch Zeitpunkte und Zeitspannen) im erweiterten Zahlraum anwenden • mit Messgeräten oder passenden Hilfsmitteln messen sowie unter Zuhilfenahme von Bezugsgrößen schätzen und passende Einheiten wählen • die Grundeinheiten der fünf Größenbereiche kennen lernen und zwischen ihnen umwandeln (ct, €; mm, cm, m, km; s, min, h, Tag, Monat, Woche, Jahr; g, kg, t; ml, l) • die Kommaschreibweise bei Geldwerten, Längen, Gewichten und Rauminhalten situationsangemessen verwenden • mit einfachen Brüchen bei Größen umgehen

4 Verbindliche Anforderungen

4.1 Standards nach Klasse 2

Im Verlauf der ersten beiden Schuljahre müssen die Kinder die Grundlagen erwerben können, die ihnen ein erfolgreiches Weiterlernen in den Klassen 3 und 4 ermöglichen. Sie werden im Folgenden als Standards formuliert.

Die Aufzählung ist nicht hierarchisch zu verstehen. Fähigkeiten, Fertigkeiten, Kenntnisse und Einstellungen werden in Wechselwirkung erworben. Sie sind für das Gelingen von Lernprozessen gleichermaßen von Bedeutung.

Fähigkeiten	• kreativ sein: Aufgaben selbst erfinden • mathematisieren: lebensweltlichen Situationen relevante Informationen entnehmen • begründen: einfache Beziehungen und Gesetzmäßigkeiten erklären • darstellen: eigene Überlegungen mitteilen • kooperieren: anderen Vorgehensweisen nachspüren
Fertigkeiten	• im Zahlenraum bis 100 addieren und subtrahieren • die Größenordnung von Ergebnissen näherungsweise bestimmen • verschiedene Rechenwege bei Additions- und Subtraktionsaufgaben nutzen • zu den Kernaufgaben des kleinen Einmaleins die Ergebnisse weiterer Mal- und Geteiltaufgaben ableiten oder auf anderen Wegen errechnen • sich unter Ausnutzung von Lagebeziehungen im Raum orientieren • geometrische Grundfertigkeiten (legen, bauen, zeichnen) ausführen • einfache Sachaufgaben lösen • Tabellen und Diagrammen Daten entnehmen • über Grundfertigkeiten beim Erheben von Daten verfügen (Messen von Längen, Darstellen von Geldbeträgen, Ablesen von Uhrzeiten)
Kenntnisse	• Grundvorstellungen im Zahlenraum bis 100 besitzen • über Grundvorstellungen der Addition und der Subtraktion, der Multiplikation und der Division verfügen • die Aufgaben des kleinen Einspluseins automatisiert und deren Umkehrungen sicher verfügbar haben • die Kernaufgaben des kleinen Einmaleins automatisiert haben • elementare Lagebeziehungen kennen • zentrale ebene Figuren und Körper und deren wichtigste Eigenschaften kennen • Grundwissen und basale Größenvorstellungen in den Bereichen Geld, Längen und Zeit besitzen

Mit Blick auf die Standards am Ende von Klasse 4 entwickelt und stärkt der Unterricht der ersten beiden Schuljahre bei jedem Kind eine individuell möglichst positive **Einstellung** zum Mathematiklernen. So sollen die Schülerinnen und Schüler erfahren, dass

- sie mathematische Kompetenzen besitzen
- Fehler zum Lernen gehören und
- die Auseinandersetzung mit Aufgaben auch lohnt, wenn der Lösungsweg nicht auf Anhieb ersichtlich ist.

4.2 Standards nach Klasse 4

Im Verlauf der Grundschulzeit müssen die Kinder die Grundlagen erwerben können, die ihnen ein erfolgreiches Weiterlernen in der Sekundarstufe I ermöglichen. Sie werden im Folgenden als Standards formuliert.

Die Aufzählung ist nicht hierarchisch zu verstehen. Fähigkeiten, Fertigkeiten, Kenntnisse und Einstellungen werden in Wechselwirkung erworben. Sie sind für das Gelingen von Lernprozessen gleichermaßen von Bedeutung.

Fähigkeiten	• kreativ sein: problemhaltige Situationen erforschen, eigene Lösungswege gehen, Gedanken auf ähnliche Sachverhalte übertragen und Aufgaben selbst erfinden • mathematisieren: lebensweltlichen Situationen relevante Informationen entnehmen, die Situationen modellieren und die Ergebnisse auf die Ausgangssituation zurückbeziehen • begründen: Vermutungen über mathematische Sachverhalte (Gesetzmäßigkeiten, Beziehungen, Ausnahmen) aufstellen und anhand von repräsentativen Beispielen oder von allgemeinen Überlegungen bestätigen oder widerlegen • darstellen: eigene Überlegungen übersichtlich und für andere nachvollziehbar mündlich oder schriftlich ausdrücken, dabei wichtige mathematische Zeichen, Fachbegriffe und Konventionen sachgerecht verwenden • kooperieren: gemeinsam komplexere Aufgaben bearbeiten, dabei Verabredungen treffen und einhalten sowie eigene und fremde Standpunkte zueinander in Beziehung setzen
Fertigkeiten	• auf der Grundlage gedächtnismäßig verfügbarer Grundkenntnisse über Sicherheit im schnellen Rechnen – auch mit großen Zahlen – verfügen • auf der Basis von Grundvorstellungen der vier Grundrechenarten verständig und unter Ausnutzung von Zahlbeziehungen, Rechengesetzen und Rechenvorteilen mündlich und halbschriftlich rechnen können

- die vier schriftlichen Rechenverfahren verstehen und die Verfahren der Addition, Subtraktion und Multiplikation sicher ausführen können
- problemangemessen runden bzw. schätzen und mit gerundeten bzw. geschätzten Zahlen überschlagend rechnen können
- Rechenwege aufgabenbezogen, aber auch abhängig von eigenen Präferenzen auswählen, hierbei auch den Taschenrechner reflektiert einsetzen können
- über räumliches Vorstellungsvermögen verfügen
- Grundvorstellungen zu geometrischen Grundbegriffen wie Flächeninhalt, Umfang, Symmetrie, Ähnlichkeit oder Parallelität in Problemsituationen nutzen können
- geometrische Grundfertigkeiten (z. B. zeichnen, zerlegen und zusammensetzen, spiegeln) anwenden können
- passend zum Aufgabenkontext unter verschiedenen Modellen zur Erschließung von Sachzusammenhängen (z. B. Zeichnungen, Zahlensätze, Simulationen) auswählen können
- Daten aus der unmittelbaren und der durch Diagramme oder Tabellen repräsentierten Lebenswirklichkeit erheben, verarbeiten und darstellen können
- Sachaufgaben in verschiedenen Darstellungsweisen (z. B. Sachtexte, authentische Texte, Sachprobleme) erschließen und selbstständig bearbeiten können
- wichtige Bezugsgrößen aus der Erfahrungswelt zur Lösung von Sachproblemen heranziehen können
- über sachrechnerische Grundfertigkeiten (z. B. messen, schätzen, vergleichen) in den Bereichen Geld, Längen, Zeit, Gewichte und Rauminhalte verfügen

Kenntnisse

- gesicherte Vorstellungen von Zahlen und Zahlbeziehungen im Zahlraum bis zu 1 000 000 sowie vom Aufbau des Zehnersystems besitzen
- über gesicherte Vorstellungen der vier Grundrechenarten und ihrer Zusammenhänge verfügen
- die Aufgaben des kleinen Einspluseins und des kleinen Einmaleins gedächtnismäßig beherrschen
- Eigenschaften geometrischer Grundformen (ebene Figuren und Körper) kennen
- die Wirkungen zentraler geometrischer Operationen kennen
- über sachrechnerisches Grundwissen in den Bereichen Geld, Längen, Zeit, Gewichte und Rauminhalte verfügen
- basale Größenvorstellungen in diesen Bereichen ausgeprägt haben

Einstellungen und Haltungen	• Zutrauen in die eigenen Lernmöglichkeiten besitzen • an herausfordernden Aufgaben interessiert sein • Aufgaben zielgerichtet bearbeiten • Fehler und Schwierigkeiten als Bestandteile des Lernprozesses akzeptieren und konstruktiv nutzen • Beispiele für die Bedeutung von Mathematik für die Lösung von Problemen kennen.

5 Leistung

Leistungserziehung und Leistungsbeurteilung im Mathematikunterricht erhalten die Lernfreude, stärken die Leistungsbereitschaft und fördern die Fähigkeit zur angemessenen Selbsteinschätzung. Hierfür sind die folgenden Leitideen grundlegend:

- *Zieltransparent herausfordern:* Im Dialog mit den Kindern werden Aufgaben, Zielsetzungen, Arbeitsformen und fachspezifische Beurteilungskriterien transparent.
- *Kompetenzorientiert beobachten:* Beobachtungen sind sensibel darauf zu richten, was das einzelne Kind *kann* und welche Rechen- oder Lösungswege es wählt – auch dann, wenn seine Äußerungen oder Handlungen abwegig erscheinen.
- *Differenziert feststellen:* Individuelle Kompetenzen und Defizite werden kontinuierlich und differenziert festgestellt. Flexible Zeitvorgaben bei Leistungsfeststellungen unterstützen das Kind dabei, seine Kompetenzen zu zeigen. Manchmal – z. B. beim schnellen Rechnen – ist allerdings das Einhalten von Zeitbeschränkungen Teil der Leistung.
- *Angemessen beurteilen:* Prozess- *und* produktorientierte Leistungsfeststellungen fließen gleichwertig in die Beurteilung ein. Schlüssigkeit und Angemessenheit des Lösungsweges können genau so wichtig sein wie die Richtigkeit des Resultats. In Partner- oder Gruppenarbeit erbrachte Leistungen werden einbezogen.
- *Ermutigend rückmelden:* Kinder brauchen regelmäßig unterstützende Rückmeldungen zur persönlichen Leistungsentwicklung. Schwierigkeiten beim Mathematiklernen werden in angemessener Form thematisiert und mit Anregungen zum zielgerichteten Weiterlernen verbunden.

Durchgängig zu berücksichtigende, fachspezifische Beurteilungskriterien sind:

- Verständnis von mathematischen Begriffen und Operationen
- Schnelligkeit im Abrufen von Kenntnissen
- Sicherheit im Ausführen von Fertigkeiten
- Richtigkeit bzw. Angemessenheit von Ergebnissen bzw. Teilergebnissen
- Flexibilität und Problemangemessenheit des Vorgehens

- Fähigkeit zur Nutzung vorhandenen Wissens und Könnens in ungewohnten Situationen
- Selbstständigkeit und Originalität der Vorgehensweisen
- Fähigkeit zum Anwenden von Mathematik bei lebensweltlichen Aufgabenstellungen
- Schlüssigkeit der Lösungswege und Überlegungen
- Mündliche und schriftliche Darstellungsfähigkeit
- Fähigkeit zur Kooperation
- Ausdauer beim Bearbeiten mathematischer Fragestellungen

Die Autorinnen und Autoren

Heinrich Bauersfeld, Prof. Dr.
Fahrenheitweg 23B
33613 Bielefeld
heinrich.bauersfeld@uni-bielefeld.de

Monika Baum, Schulamtsdirektorin
Schulamt für die Stadt Köln
Willy-Brandt-Platz 3
50679 Köln
monika.baum@stadt-koeln.de

Ute Birnstengel-Höft, Dr., Fachleiterin
Studienseminar Primarstufe
Claudiusstraße 1
50678 Köln
u.birnstengel-hoeft@t-online.de

Kathrin Cottmann, Dr., Konrektorin
Grundschule Merianstraße
50765 Köln
kcottmann50670@aol.com

Christa Erichson, Lehrbeauftragte
a.d. Universität Frankfurt
Bruchwiesenstr. 21
61440 Oberursel
christa.erichson@t-online.de

Anne Feldhaus, Fachleiterin
Studienseminar Primarstufe
Claudiusstraße 1
50678 Köln
afeldhaus@t-online.de

Reinhard Forthaus, Schulamtsdirektor
Schulamt für den Kreis Unna
Friedrich-Ebert-Straße 17
59425 Unna
r.forthaus@t-online.de

Daniela Körber, Konrektorin
Grundschule Höhenstraße 5
40227 Düsseldorf
koerber.s@t-online.de

Günter Krauthausen, Prof. Dr.
Universität Hamburg, FB 6
Von-Melle-Park 8
20146 Hamburg
krauthausen@uni-hamburg.de

Jens Holger Lorenz, Prof. Dr.
Pädagogische Hochschule Heidelberg
Langheckenweg 6
60433 Frankfurt
jens.lorenz@t-online.de

Martina Röhr, Dr., Konrektorin
Funke Grundschule
Grundstraße 14
44149 Dortmund
martina.roehr@t-online.de

Petra Scherer, Prof. Dr.
Universität Bielefeld, Fakultät Mathematik
Universitätsstraße 25
33615 Bielefeld
scherer@mathematik.uni-bielefeld.de

Wilhelm Schipper, Prof. Dr.
Universität Bielefeld, Fakultät Mathematik
Universitätsstraße 25
33615 Bielefeld
wilhelm.schipper@mathematik.uni-bielefeld.de

Christoph Selter, Prof. Dr.
Pädagogische Hochschule Heidelberg
Sperberstr. 46, 58285 Gevelsberg
christoph.selter@t-online.de

Hartmut Spiegel, Prof. Dr.
Universität-Gesamthochschule Paderborn, FB 17,
Warburger Straße 100,
33098 Paderborn
hartmut@uni-paderborn.de

Brigitte Spindeler
Universität-Gesamthochschule Kassel, FB Mathematik,
Heinrich-Plett-Straße 40
34109 Kassel
g_spindeler@yahoo.de

Heinz Steinbring, Prof. Dr.
Universität Dortmund, FB Mathematik, IEEM
Vogelpothsweg
44221 Dortmund
heinz.steinbring@math.uni-dortmund.de

Beate Sundermann, Fachleiterin
Sperberweg 46, 58285 Gevelsberg
beate.sundermann@t-online.de

Silvia Szacknys-Kurhofer, Rektorin
Grundschule Peckeloh
Peckeloh 4
33775 Versmold
silvia@szacknys-kurhofer.de

Hans Wielpütz, Schulamtsdirektor
Schulamt für die Stadt Köln
Willy-Brandt-Platz 3
50679 Köln
hans.wielpuetz@stadt-koeln.de

Heinrich Winter, Prof. Dr.
Prämienstr. 103
52076 Aachen

Erich Christian Wittmann, Prof. Dr. Dr. h.c.
Universität Dortmund, FB Mathematik, IEEM,
Vogelpothsweg, 44221 Dortmund
ewittmann@math.uni-dortmund.de

Bernd Wollring, Prof. Dr.
Universität-Gesamthochschule Kassel, FB Mathematik
Heinrich-Plett-Straße 40
34109 Kassel
wollring@mathematik.uni-kassel.de